21世纪农业部高职高专规划教材

绿色食品生产基础

鞠剑峰　主编

中国农业出版社

图书在版编目（CIP）数据

绿色食品生产基础 / 鞠剑峰主编 . —北京：中国农业
出版社，2006.10
21 世纪农业部高职高专规划教材
ISBN 978 - 7 - 109 - 11220 - 9

Ⅰ. 绿… Ⅱ. 鞠… Ⅲ. 绿色食品-高等学校：技
术学校-教材 Ⅳ. S-01

中国版本图书馆 CIP 数据核字（2006）第 119933 号

中国农业出版社出版
（北京市朝阳区农展馆北路 2 号）
（邮政编码 100125）
责任编辑 甘敏敏
———————————————
中国农业出版社印刷厂印刷 新华书店北京发行所发行
2007 年 1 月第 1 版 2009 年 8 月北京第 2 次印刷
———————————————
开本：720mm×960mm 1/16 印张：14.75
字数：260 千字
定价：20.00 元
（凡本版图书出现印刷、装订错误，请向出版社发行部调换）

主　编　鞠剑峰

副主编　郭　才　张炳坤

编　者　（按姓氏笔画为序）

匡　明　吕　爽　张炳坤

郑其良　郭　才　鞠剑峰

主　审　黄晓梅

前　言

　　食物、空气和水共同构成保障人体健康的三大要素，充足和安全的食物供应，对于保证人的正常生长发育、维持身体健康、延长寿命等至关重要。随着现代工业革命的兴起，食物这一维系人类生命健康的物质，变得愈来愈不安全。大量的研究结果表明，在所有环境污染对人类健康的危害中，食品污染的危害最大、最直接。目前，在世界范围内，食品污染问题日益尖锐、突出。环境健康问题已给我们个人和国家带来沉重的经济和社会负担。历史经验证明，人类今天的抉择将决定自己及子孙后代的生命健康。绿色食品是顺应历史潮流而产生和发展起来的，顺应了人们随着生活水平和消费水平的提高，追求健康、绿色、营养保健消费意识的趋势，顺应了人们饮食结构从数量型向优质型转变的趋势，满足了人们对安全、营养食品的需求。

　　本书奉行实用、通俗、各专业兼容的宗旨，立足绿色食品基础知识，注重绿色食品知识的基础性、系统性、新颖性、实用性，尽量突出新理论、新观念，以及绿色食品产业发展的新动向。同时，在编写过程中力求章节层次分明、条理清晰、重点突出、内涵丰富。从绿色食品基本知识、绿色食品产地的选择与建设、绿色食品生产资料、绿色食品生产技术基础、绿色食品的产品质量监控、绿色食品标志管理及认证等六个方面较详尽、系统地介绍了绿色食品生产的必备基础知识，旨在使学生通过本书的学习，对绿色食品生产有明晰的认识，能够掌握相关的基础知识，为进一步学习其他课程及进行绿色食品生产奠定基础。本书可作为高职高专相关专业的教学用书，也可用于中职相关专业的教学参考书或专业培训教材，还可供从事绿色食品研究、生产经营、管理等方面的技术人员参考。

本书第一、二章由鞠剑峰、吕爽编写，第三、六章由张炳坤、郑其良编写，第四、五章由郭才、匡明编写。全书由鞠剑峰统稿，由黄晓梅审稿。

绿色食品事业有着良好的发展前景，被誉为朝阳产业，但由于开发时间较短，尚未形成完整的体系，这方面的资料较少，加之我们水平所限，不当之处在所难免，敬请专家批评指正。本书在编写过程中得到了黑龙江农业职业技术学院、黑龙江农业经济职业学院、新疆农业职业技术学院、吉林农业科技学院、河南农业职业学院、黑龙江生物科技职业学院等单位的大力支持，在此一并表示感谢。

编　者

2006 年 7 月

目　录

第一章　绿色食品基本知识

第一节　绿色食品概述

一、绿色食品概念

绿色食品是指遵循可持续发展原则，按照特定生产方式生产，经专门机构认定，许可使用绿色食品标志商标的无污染的安全、优质、营养类食品。

绿色食品与符合国家相关标准的一般食品同样都具有安全性，绿色食品的真正含义在于它具有一般食品所不具备的特征，即"安全和营养"的双重保证，"环境和经济"的双重效益。它要求产自良好生态环境，在生产加工过程中通过严密监测、控制，防范或减少化学物质污染、生物性污染以及环境污染。绿色食品融入了环境保护与资源可持续利用的意识，融入了对产品实施全过程质量控制的意识和依法对产品实行标志管理的知识产权保护意识。因此，绿色食品的内涵明显区别于普通食品。

绿色食品除了要求最终产品质量安全达到相关标准外，还要求其产品及其生产资料的产地及来源也要达到相关标准，即要实施从"土地到餐桌"的全程质量控制。自然资源和生态环境是食品生产的基本条件，而国际上通常将与生命、资源、环境保护相关的事物冠之以"绿色"，为了突出这类食品出自良好的生态环境，并能给人们带来旺盛的生命活力，因此将其定名为"绿色食品"。

绿色食品特定的生产方式是指按照标准生产、加工；对产品实施全程质量控制；依法对产品实行标志管理。

发展绿色食品必须遵循可持续发展的原则。从保护、改善生态环境入手，以开发无污染食品为突破口，将保护环境、发展经济、增进人们健康紧密地结合起来，促成环境、资源、经济、社会发展的良性循环。

二、绿色食品特征

安全、优质、营养是绿色食品的特征。绿色食品与普通食品相比有 3 个显著特征。

1. **产品出自最佳生态环境** 农业生产需要在适宜的环境下进行，环境也是资源，各环境因子由于直接或间接参与了农产品的形成，进而影响农产品的产量和质量。近年来，由于工业、农业、农村生活污染等日益加剧，大气、土壤、水体污染严重，造成农业环境质量不断下降，不仅直接影响了在该环境下生活的动、植物，还造成农产品的产量及品质降低，最终影响人类的健康甚至生命。因此，在绿色食品生产中，对环境有严格的要求，强调环境是生产的基础和前提。进行绿色食品生产的基本条件是："绿色食品及原料产地必须符合绿色食品产地环境质量标准。"因此，进行绿色食品生产首先应从原料产地及绿色食品产地的生态环境入手，通过对绿色食品产品与原料产地及其周围的大气、土壤、水质等环境因子严格监测，判定其是否具备生产绿色食品的基本条件。

绿色食品产品及原料产地环境标准的基本要求是空气清新、水质纯净、土壤未受污染、农业生态环境质量良好。在确定该区域环境符合绿色食品产地标准的基础上，还要求生产企业或当地政府有切实可行的保证措施，确保该区域在今后的生产过程中环境质量不下降。

2. **对产品实行全程质量控制** 绿色食品生产实行"从土地到餐桌"全程质量控制，即绿色食品生产除了要对其最终产品进行有害成分及其含量和卫生指标进行检测外，更主要的是对整个生产过程实施全程质量监控。首先，在生产前由定点环境监测机构对绿色食品产地环境质量进行监测和评价（包括生产、加工区域的大气、土壤、灌溉水、畜禽养殖水、渔业养殖水和食品加工用水等），以保证产地环境条件符合绿色食品产地环境技术要求；其次，在生产过程中，要严格执行绿色食品种植、养殖和食品加工等操作规程，并由委托管理机构派检查员检查生产者是否按照绿色食品生产技术标准进行生产，检查生产企业的生产资料购买、使用情况，以证明生产行为对产品质量和产地环境质量是有益的；第三，生产后由定点产品监测机构对最终产品进行检验，确保最终产品符合绿色食品标准。

绿色食品生产，改变了仅以最终产品的检验结果评定产品质量优劣的传统检测模式，是我国目前在食品行业和农业上最先推广的全程质量控制模式，树立了一个全新的质量观。由于绿色食品生产实施全程质量控制，这就不仅要求在生产过程中，更要求在生产前、生产后加大技术投入，规范和加大管理力度，有利于提高整个生产过程的技术含量，规范生产，推动农业和食品工业的技术进步，大幅度提高农产品的竞争力。

3. **对产品依法实行标志管理** 绿色食品产品的包装上都同时印有绿色食品商标标志、文字和批准号，其中标志和"绿色食品"4个字为绿色衬托的白色图案。标签上还贴有中国绿色食品发展中心的统一防伪标签，该标签上的编号应与产品包装标签上的编号一致。

绿色食品标志是一个质量证明商标，属知识产权范畴，受《中华人民共和国商标法》保护。目前我国的绿色食品标志已在日本等国家和地区注册，绿色食品标志已日趋全球化，在全球范围内拥有一定的市场，成为农业突破绿色壁垒的一条有效途径。

三、绿色食品必须具备的条件

绿色食品必须同时具备以下条件：

1. **产品或产品原料产地必须符合绿色食品生态环境质量标准**　农业初级产品或食品的主要原料，其生长区域内没有工业企业的直接污染，水域上游、上风口没有污染源对该区域构成污染威胁。该区域内的大气、土壤、水质均符合绿色食品生态环境标准。并有一套保证措施，确保该区域在今后的生产过程中环境质量不下降。

2. **农作物种植、畜禽饲养、水产养殖及食品加工必须符合绿色食品生产操作规程**　农药、肥料、兽药、食品添加剂等生产资料的使用必须符合《生产绿色食品的农药使用准则》、《生产绿色食品的肥料使用准则》、《生产绿色食品的食品添加剂使用准则》、《生产绿色食品的兽药使用准则》。

3. **产品必须符合农业部制定的绿色食品质量和卫生标准**　凡冠以"绿色食品"的最终产品必须由中国绿色食品发展中心指定的食品监测部门依据绿色食品产品标准检测合格。

4. **产品外包装除必须符合国家食品标签通用标准，还必须符合绿色食品特定的包装、装潢和标签规定**

四、绿色食品的产生及发展

（一）食品污染与人类健康

食物、空气和水共同构成保障人体健康的三大要素，食物的营养成分是构成人体组织和免疫系统的基本物质，食物的好坏直接影响到每一个人的健康状况。随着现代工业革命的兴起，食物这一维系人类生命健康的物质，变得愈来愈不安全。来自各个方面的污染，通过生产、加工、贮存、包装等各环节破坏了食品的安全性，食品污染已经成为一个世界性的问题。

由于食品生产的科技含量日益复杂，特别是由于食品供应的全球化，以及不断出现的消费者健康新问题，使得 21 世纪我们面临的一个主要挑战就是提高食品的安全性，减少食源性疾病。据世界卫生组织的报告显示，仅在发达国家，每年就有30％的居民因食物污染而致病。并有证据表明，食源性疾病正在不断增长。据世界卫生组织估计，全球5岁以下儿童每年约发生15亿次腹泻性疾病，导致180万儿童死亡，其中7成以上腹泻是由食源性致病因素造成的。2005年在日本，金黄色葡萄球菌毒素污染牛奶，近15 000人中毒。在澳大利亚，每天有11 500人感染食源性疾病。虽然在发展中国家还没有相应的统计数据，但世界卫生组织专家预测，其数字会比发达国家要高。世界每年因食用污染食物和饮用不洁水而死亡的人数达180万。对于儿童、老人和体弱者来说，其危害更大。英国自1986年公布发生疯牛病以后，1987—1999年期间证实的疯牛病病牛达17万头之多，英国的养牛业、饲料业、屠宰业、牛肉加工业、奶制品工业、肉类零售业无不受到严重打击。仅禁止进出口一项，英国每年就损失52亿美元。比利时发生的二噁英污染事件不仅造成了比利时的动物性食品被禁止上市并被大量销毁，而且导致世界各国禁止其动物性产品的进口，据估计，其经济损失达13亿欧元。在所有环境污染对人类健康的危害中，食品污染的危害最大、最直接。目前，在世界范围内，食品污染问题日益尖锐、突出。世界卫生组织报告说，严密监控与食物相关疾病的出现已成为许多国家公众健康议题的首要内容。

1. 食品污染 食品污染是指在食品生产及经营过程中，各种无机的、有机的以及生物的，可能对人体健康产生危害的物质介入食品的现象。微生物性污染和化学性污染是食品污染的主要形式。

食品给人类带来两方面的作用：一方面为人们提供所需的蛋白质、脂肪、碳水化合物、维生素、矿物质等各种营养素，以保证人们机体正常的生长发育、生理功能、生活活动及生产劳动的需要；另一方面，食品在动、植物的生长过程中或在加工、贮藏、运输、销售、烹饪直到食用前的各个环节中，由于生物、化学及物理等方面因素的作用，增加或产生了某种或某些原先没有的物质，或增加了食品中原有的物质，以至超过允许限量，造成食品污染。食品由于污染降低了卫生质量或失去营养价值，并可对人体健康产生慢性或潜在性的危害，甚至有"三致作用"，即致癌、致畸、致突变作用。

2. 食品污染的种类 食品污染按性质分为3种类型：

（1）生物性食品污染。指食品受到细菌、霉菌等有害微生物及其毒素或寄生虫卵污染，造成食品腐蚀、污染，使人体染上各种传染病和寄生虫病。

（2）化学性食品污染。指食品受到各种有害的无机或有机化合物或人工合成物污染，其可造成人体急、慢性中毒和潜在的危害。造成化学性食品污染的主要种类是农用化学物质、食品添加剂、食品包装容器和工业废弃物（汞、镉、铅、砷、氰化物、有机磷、有机氯、亚硝酸盐和亚硝胺及其他有机或无机化合物）等。

由农用化学物质造成的化学性食品污染发生较为普遍且危害严重，如各种有机磷农药通过食品污染可造成急性中毒；六六六和DDT农药通过食品污染造成肝、肾、神经系统的慢性和潜在的影响。随着高效、低毒、低残留农药的研制及投入使用和高毒、高残留农药禁止使用，农药在食品中的残留问题正逐步得到改善。目前，兽药和植物激素在食品中的残留成为食品污染的新焦点。另外，塑料在加工过程中需加入增塑剂、稳定剂、抗氧化剂、抗静电剂、抗紫外线剂等，以其作为食品包装和食品容器接触食品时，也可能产生食品不同程度的污染和对人体健康的危害。

（3）放射性食品污染。当食品吸附的人为放射性物质高于自然界本身存在的放射性物质时，食品就出现放射性污染。如碘-131对牛奶产生放射性污染，可引起人的甲状腺损伤和诱发甲状腺癌。

3. 食品污染的原因 导致食品污染的因素主要有两大方面：一方面是由于人类自身的生活及生产活动使人类赖以生存的环境（大气、水、土壤等）受到不同程度的污染，而自然界中的动、植物又将这些有害污染物质连同所需物质一同沿食物链逐级向上传递、富集，形成不同程度的污染食品；另一方面是食品在生产、包装、贮运、销售和烹调等过程中人为造成的污染。

（1）环境污染引起食品污染。环境污染及环境退化对地球上的所有生命都构成了不同程度的威胁，其中对人类健康及生存最直接的危害就是环境污染导致的食品污染。我国环境污染相当严重，据环境质量监测结果显示，我国七大水系、湖泊、水库、部分地区地下水和近岸海域已受到不同程度的污染。据统计，有80%的工业废水未经处理就直接排入江河、湖泊，或用于灌溉农田、养殖鱼虾等。含有农药和化肥的灌溉用水、家庭和工厂排出的污水、污物，均会排入江河、湖泊和海洋，使水生生物的生长环境恶劣。首先被污染的是浮游生物，因为浮游生物具有较强的吸附功能，它在进行生命代谢的同时，将水中部分有毒、有害物质吸收到自己体内，然后又将有毒有害物质传递给以浮游生物为食的各类水生生物，通过食物链的聚集、浓缩，最后到达食物链顶端——人体，从而引起人类的慢性或急性中毒，甚至为害子孙后代。例如，20世纪50年代发生在日本的水俣病就导致了世界上第一例因环境污染而诱发的先天畸形病。

现代农业生产大量施用了化肥、农药以及各种生长调节剂，有些可能会引起食品污染。植物大量吸收氮肥后会以硝酸盐的形式贮存在体内，造成硝酸盐和亚硝酸盐的污染。尤其是蔬菜被大量硝酸盐污染后，会对人体健康构成直接威胁。大量施用的农药在杀死害虫的同时，也会在农作物上残留，长期食入残留农药的食品，会在体内蓄积引发中毒。此外，由于长期施用农药，会使病原物产生抗药性，甚至农药用量达到对人体都能引发中毒的剂量，却不能将害虫杀死。还有，一些农产品内含有相当量的生长激素，肉类食品中含有相当量的抗菌素。

近年来我国畜禽养殖业发展到相当规模，但畜禽排放的大量粪尿与养殖场的大量废水，大多未经妥善处理即直接排放，这对周围环境及一些水体造成极其严重的污染。如果用这些污水来灌溉农田，就会造成许多有毒物质进入农作物（粮食、蔬菜、水果等）体内。如果用被污染的农产品喂养家畜、家禽等，也同样会造成有毒物质在动物体内积存。当人们食用这些植物食品和动物食品时，那些有害、有毒物质就会被人体吸收，从而影响人体健康。

另外，饮用水情况也相当严峻。我国广大农村仍有一部分人口直接饮用江、河、湖泊中的水，倘若这些水体被污染，那么人体就直接受到危害。如果城镇居民饮用水供水系统发生了污染，会对居民健康产生长期影响。

（2）人为污染引起食品污染。在禽、畜喂养过程中，有些养殖户为降低成本，用变质的农副产品作饲料，在饲料中加入抗生素类物质和自制的添加剂。有的还用"肠粉"和"血粉"代替鱼粉作为蛋白饲料。为了家禽、家畜长得快、出肉率高，而大量使用添加剂、抗菌素和激素等。这些抗菌素一部分残留在动物体内，这就是食物的抗菌素污染。当人食用这种动物的肉、奶、蛋时，也间接地食入了这些抗菌素。长期食用易使人产生抗药性，破坏人体内正常的微生态平衡，造成"肠道菌群失调症"，有时还可能造成严重的抗菌素过敏反应。

由于空气质量下降，环境中的有毒物质和致癌物质越来越多，合乎标准的安全食品和饮用水越来越少，由环境污染导致的疾病发生率呈上升趋势，甚至出现了一些罕见的和奇特的疾病。

全世界因人为因素导致进入人类环境的汞，每年超过 1 万 t。汞（水银）常温下为银白色有毒液体，用以制作水银灯、温度计、气压计，误服含汞化合物或长期吸入汞蒸气会引起中毒。每年从汽油中放出的四基铅有 80 万 t。铅及其化合物均有毒，中毒途径主要是由呼吸吸入铅、铅蒸气，或口服铅化物。每年人为因素导致进入环境的镉有 20 万 t。镉为银白色，用于原子工业，也用于电镀等。这些进入人类环境的化学元素，造成水源、大气、土壤和食品等的污染。经济发达国家曾在 20 世纪 50～60 年代发生严重的公害问题，在震惊世界的 8 大公害事件中，至少有 3 件是由食品污染造成的。日本政府曾经公布的 4 种公害病中，除哮喘病外，水俣病（甲基汞慢性中毒）、骨痛病（镉慢性中毒）

和慢性砷中毒 3 种都是食品污染造成的。

4. 食品污染的危害　主要表现为对人体健康的危害，如果一次大量摄入受污染的食品，可引起食物中毒，如细菌性食物中毒、农药食物中毒和霉菌毒素中毒等。长期（一般指半年到一年以上）摄入含污染物的食品，即使污染物含量较低也会导致慢性中毒。例如，摄入残留有机汞农药的粮食数月后，会出现周身乏力、尿汞含量增高等症状；长期摄入微量黄曲霉毒素污染的粮食，能引起肝细胞变性、坏死、脂肪浸润和胆管上皮细胞增生，甚至发生癌变。某些食品污染物还具有致突变作用。

（二）绿色食品产生的背景

1. 绿色食品产生的国际背景

（1）可持续发展思想的提出：

①地球环境问题的产生。随着地球上人口的快速增长，需求急剧增加，人类开始凭借日益进步的科学技术，采取非常手段和措施，发展经济，增加物质财富。在 20 世纪，特别是第二次世界大战以后，世界上发生了 3 种变化：一是发达国家率先采用现代科技和现代工业武装农业，显著提高了社会生产力，促进了农业的发展，创造了前所未有的物质财富，大大推进了人类文明的进程；二是随着人口急剧增长、食物供需矛盾增大，更加刺激了人类对自然界不合理的开发；三是人类不合理的社会经济活动加剧了人与自然的矛盾，对社会经济的持续发展和人类自身的生存构成了新的障碍。也就是说，人类在征服自然方面取得了巨大成功的同时，也带来了人类难以解决的一系列生态环境问题。其中在资源和环境方面的主要问题有臭氧层破坏、温室效应、酸雨危害、海洋污染、热带雨林减少、野生动植物减少（有的已经或濒临灭绝）、土地沙漠化、毒物及有害废弃物扩散等。而这些影响和危害多数是不可逆和无法挽回的。例如，环境和资源的破坏，直接影响生物的多样性，而生物多样性是人类社会赖以生存和发展的基础。根据科学测算，20 世纪末至少有 10 万种生物已在地球上消失。生物的多样性减少将导致遗传资源减少、潜在食物资源和病虫害控制因子减少、生态系统稳定性降低、对自然灾害缓冲能力降低。

②发展中国家对世界环境带来的影响。或者称为国家发展阶段给环境带来的影响。一般是随着发展中国家人口基数的不断增加，以及综合生存条件的基本好转，出现人口急剧增长，粮食需求量不断增加，大大刺激了农业生产。也正是由于人类过量的开垦，盲目扩大农业用地，导致森林和草原破坏，野生生物不断减少。而开垦出的农田又未能得到很好的管理，以及过度放牧及粗放耕作造成地力下降、水土流失、大量耕地荒废、土地荒漠化；同时，不合理的灌

溉造成土壤中盐分积累，导致土壤劣化等。

③发达国家对世界环境带来的影响。主要来自于发达工业，由于大量生产和使用化学物质及石化燃料等，造成环境严重污染。例如，人类活动形成的酸雨使作物生长发育受到不同程度的影响，人类活动释放的物质破坏臭氧层，导致紫外线含量增加；农田中大量喷洒农药、施用化学肥料，导致江河湖泊污染，也导致珍贵的地下水遭受污染等。

环境问题也给工农业生产和人们的日常生活、身体健康带来严重的危害。由于环境污染和资源破坏所产生的危害具有隐蔽性、累积性和扩散性的特点，因此在相当长一段时间没有引起人们的重视。直到 20 世纪五六十年代发生的伦敦烟雾、日本水俣病、痛痛病、粮油中毒、北爱尔兰海鸟死亡等一系列环境污染公害事件，才使人们在惊恐中痛思原因。1962 年美国生物学家蕾切尔·卡逊通过调查，以自己家乡的实例为题材，出版了《寂静的春天》一书。书中写道："全世界遭受治虫药物的污染，化学品已侵入万物赖以生存的水中，渗入土壤并且在植物上布成一层有害的薄膜……已对人类有严重的危害。除此以外，还有可怕的后遗症，可能近几年内无法查出，甚至于对遗传有影响，几个世代都无法觉察。"此书发表后，在世界各地引起强烈的反响。面临日益严重的资源和环境问题，人们提出了一种新的思想，即可持续发展思想。所谓可持续发展就是"满足当代人的需求，又不损害子孙后代满足其需求能力的发展。"可持续发展的基本理论包括环境承载力论、环境价值论、协同发展论三大内容。可持续发展已成为当今国际社会论坛的主题，是人类长期面临人口、资源、环境等问题的严重困扰，仅仅靠先进的科学技术和发达的工业难以解决，反思人类文明发展史和人类生存方式的演变过程后所形成的共识。可持续发展思想现已成为绿色食品的理论基础。

（2）对现代农业的反思。农业是人类生存最基本的活动，也是国民经济最基础的产业，它的最大特点是将自然再生产和经济再生产紧密地结合起来，一方面提供食物，维系人类的生存，另一方面又承担保护资源和环境的职能。世界各国都十分重视农业。在所有的行业中，农业是最古老的行业，具有一万年以上的悠久历史。从农业发展的历程来看，人类经历了三个阶段，即原始农业、传统农业和现代农业。

现代农业是指 20 世纪以来，特别是二次世界大战以来在各发达国家所出现的经济高度发达的农业，即用先进的工业技术装备、受实验科学指导、以商品生产为主的农业。它有三个基本特征：一是使用现代化的工业提供的机械能源生产工具和产品，实现了全面机械化，提高了劳动生产率；二是各种现代科学技术在农业中广泛应用，提高了土地生产率和饲养产出率；三是生产经营达到高度社会化、集约化、专业化、产业化和商品化的组织管理，农业生产结构发生了根本变化，提高了生产效率和经济效益。

现代农业为经济和社会的发展做出了四大贡献：提供丰足的食物、为工业化积累资本、为工业品提供消费市场、为工业化和技术引进提供外汇资本。我们所说的现代农业，是人类现代农业的初级阶段，其不成熟性和盲目性，给人类带来了相当多的问题，逐渐暴露出许多缺点和弊端。其表现为：

①消耗大量资源。现代农业是一种高投入、高产出农业，其产量大幅度的增长是以物质和能量的高投入为代价的，所以有人称现代农业为"石油农业"。它依靠大量地消耗石油、森林、淡水、土地、动植物物种等人类赖以生存和发展的重要资源来维持生产的运转和当前的消费水平。由于现代农业过度依赖于石油、化肥、农药等的投入，势必要大量消耗自然资源，加速资源枯竭的进程。

②加速环境恶化。过分依赖机械、化肥、农药等的投入，加上不合理地耕作，造成土壤板结、盐渍化、恶化了土壤理化性状，降低了土地生产能力。由于环境的破坏，加剧水土流失和土地沙漠化、草原和森林面积的逐步减少、水资源枯竭、生物物种资源濒危等一系列的后果。

③导致食物污染。化肥、农药、除草剂等对人及其他动植物均有毒害作用。大量施用的化学氮肥，造成食物中亚硝酸盐积累，对人有强烈的致癌作用。含有铅、砷、汞的农药和有机氯杀虫剂等化学性质稳定，不易分解，在环境或农产品中残留期长，脂溶性高。农作物是直接受污染者，动物是间接受污染者，动物的富集能力强，受污染程度较严重。而这些受污染的农作物、动物又通过食物链的传递作用，经各种渠道进入人体，最终将有毒物质传给了人类。如果人体摄入量超过允许的限度，则会诱发疾病，威胁人类的生命安全。

我国在世界化肥需求中所占比例大于 1/4，2004 年全国化肥施用量为 4 412 万 t，农药施用量为 132 万 t。2005 年全国化肥产量达到了 4 888 万 t 的历史最高水平，平均 400 kg/hm²，远远超过发达国家所规定的 225 kg/hm² 的标准上限。而且，目前我国的化肥利用率仅为 30%～40%，发达国家则在 50%～70% 以上。也就是说，我国每年有 3 000 多万 t 的化肥进入环境，产生了巨大的环境压力和资源浪费。

（3）可持续农业的确立。由于世界各国对环境、资源、食物、安全、健康问题的日益关注，对现代农业利弊的反思，相继产生了一系列替代农业，如生态农业、有机农业、自然农业、生物农业、再生农业、低投入农业等。这些替代农业名称虽然不同，但有一个共同点，即在生产过程中避免或尽量减少化学合成物质的使用，生产出无污染的安全食品，维护生态平衡，保障人体健康。

在技术路线上，它们强调重视传统农业技术的应用，尽可能地依靠有机肥、轮作、种植豆科作物培肥地力，运用生态、生物、农业、物理等技术控制和防治病虫害。一种新型、具有可持续发展思想的农业正在形成。

一般认为，可持续农业是一种兼顾产量、质量、效益和环境等因素的农业生产模式，是在不破坏环境和资源，不损害后代利益的前提下，实现当代人对农产品供需平衡的农业发展模式。其代表着一种全新的农业发展观，是实施可持续发展的重要组成部分。

受可持续发展思想的影响，可持续农业的概念得以确立。1987年世界环境与发展委员会提出了"2000年转向可持续农业的全球政策"，1988年联合国粮农组织制订了"可持续农业生产对国际农业研究的要求"文件，1991年联合国粮农组织在荷兰召开的"农业与环境国际会议"上，通过了"关于持续农业和农村发展的丹波宣言、行动纲领"，给可持续农业的定义是："管理和保护自然资源基础，调整技术和体制变化的方向，以确保获得和持续满足当代和后代人的需要。这种持续发展能够保护土地、水、植物和动物资源，不造成环境退化，同时要在技术上适宜，经济上可行，能够被社会接受"。其目标是建立节约资源的生产系统，保护资源和环境；实施清洁生产，提高食物质量，增进人体健康；实现生态效益、社会效益和经济效益的同步增长。

2. 绿色食品产生的国内背景

（1）资源和环境的压力。我国是发展中国家，人多地少资源短缺，特别是土地和水资源贫乏。世界人均耕地 0.27 hm²，中国只有 0.1 hm²；世界人均水资源10 800 m³，中国只有2 700 m³；世界人均农林牧面积2.23 hm²，中国只有 0.44 hm²；世界人均森林 1 hm²，中国只有 0.12 hm²，我们要以占世界6.8%的耕地，生产占世界 20%的粮食，养活占世界 22%的人口。随着经济的发展和人口的不断增长，所显露出的农业资源和环境问题有两大方面：一方面自然资源与生态的破坏，主要表现为土地超载、耕地退化严重，森林资源减少、森林生态功能进一步减弱，水资源短缺、地下水超量开采，动植物资源减少、濒危物种增加等；另一方面是农业环境污染，主要表现为工业排放的污染物对农业的影响加剧，农业化学品的污染严重，畜禽粪便污染日趋加大，乡镇企业的污染愈来愈重等。我国相对短缺的资源和脆弱的环境，承载的压力越来越大：耕地减少、草场退化、水土流失、土壤沙漠化、生态破坏、环境污染等，我们必须发展可持续农业，保护有限的环境和资源。

（2）农业发展战略转变。20世纪80年代末随着改革开放和经济发展，我国农业发展战略出现大的转变，提出高产、优质、高效农业，即由单一数量型发展向数量、质量、效益并重发展方向转变；实行"五个结合"：种养加结合、产供销结合、农工商结合、农科教结合、内外贸结合；采取两方面措施：一是以市场为导向，以资源为基础，以效益为中心，以科技为动力，加快农业生产结构的调整，二是选准拳头产品，围绕支柱产业，建设龙头企业，开展农工商一体化经营，建立规模化农副产品商品生产基地，组织专业化农产品市场。这些奠定了绿色食品产生的基础。

20世纪90年代后期以来，随着农产品供求关系发生根本性变化，中国农业发展不仅受到资源短缺的约束，而且越来越受到市场的影响，农产品卖难、价格下跌问题日益突出，农民收入连续数年下降或停滞不前。中国农业发展正处于一个艰难的转型时期。正是在这样的背景下，中国成为世贸组织成员。加入世贸组织给中国农业带来了严峻的挑战，也孕育着新的发展机会。中国应积极参与农业国际化进程，加快战略转换、体制改革和政策调整步伐，全面提升竞争力，实现从自给自足型农业向市场竞争型农业转变，从增产型农业向质量效益型农业转变，从依靠传统技术向传统技术与现代技术相结合的方向转变，从劳动密集型向劳动密集与资本和知识密集型相结合转变，从依靠资源消耗型的增长方式向重视生态保护、可持续发展的增长方式转变。这就形成了绿色食品产生和发展的压力和动力。

（3）对食物质量的要求。改革开放以来，经过20多年的发展，我国城乡人民收入水平和生活水平有了显著提高，温饱问题基本解决，农产品（食品）出现了结构性过剩，人们对食物质量的要求越来越高，主要表现在：一是对品质要求越来越高，包括品种要优良、营养要丰富、风味和口感要好；二是对加工质量要求越来越高，拒绝滥用食品添加剂、防腐剂、人工合成色素的食品；三是对卫生和安全性要求越来越高，关注食品是否有农药残留、重金属污染、细菌超标等；四是对包装要求越来越高，不仅考虑包装的外观，而且注意包装材料是否对食品产生污染；五是对品牌要求越来越高，购买食品时看品牌，找名牌，希望买得放心，吃得舒心。绿色食品、有机食品就是适应这种需要，以环保、安全、健康为目标，代表着未来食品的发展方向。

综上所述，我国经济发展面临的资源与环境压力、农业发展战略的转变和城乡人民生活的转型是绿色食品产生和发展的国内背景。

（三）我国绿色食品现状

1. 我国绿色食品的发展成效

（1）绿色食品是一项开创性事业。我国绿色食品事业，于1990年起步，一直保持着快速、健康的发展态势。现已发展成为一个快速成长的新兴产业。据统计，1998—2002年，全国绿色食品产品年均增长29％；2002—2004年，年均增幅进一步上升为 56％以上，已走上了"质量认证与证明商标管理相结合"的发展道路。截至 2005 年底，全国有效使用绿色食品标志企业总数达到 3 695 家，产品总数达到 9 728 个；产品实物总量 6 300 万 t，年销售额 1 030 亿元，出口额 16.2 亿美元；环境监测的农田、草场、林地、水域面积 653 万 hm²；绿色食品产品质量抽检合格率达 98.3％，企业年检率达 92％；部分绿色食品产品已形成集中产区，区域比较优势进一步显现。并且，绿色食品发展与农业"三增"（农业增效、农民增收、农产品竞争力增强）联系紧密。部分地区将发展绿色食品与优势农产品区域产业带建设相结合，提高了主产区优势农产品的标准化生产水平和产品的质量安全水平。西北黄土高原的绿色食品苹果开发、东北绿色食品高油大豆生产、赣南—湘南—桂北发展绿色食品蜜橘生产，都取得了较好的规模效益。

　　绿色食品的发展在我国产生了广泛的影响，其所倡导的生产和消费观念、质量标准、商标品牌已被越来越多的生产加工企业和消费者接受。近年来，我国绿色食品引起了国际社会的关注，国际有机农业运动联盟（IFOAM）、联合国粮农组织（FAO）等国际组织都对我国绿色食品的发展给予极大关注。

　　（2）绿色食品产业结构逐步优化，产业整体水平不断提升：

　　①发展速度。近几年来，我国绿色食品一直保持快速发展的态势，产品数量以年均 25％以上的速度增长。现已开发的产品包括粮食、食用油、水果、蔬菜、畜禽产品、水产品、奶类产品、酒类和饮料类产品等。绿色食品产业结构进一步优化，初级产品占 32.4％，初加工产品占 26.7％，深加工产品占 40.9％。绿色食品产品开发覆盖了全国绝大部分省区，其中黑龙江、内蒙古、山东、福建、吉林、湖北等地发展规模比较大。

　　②整体水平。绿色食品产业整体水平不断提升，国内一批大型知名品牌企业积极参与绿色食品开发，企业实力进一步增强。在 372 家国家级农业产业化经营重点龙头企业中，绿色食品企业有 117 家，占 31.5％；在 1 796 家省级农业产业化龙头企业中，绿色食品企业有 299 家，占 16.6％。

　　③产业结构。绿色食品产业结构逐步优化，2003 年在 372 家国家级农业产业化经营重点龙头企业中，绿色食品企业有 117 家，比 2002 年增加 14.6％。绿色食品主要产品产量占全国同类产品的比重逐步提高，初步测算，大米占 18.3％、面粉占 0.64％、食用植物油占 1.54％、水果占 1.61％、茶叶占 18.3％、液体乳及乳制品占 63.5％，均比 2002 年有了大幅度提高。

　　（3）我国绿色食品的出口贸易快速增长。随着对外贸易的不断加大，我国在出口贸易中遇到各种"壁垒"，加入 WTO 以后，为了有效地突破国际农产品贸易中日趋森严的"技术性贸易壁垒"，我国绿色食品加快了国际化发展战略的步伐，产品出口保持了快速增长。2000 年，全国绿色食品产品出口额为 2 亿美元，出口率为 2.5%；2001 年，产品出口额为 4 亿美元，出口率为 6.5%；2002 年，产品出口额为 8.4 亿美元，出口率为 11.6%。2000—2002 年，绿色食品出口年平均增长 105%，比 1997—2000 年平均增长速度的 42% 高出 63 个百分点。2003 年，绿色食品出口规模进一步扩大，出口额达 10.8 亿美元，比 2002 年增长 28.6%；出口率达 12.4%，提高了 0.8 个百分点。2005 年，绿色食品发展速度全面加快，进一步促进了农业增效、农民增收和农产品扩大出口。例如，陕西渭北绿色食品苹果基地面积已扩大到 20 万 hm^2；黑龙江省农民人均绿色食品生产收入已达 1 100 元。2005 年，全国绿色食品出口增长速度接近 30%，出口额约占我国农产品出口总额的 6%。可见，我国绿色食品在质量标准、质量制度、企业和产品优势、品牌优势等方面在国际市场上都已具备了一定的竞争优势。

我国绿色食品在国际市场形成明显的竞争优势，主要是因为绿色食品实行"两端监测、过程控制、质量认证、商标管理等严格的控制管理制度，增强了产品质量安全水平的可信度。近几年，不少国外客户直接赴绿色食品生产基地考察，了解产地环境监测过程，检查企业原料生产档案记录，对绿色食品认证程序及标准给予认同和肯定。

当前世界食品贸易出现两大趋势：一方面市场开放度不断扩大，关税性贸易壁垒减弱；另一方面，国际竞争日趋激烈，技术性贸易壁垒增强。在这种形势下，加入 WTO 对我国食品发展将产生两方面积极影响：一是促进我国农业结构和农产品进出口结构的调整；二是促进我国农产品质量安全水平全面提高。这些因素都将为发展绿色食品国际贸易带来新的机遇。同时，全面提高农产品质量安全水平已受到我国政府的高度重视，我国绿色食品发展正逢良机，前景广阔。

（4）人民生活水平提高。随着经济和社会的发展，城乡居民生活水平的提高，在消费领域出现了两个积极变化：一是对生态环境质量要求越来越高，近几年来我国一些地区的城市市区相继建立了生态农业区、绿色农庄、观光农场等类型的示范基地，这说明人们崇尚自然、追求健康的意识越来越强；二是对食品的质量和安全性要求越来越高，近年来，在我国一些大中城市的超市、食品店，绿色食品产品以其过硬的质量、鲜明的特色深受广大市民的欢迎，部分绿色食品产品还出现了供不应求的现象。绿色食品是市场经济发展的产物，绿色食品的开发，其效果最终要通过市场来检验，其进一步发展也需要市场的力量来推动。

绿色食品事业在国内外产生广泛而深刻的影响，其所倡导的生产和消费观念、食品安全意识、质量标准、商标品牌已被广大的农户、生产加工企业和消费者接受。在中国，绿色食品已成为优质安全食品的代名词，市场覆盖面日益扩大，市场占有率越来越高，中国绿色食品事业在国际社会也产生了积极的影响。联合国粮农组织、联合国亚太经合组织、国际有机农业运动联盟、世界持续农业协会等国际组织充分肯定了中国的绿色食品事业，"中国绿色食品工程"被誉为全球可持续农业发展的 20 个最成功的模式之一。

2. **绿色食品工程**　绿色食品工程是指将农学、生态学、环境科学、营养学、卫生学等多学科的原理运用到食品的生产、加工、贮运、销售以及相关的教育、科研等环节，从而形成一个完整的无公害、无污染的优质食品的产供销管理系统。

绿色食品工程注重生产基地、环境和食品监测、市场运行、科研教育等各子系统之间的结构和联系，通过标志管理等方法，宏观调控系统因子、各层次之间的平衡，使其达到一个完整的有机整体。绿色食品工程以市场为先导；无污染的原料基地为基础，环境监测、食品检验为保证，教育培训、宣传为推广手段，依靠先进的科学技术，带动生产条件的优化、耕作技术的改进，推动农业现代化进程，逐步实现经济效益、社会效益、生态效益的良性循环，促进环境保护事业的发展。

绿色食品作为一项系统工程，其生产方式、管理体系的显著特点是具有复杂性、综合性，需要充分利用社会各方面的合力有组织、有步骤地系统实施，才能将绿色食品有效地推向社会，实现预定的规模效益。绿色食品工程的结构如下所示。

(1) 绿色食品生产加工系统：包括绿色食品种植业生产、绿色食品畜牧业生产、绿色食品水产品生产、绿色食品产品加工。

(2) 绿色食品质量保证系统：包括绿色食品环境监测和产品检测、绿色食品生产资料使用监测、绿色食品产品加工过程监测。

(3) 绿色食品营销系统：包括绿色食品包装保鲜、绿色食品贮藏运输、绿色食品市场定位、绿色食品流通渠道、绿色食品产品供给。

(4) 绿色食品服务系统：包括绿色食品科技研究与推广、绿色食品生产资料供给、人才培训、信息服务、宣传咨询、国际交流与合作。

(5) 绿色食品管理系统：包括组织管理、质量管理和标志管理。

3. **中国绿色食品发展前景**　10 多年来，我国绿色食品事业遵循可持续发展原则，借鉴国际相关行业做法，结合中国国情，创造了一个概念，开辟了一个领域，形成了一个模式。即创造了一个既追求保护生态环境，提高食品安全性的深刻内涵，又容易被全社会和广大消费者接受的形象概念；开辟了一个农业可持续和生产无污染、安全、优质食品的新领域；形成一个以"标准体系、质量认证、标志管理"为主线的运行模式，探索了在市场经济条件下组织农产品生产、加工、贸易的新途径。目前，中国绿色食品发展中心已在全国 30 个省、自治区和直辖市委托了 38 个管理机构，9 个部级产品质量监测机构、56 个省级环境监测机构，形成了覆盖全国的绿色食品认证管理、监测服务工作系统，逐步建立了涵盖产地环境、生产过程、产品质量、专用生产资料等环节的质量标准体系框架，制定了一批绿色食品标准，颁布了《绿色食品标志管理办法》。中国绿色食品发展中心在国家工商行政管理局登记注册了我国第一例证明商标——绿色食品标志商标，并将此商标在日本等国家和地区成功注册。

　　发展绿色食品，不仅有利于保护环境、促进农业可持续发展，而且有利于增加农民收入，提高企业的经济效益，扩大农产品出口创汇，这是一项利国利民的工作。我国农业已经进入一个新的发展阶段，面临着结构调整、产业升级、农民增收、生态环境治理、提高产品质量、安全性和市场竞争力的严峻挑战，这既为绿色食品发展提供了有利的条件，也对绿色食品工作提出了更高的要求，尽管相对于整个农产品和食品总量来说，绿色食品的开发规模还很小，但这项工作已经显示出重要的意义和广阔的前景。

　　从国内来看，发展绿色食品的意义主要表现在 4 个方面：一是收入增长引发了市场需求的变化，安全优质的绿色食品日益受到消费者的欢迎；二是农产品供求格局的变化引发了农业和农村经济结构的战略性调整，开发绿色食品成为结构调整的一个重要领域；三是西部地区开发战略的实施也将推动绿色食品的发展；四是加入 WTO 将对我国农产品和贸易产生深刻影响，发展绿色食品将有助于提高我国农产品的市场竞争力。我国加入 WTO 后，许多无比较优势的农产品面临从根本上提高质量、降低成本、增强竞争力的严峻挑战，发展绿色食品，一是有利于促进标准建设，提高农产品质量，二是有利于扩大产品出口。

　　从国际上看，越来越多的国家已认识到，农业生产只关注生产效率和经济效益已远远不够，还必须考虑农业生产对资源、环境和消费者安全的影响。农业生产方式已对食物价值构成产生了影响，并开始对国际农产品贸易产生影响，全球农业发展的另一个变化是更加注重农产品及食品的质量和安全性。在世界各国日益高度重视可持续农业发展和食品安全性的情况下，全球有机农业、自然农业、生态农业、生物动力农业、再生农业、外部低投入农业等替代农业生产发展迅速，市场份额也在逐步扩大。2000 年，全球有机类农产品贸易额达到了 200 亿美元。近几年，随着绿色食品在国际上的影响日益扩大，绿色食品出口贸易保持了强劲的发展势头，显示出了广阔的发展前景。

五、发展绿色食品的意义

开发绿色食品是人们对食品安全的基本要求，也是我国农业可持续发展，保证食品安全和人民健康的重要举措，更是扩大农产品出口创汇的发展方向。1991年国务院在《关于开发绿色食品有关问题的批复》中明确指出："开发绿色食品对于保护生态环境，提高农产品质量，促进食品工业发展，增进人民身体健康，增加农产品出口创汇，都具有现实意义和深远影响。"当前和今后一个时期，加快发展绿色食品事业已成为我国发展农业生产、建设社会主义新农村、开展农产品质量安全工作的切入点和突破口。

1. **发展绿色食品是社会进步、经济发展的需要** 一方面，我国经济正值高速发展期，人们的生活水平在不断提高，对绿色食品的需求不断增长，尤其是在一些发达的城市和地区表现明显；另一方面，绿色食品的开发符合国情，利于融入国际经济大循环的格局之中，是实现以人为本的科学发展观的具体体现，是实现农业可持续发展的必由之路。

2. **发展绿色食品是应对WTO挑战、促进外向型农业发展的客观要求** 当今世界贸易保护由关税壁垒转向了"绿色贸易壁垒"，这对加入WTO之后的我国农业和农产品走向国际市场来说，无疑是一个严峻的挑战。所谓绿色贸易壁垒，就是指进口国以保护生态环境、自然资源、人类和动植物的健康安全为由限制进口的措施，主要包括绿色技术标准、绿色环保标志、绿色认证制度、绿色卫生检疫制度、绿色检验程序、绿色包装、规格、标签、标准及绿色补贴制度等。复杂苛刻的环境与技术标准对许多国家，特别是包括我国在内的发展中国家的农产品出口贸易构成了威胁。因此，要使我国农业成功地应对WTO的挑战，冲破绿色贸易壁垒而走向国际市场，就必须重视发展绿色食品。绿色食品在国际市场的竞争优势主要体现在5个方面：一是质量标准优势，绿色食品质量标准整体上达到了发达国家食品卫生安全标准，出口产品能够经受进口国严格的检测检验；二是质量保障制度优势，绿色食品实行"两端监测、过程控制、质量认证、标志管理"的质量安全制度，增强了产品质量安全水平的可信度；三是企业和产品优势，绿色食品龙头强势企业多，精深加工产品多，市场开拓能力强；四是环保优势，绿色食品实行对产地环境的监测和保护，易于打破资源和环境保护领域的"绿色贸易壁垒"，易于推动出口贸易的发展。在国际市场竞争中，绿色食品出口产品的品牌和价格优势将逐步发挥出来；五是品牌和价格优势。

3. **发展绿色食品是适应农业结构调整和加快农村经济发展的必然选择**

我国在传统的农业模式下生产的农产品,以追求数量增长为主要目标,其种类和质量远不能适应市场消费需求的变化,致使农产品产生严重的结构性失调:高质量、高档次的农产品供不应求,而大量质量低劣的农产品则存在"卖难"问题。为了适应农业生产由重数量向重质量的结构转变,满足国内外市场对高质量、健康型农产品的需求,发展绿色食品便成了我国实现农业结构调整的主要内容和必然选择。

4. 发展绿色食品是对国内外市场的主动适应 在国际上,绿色食品(及同类产品)总体处于供不应求的趋势中。据资料表明,84%的美国消费者希望购买无污染的蔬菜和水果;在欧洲有 40%的消费者喜欢购买绿色食品。英国人在经历疯牛病的噩梦后,热衷于绿色食品,据统计,英国人对绿色食品的需求量增加了 40%,而本国现有农场只能提供占食品总量的 0.5%的绿色食品,英国则靠进口满足国内需求。发达国家对绿色食品进口量的日益增加,刺激了其他国家绿色食品产业的发展。在国内,随着国民经济的发展和人民生活水平的不断提高,城乡居民对健康型农产品的需求也日益增多,越来越多的中国人对绿色食品的需求正在由潜在需求变成现实需求。据调查,北京和上海两个城市 79%~84%的消费者希望购买绿色食品。我国加入 WTO 后,应积极迎接挑战,抓住机遇,去主动适应国际市场的需求,大力发展绿色食品,以推动我国农业快速发展和深化改革。

5. 加快绿色食品产业的开发,有利于农业生态环境条件的改善和保护
生态环境是人类生存、生产与生活的基本条件。生态环境问题既是目前影响各国经济和社会发展的一个重要问题,同时也是今后国家综合竞争力的一个重要组成部分,随着世界人口的增长和工农业生产的迅速发展,人类活动对自然环境的影响越来越大,已造成自然环境和社会环境的恶化;生态危机严重制约了社会经济的发展,影响了人类的生活和生存。因而维持生态平衡,改善环境质量,成为全世界人民极为关心的重大问题。全面建设小康社会,要求人们必须充分运用现代高新科技,转变经济增长方式,改善优化生态环境,合理利用自然资源,创建经济发达、优美舒适的美好家园,实现人类与自然界和谐相处、共同发展。

第二节 绿色食品标准概述

一、标准

1. 标准的概念 标准是指人们对科学、技术和经济领域中重复出现的事物和概念，结合生产实践，经过论证、优化，由有关各方充分协调后为各方共同遵守的技术性文件。标准是随着科学技术的发展和生产经验的总结而产生和发展的，它来自生产，反过来又为生产发展服务。标准是以人们已掌握的科学技术理论、原则、方法、实践、要求去指导、约束、限制人们在社会生产中的技术性活动。

2. **标准的等级**　《中华人民共和国标准化法》将我国标准分为国家标准、行业标准、地方标准、企业标准共 4 个等级。

3. **标准的种类**　按照标准化对象，通常把标准分为技术标准、管理标准和工作标准三大类。技术标准是指对标准化领域中需要协调统一的技术事项所制定的标准。技术标准包括基础技术标准、产品标准、工艺标准、检测试验方法标准、安全标准、卫生标准、环保标准等。管理标准是指对标准化领域中需要协调统一的管理事项所制定的标准。管理标准包括管理基础标准、技术管理标准、经济管理标准、行政管理标准、生产经营管理标准等。工作标准是指对工作的责任、权利、范围、质量要求、程序、效果、检查方法、考核办法所制定的标准。工作标准一般包括部门工作标准和岗位工作标准。

二、绿色食品标准

1. **绿色食品标准的概念**　绿色食品标准是指在绿色食品生产中必须遵守、绿色食品质量认证及标志使用管理时必须依据的技术性文件。绿色食品标准是由农业部发布的推荐性国家农业行业标准，对经认证的绿色食品生产企业来说，是强制性标准，必须严格执行。

2. **绿色食品标准的作用**　绿色食品标准在绿色食品生产、加工、销售过程中，有着不可替代的作用。特别为我国加入 WTO 以后，开展可持续农产品及有机农产品平等贸易提供了技术保障依据，为我国农业，特别是生态农业、可持续农业，在对外开放过程中提高自我保护与自我发展能力创造了条件。

绿色食品标准作为绿色食品生产经验的总结和科技发展的结果，对绿色食品产业发展所起的作用表现在以下几个方面：

（1）绿色食品标准是进行绿色食品质量认证和质量体系认证的依据。质量体系认证是指由可以充分信任的第三方，证实某一经鉴定的产品生产者，其生产技术和管理水平符合特定的标准的活动。由于绿色食品认证实行产前、产中、产后全过程质量控制，同时包含了质量认证和质量体系认证。因此，无论是绿色食品质量认证，还是质量体系认证，都必须有适宜的标准依据，否则就不具备开展认证活动的基本条件。

（2）绿色食品标准是开展绿色食品生产活动的技术、行为规范。绿色食品标准不仅是对绿色食品产地环境质量、产品质量、生产资料等的指标规定，而更重要的是对绿色食品生产者、管理者的行为规定，是评定、监督与纠正绿色食品生产者、管理者技术行为的尺度，具有规范绿色食品生产活动的功能。

（3）绿色食品标准是推广先进生产技术、提高绿色食品生产加工水平的指导性文件。绿色食品标准不仅要求产品质量达到绿色食品产品标准，而且为产品达标提供了先进的生产方式和生产技术指标。

（4）绿色食品标准是维护绿色食品生产者和消费者利益的技术和法律依据。绿色食品标准作为质量认证依据，对接受认证的生产企业来说，属强制执行标准，企业生产的绿色食品产品和采用的生产技术都必须符合绿色食品标准要求。当消费者对某企业生产的绿色食品提出异议或依法起诉时，绿色食品标准就成为裁决的合法技术依据。同时，国家工商行政管理部门也将依据绿色食品标准打击假冒绿色食品产品的行为，保护绿色食品生产者和消费者利益。

（5）绿色食品标准是提高我国食品质量，增强我国食品在国际市场的竞争力，促进产品出口创汇的技术目标依据。绿色食品标准是以我国国家标准为基础，参照国际标准和国外先进标准制定的，既符合我国国情，又具有国际先进水平。对我国大多数食品生产企业来说，要达到绿色食品标准有一定难度，但只要进行技术改造，改善经营管理水平，提高企业素质，许多企业是完全能够达到的，其生产的食品质量也是能够符合国际市场要求的。而目前国际市场对绿色食品的需求远远大于生产，这就为达到绿色食品标准的产品提供了广阔的市场。

3. 绿色食品标准的制定

（1）绿色食品标准的制定原则。为最大限度地促进生物良性循环，合理配置和利用自然资源，减少经济行为对生态环境的不良影响，提高食品质量，维护和改善人类生存和发展环境，在制定绿色食品标准时要坚持以下原则：

①生产优质、营养，对人畜安全的食品及饲料，并保证获得一定产量和经济效益，兼顾生产者和消费者双方的利益。

②保证生产地域内环境质量不断提高，其中包括保持土壤的长期肥力和洁净，有助于水土保持；保证水资源和相关生物不遭受损害；有利于生物自然循环和生物多样性的保持。

③有利于节省资源，其中包括要求使用可更新资源，可以自然降解或回收利用材料；减少长途运输，避免过度包装等。

④有利于先进技术的应用，以保证及时利用最新科技成果为绿色食品发展

服务。

⑤有关标准的技术要求能够被验证。有关标准要求采用的检验方法和评价方法，不能是非标准方法，必须是国际标准、国家标准或技术上能保证再现性的试验方法。

⑥绿色食品标准的综合技术指标，不低于国际标准和国外先进标准的水平。同时，生产技术标准有很强的可操作性，能被生产者接受。

⑦严格控制使用基因工程技术。

（2）绿色食品标准的制定依据。绿色食品标准是在借鉴国内外相关标准基础上，结合绿色食品生产实践而制定的。绿色食品标准主要依据如下几个标准制定：

①欧共体有机农业及其有关农产品和食品条例（第2092/91）。

②国际有机农业运动联盟有机农业和食品加工基本标准。

③联合国食品法典委员会（CAC）有机生产标准。

④我国国家环境标准。

⑤我国国家食品质量标准。

⑥我国绿色食品生产技术研究成果。

4. 绿色食品标准的等级　绿色食品标准分为 A 级绿色食品标准和 AA 级绿色食品标准。

（1）AA 级绿色食品标准。AA 级绿色食品标准要求，产地的环境质量符合《绿色食品产地环境质量标准》，生产过程中不使用化学合成的农药、肥料、食品添加剂、饲料添加剂、兽药及有害于环境和人体健康的生产资料，而是通过使用有机肥、种植绿肥、作物轮作、生物或物理方法等技术，培肥土壤、控制病虫草害、保护或提高产品品质，从而保证产品质量符合绿色食品产品标准要求。

（2）A 级绿色食品标准。A 级绿色食品标准要求，产地的环境质量符合《绿色食品产地环境质量标准》，生产过程中严格按绿色食品生产资料使用准则和生产操作规程要求，限量使用限定的化学合成生产资料，并积极采用生物学技术和物理方法，保证产品质量符合绿色食品产品标准要求。

第三节　绿色食品的同类产品

一、有机食品

经国务院批准，农业部全面启动了"无公害农产品行动计划"，并确立了

"有机食品、绿色食品、无公害食品三位一体，整体推进"的发展战略。有机食品、绿色食品、无公害食品都是农产品质量安全工作的有机组成部分。有机食品以保持良好生态环境，人与自然的和谐共生为目标；绿色食品注重增强产品市场竞争力，提高生产水平和满足更高需求的发展定位；无公害农产品则是以规范农业生产，保障基本安全，满足大众消费，达到中国普通农产品质量水平要求为市场定位。

（一）有机农业

1. **概念**　有机农业是一种完全不使用或基本不使用人工合成的化学肥料、农药、生长调节剂、畜禽饲料添加剂等人工合成物质，也不使用基因工程生物及其产物的生产体系。有机农业的核心是建立和恢复农业生态系统的生物多样性和良性循环，以维持农业的可持续发展。在有机农业生产体系中，尽量以作物秸秆、畜禽粪肥、豆科作物、绿肥和有机废弃物等作为土壤肥力的主要来源，维持养分平衡；以作物轮作及各种物理、生物和生态措施等作为控制杂草和病虫害的主要手段，即利用生物、物理等措施防治病虫害。

有机食品指来自有机农业生产体系，根据有机农业生产要求和相应标准生产加工，并且通过合法的、独立的有机食品认证机构认证的农副产品及其加工品。有机食品一词是从英文 Organic Food 直译过来的，也有生态食品或生物食品之称。

有机食品是国际上通行的环保生态食品概念，它要求在生产和加工中，不使用任何化学农药、化肥、化学防腐剂等合成物质。有机食品比国内通行的绿色食品的环保标准更高。

2. **有机农业的发展**　有机农业始于第二次世界大战以前，开始只是由一些西方国家个别生产者针对局部市场的需求而自发地进行小规模生产，以后逐步自发组合成区域性的社团组织或协会等民间团体，并逐渐自行制定规则或标准指导生产和加工，相应产生一些专业民间认证管理机构。由于其具有自发性、不完善性，以及过分强调传统农业，实行自我封闭式的生物循环生产模式，排斥现代农业科学技术，发展极为缓慢。到了 20 世纪 70 年代后，随着一些发达国家工业的高速发展，由污染导致的环境恶化日趋严重，已直接危及人类的生命与健康。这些国家感到有必要共同行动，加强环境保护以拯救人类赖以生存的地球，确保人类生活质量和经济健康发展，从而掀起了以保护农业生态环境为主的各种替代农业思潮。20 世纪 90 年代后，特别是进入 21 世纪以来，实施可持续发展战略得到全球的共同响应，可持续农业的地位也得以确立，有机农业作为可持续农业发展的一种主流实践模式，进入了一个蓬勃发展的新时期，无论是在规模、速度，还是在水平上都有了质的飞跃。这一时期，全球有机农业，即有机食品生产发生了质的变化，即由单一、分散、自发的民间活动转向政府倡导的全球性生产运动。

有关资料显示，全球有机食品消费量正以每年 20％～30％ 的速度递增，国际上越来越多的外企更倾向于进口中国的有机大豆、稻米、花生、蔬菜、茶叶、药材、蜂蜜等，认为中国的有机食品是今后最有前途、最有附加值的农副产品。如美国，有机食品市场自 1989 年以来一直以 20％ 的速度增长，成为全球最大的有机食品市场。欧洲、日本有机食品销售也一路攀升，市场前景持续看好。预计，今后几年许多国家的增长率将达 20％～50％。可以预见，随着人们健康意识、环保意识的增强及有机食品贸易的迅速发展，有机食品将成为 21 世纪最有发展潜力和前景的产业之一。据国际贸易中心（ITC）2003 年 2 月调查，目前全世界按有机管理的农业用地已达 1 700 万 hm^2，各大洲有机管理的面积分布大体是：大洋洲 44.91％，欧洲 24.79％，拉丁美洲 21.67％，北美洲 7.73％，亚洲 0.55％，非洲 0.35％。有机农业种植面积最多的 10 个国家依次是：澳大利亚（770 万 hm^2）、阿根廷（280 万 hm^2）、意大利（100 万 hm^2）、美国（90 万 hm^2）、巴西（80 万 hm^2）、德国（54 万 hm^2）、英国（52 万 hm^2）、西班牙（38 万 hm^2）、法国（37 万 hm^2）、加拿大（34 万 hm^2）。有机农业用地占农业用地面积比例最多的 10 个国家依次是：列支敦士登 17.97％、瑞士 9％、奥地利 8.64％、意大利 6.76％、芬兰 6.73％、丹麦 6.20％、瑞典 5.20％、捷克共和国 3.86％、冰岛 3.4％、英国 3.33％。有机食品生产是近几年世界农业中的亮点。全世界大约有 130 个国家进行认证有机食品的商业生产，主要集中在欧洲国家、美国和加拿大。

我国有机食品有着巨大的国际市场和潜在的国内市场。在北京、上海、广州和南京等城市，有机食品的消费呈迅速上升趋势。目前，我国有机食品的生产还远远不能满足国内外市场的需要，国际上对我国有机产品的需求逐年增加，如果我们能抓住机遇，发挥自身优势，那么，经过几年努力，使我国的有机食品在国际市场所占的份额达 1％～2％ 是完全可能的，这就意味着每年可出口创汇 10 多亿美元。

我国有机食品的发展较快，截至 2005 年底，农业系统有机食品认证企业总数达到 416 家，产品总数达到 1 249 个，实物总量 66.9 万 t；产品年销售额 37.1 亿元，出口额 1.36 亿美元。全国有机食品认证面积达 165.5 万 hm^2。

（二）有机食品生产基本标准

有机食品生产应符合以下条件：第一，原料必须来自于已建立的或正在建立的有机农业生产体系，或采用有机方式采集的野生天然产品；第二，产品在整个生产过程中须严格遵循有机食品的加工、包装、贮藏、运输标准，禁止使用化学合成的农药、化肥、激素、抗生素、食品添加剂等，禁止使用基因工程技术及该技术的产物及其衍生物；第三，生产者在有机食品生产和流通过程中，有完善的质量控制和跟踪审查体系，有完整的生产和销售记录档案；第四，必须通过独立、合法的有机食品认证机构的认证。

（三）有机食品的标志及其含义

有机食品标志（图 1-1）采用人手和叶片为创意元素。我们可以感觉到两种景象，其一是一只手向上持着一片绿叶，寓意人类对自然和生命的渴望；其二是两只手一上一下握在一起，将绿叶拟人化为自然的手，寓意人类的生存离不开大自然的呵护，人与自然需要和谐美好的生存关系。有机食品概念的提出正是这种理念的实际应用。人类的食物从自然中获取，人类的活动应尊重自然规律，这样才能创造一个良好的可持续发展空间。

图 1-1　有机食品标志

（四）有机食品认证

1. 有机食品认证机构

（1）国际有机农业运动联盟。国际有机农业运动联盟（International Federation of Organic Agriculture Movements，IFOAM），于 1972 年 11 月 5 日在法国成立，成立初期只有英国、瑞典、南非、美国和法国 5 个国家的 5 个单位的代表。经过 20 多年的发展，目前，IFOAM 组织已成为当今世界上最广泛、最庞大、最权威的一个拥有来自 115 个国家和地区的 570 多个集体会员的国际有机农业组织。

国际有机农业运动联盟制定了有机农业的基本标准，描述了有机农业生产和有机加工的原则和理想。现在所使用的国际有机农业运动联盟的基本标准反映了目前有机农业生产和加工方法的发展水平。其基本标准应该作为在全世界范围内推动有机农业发展的一项工作。

IFOAM 的基本标准不能直接用于认证，但它为世界范围内的认证计划提供了一个制定自己国家或地区标准的框架。这些国家或地区的认证标准要结合当地条件，可以比基本标准更为严格。

当标有有机农业标签的产品在市场上出售前，生产者和加工者必须按照国家或地区体系所制定的标准操作，并得到国家或地区的认证。这就需要一个定期的检查和认证，这种认证体系将有助于确保有机产品的可信度以及建立消费者的信心。IFAOM 的基本标准同时也构成了 WOAM（美国有机食品颁证机构）授权体系运作的基础，IFOAM 授权体系根据 IFOAM 的授权标准和基本标准对各认证体系进行评估和授权。

（2）中国有机食品发展中心。国家环境保护总局有机食品发展中心（OFDC）、中绿华夏有机食品认证中心（COFCC）是我国专门从事有机食品检查、认证的机构，其主要职能是：受理有机（生态）食品的颁证申请；颁发有机（生态）食品证书；监督和管理有机（生态）食品标志的使用，包括从国外进口有机食品的管理；解释《有机产品认证标准》和有关的管理规定；开展有机（生态）食品认证的信息交流和国际合作。

OFDC 设有颁证管理部、质量控制部、国际合作部。其中颁证管理部受理有机（生态）食品认证申请，负责与颁证和标志使用有关的日常管理工作。根据国家环境保护总局的授权和有机食品颁证委员会的决定，OFDC 办理有机（生态）食品证书的颁发和标志准用手续；协助质量控制部做好有机食品的监测和审查工作。

2. 有机食品认证程序

（1）申请。申请者向国家环境保护总局有机食品发展中心（以下简称中心）提出正式申请，填写申请表和交纳申请费。申请者填写有机食品认证申请书，领取检查合同、有机食品认证调查表、有机食品认证的基本要求、有机认证书面资料清单、申请者承诺书等文件。申请者须按《有机食品认证技术准则》要求建立质量管理体系、生产过程控制体系和追踪体系。

（2）中心核定费用预算并制定初步的检查计划。中心根据申请者提供的项目情况，估算检查时间。一般在生产、加工过程各进行一次检查，并据此估算认证费用和制定初步检查计划。

（3）签订认证检查合同。申请者与中心签订认证检查合同，一式三份；交纳估算认证费用的 50%；填写有关情况调查表并准备相关材料；指定内部检查员（生产、加工各 1 人）；所有材料均使用文件、电子文档各一份，邮寄或 E-mail 给分中心。

（4）初审。分中心对申请者材料进行初审；对申请者进行综合审查；分中心将初审意见反馈认证中心；分中心将申请者提交的电子文档 E-mail 发送至认证中心。

（5）实地检查评估。中心确认申请者交纳颁证所需的各项费用；派出经认证中心认可的检查员；检查员从分中心取得申请者相关资料，依据《有机食品认证技术准则》，对申请者的质量管理体系、生产过程控制体系、追踪体系以及产地、生产、加工、仓贮、运输、贸易等进行实地检查评估，必要时需对土壤、产品取样检测。

（6）编写检查报告。检查员完成检查后，按中心要求编写检查报告；该报告在检查完成 2 周内将文件、电子文本交中心；分中心将申请者文本资料交中心。

（7）综合审查评估意见。中心根据申请者提供的调查表、相关材料和检查员的检查报告进行综合审查评估，编制颁证评估表，提出评估意见提交颁证委员会审议。

（8）颁证委员会决议。颁证委员会定期召开颁证委员会工作会议，对申请者的基本情况调查表、检查员的检验报告和中心的评估意见等材料进行全面审查，作出是否颁发有机证书的决定。

（9）颁发证书。根据颁证委员会决议，向符合条件的申请者颁发证书。申请者交纳认证费剩余部分，中心向获证申请者颁发证书；获有条件颁证申请者要按中心提出的意见进行改进并做出书面承诺。

（10）有机食品标志的使用。根据有机食品证书和《有机食品标志管理章程》，办理有机标志的使用手续。按照国际惯例，有机食品标志认证一次有效许可期限为一年。一年期满后可申请"保持认证"，通过检查、审核合格后方可继续使用有机食品标志。

（五）国外有机食品产业的发展现状和趋势

世界上生产有机食品的国家有 100 多个，其中非洲 27 个国家，亚洲 15 个国家，拉丁美洲 25 个国家，欧美发达国家都生产有机食品。目前，国际市场上有机食品品种主要有粮食、蔬菜、油料、肉类、奶制品、蛋类、酒类、咖啡、可可、茶叶、草药、调味品等。此外，还有动物饲料、种子、棉花、花卉等有机产品。目前，全球拥有有机农田面积最大的国家为澳大利亚、加拿大、美国、意大利、法国。

据国际贸易中心（ITC）的调查报告，美国、德国、日本和法国等 10 个发达国家 1997 年的有机食品销售总额在 100 亿美元以上。在过去 5 年中，欧盟、美国及日本的有机食品销售年均增长率为 25%～30%。在发达国家销售的有机食品大部分依赖进口，德国、荷兰、英国每年进口的有机食品分别占本国有机食品消费总量的 60%、60% 和 70%，价格通常比常规食品高 20%～50%，有些品种高出 1 倍以上。有机食品正在成为发展中国家向发达国家出口的主要产品之一。

二、无公害食品

(一) 概念

2004 年 4 月 29 日，农业部和国家质量监督检验检疫总局颁布《无公害农产品管理办法》，根据《无公害农产品管理办法》第二条的定义：无公害食品是指产地环境、生产过程和产品质量符合国家有关标准和规范的要求，经认证合格获得认证证书并允许使用无公害农产品标志的未经加工或初加工的食用农产品。无公害农产品应符合以下条件：

①产地环境符合无公害食品产地的标准要求。
②生产区域范围明确，具有一定的生产规模。
③无公害农产品生产过程符合无公害农产品生产技术的标准要求。
④有相应的专业技术和管理人员。
⑤有完善的质量控制措施，有完整的生产和记录档案。
⑥禁止使用国家禁用、淘汰的农业投入品。

(二) 无公害农产品概况

1. 无公害农产品行动计划　随着我国农业和农村经济发展进入新的阶段，农产品质量安全问题已成为农业发展的一个主要矛盾。农药、兽药、饲料添加剂、动植物激素等农资的使用，为农业生产和农产品数量的增长发挥了积极的作用，与此同时也给农产品质量安全带来了隐患，加之环境污染等其他方面的原因，我国农产品污染问题日渐突出。农产品因农药残留、兽药残留和其他有毒有害物质超标造成的餐桌污染和引发的中毒事件时有发生。可以说，农产品安全问题的存在，不仅是我国农业和农村经济结构调整的严重阻碍，也直接影响到我国农产品的出口和国际市场竞争力。

为了从根本上解决农产品污染和安全问题，农业部遵照国务院的指示精神和农业发展新阶段的需要，在大量调查研究的基础上，决定在全国范围内实施"无公害食品行动计划"，并成立了农业部农产品质量安全工作领导小组，负责组织、协调和实施"无公害食品行动计划"。"无公害食品行动计划"将以全面提高农产品质量安全水平为核心，以"菜篮子"产品为突破口，以市场准入为切入点，从产地和市场两个环节入手，通过对农产品实行"从农田到餐桌"全过程质量安全控制，用 8～10 年的时间，基本实现主要农产品生产和消费无公害。

为了保证"无公害食品行动计划"的顺利实施，农业部将着力加强 4 个方面的工作：一是加快农产品质量安全的立法，在对现有涉及农产品质量安全管理的相关法律法规进行认真清理的基础上，重点加快《农产品质量安全法》的制定工作。同时，加快农药、兽药、饲料、肥料、农用激素和动植物疫病防疫等方面的法律法规的修订工作，使修订后的法律法规能真正管住、管好农业生产资料的生产、经营和使用，彻底控制住动植物疫病发生。二是完善六大体系建设，即农产品质量安全体系、农产品质量安全监督检测体系、农产品质量安全认证体系、农产品技术推广体系、农产品质量安全执法体系和农产品市场信息体系的建设。三是加速制定有利于无公害食品发展的扶持政策，包括对无公害食品的生产、加工、流通等方面的政策扶持，重点扶持高效低残农资的推广、先进科学技术的运用、质量标准和监测体系建设等。四是在已有工作基础的京、津、沪 3 个直辖市和深圳市开展无公害食品行动计划试点。4 城市试点工作将以市场准入为切入点，从产地和市场两个环节入手，力求用 2～3 年的时间实现主要农产品"从农田到餐桌"全过程质量安全控制，用 8～10 年的时间，基本实现主要农产品"从农田到餐桌"全过程无公害管理；用 1 年左右的时间，解决 4 城市下岗职工和低收入阶层吃上"放心菜（果、肉、蛋、奶、鱼）"。通过试点，推动"无公害食品行动计划"在全国范围的实施。

截至 2005 年底，全国统一认证的无公害农产品累计已达 16 704 个，获证单位 10 583 家，产品总量 10 439 万 t。

2. 无公害农产品发展　20 世纪 60 年代以来，环境问题造成食品污染而危害人们健康的实例，在发达国家经常发生。环境的恶化对人类赖以生存的生态系统造成了威胁，并由此产生"不安全感"。环境污染及生态平衡的破坏所带来的环境问题日趋严重，而且从局部地区的区域性环境问题发展到全球性环境问题，引起了众多国家和民众的关注与不安。环境污染对食品安全性的威胁及对人类身体健康的危害日渐被人们所重视，保护环境，提高食品的安全性，保障自身健康的意识日益增强。

回归大自然，消费无公害食品，已经成为人类的必需。因此，生产无农药、化肥污染，无工业"三废"污染的农畜产品及其加工品，就应运而生。提倡在食品原料生产、加工等各个环节中，树立"食品安全"的思想，生产没有公害、污染的食品，即无公害食品。由此，在全球引起了一场新的农业革命，发达国家相继研究、示范和推广无公害农业技术，许多国家先后生产开发营养、安全的无公害食品。

我国环境问题的日趋严重和人们生活水平的提高，推动了无公害食品的产生和发展。1950 年，我国开始使用有机氯农药。30 多年来，共施用六六六400 多万 t，DDT 50 多万 t，受农药污染面积 1 000 多万 hm^2。1978—1980 年对全国 16 个省市的 1 914 批粮食作了调查, 其结果是六六六的超标率达 16.5%, DDT 超标率达 2.8%, 其他经济作物如茶叶、烟叶等也受到了不同程度的污染。1980 年因农药污染的粮食达 2 975 万 t, 因污染而减产粮食 1 165 万 t。1992 年全国农药、化肥施用折纯量分别达 22 万 t 和 2 930 万 t。随着工业的快速发展, 工业"三废"的大量排放, 我国遭受工业"三废"污染的农田面积达 1 000 多万 hm², 有 2 400 km 河段鱼虾绝迹, 每年超过食品卫生标准的农畜产品总量达 1 535 万 t。每年因农业环境污染造成农作物减产损失 150 亿元, 农畜产品污染损失 160 亿元。

(三) 无公害农产品标志及含义

无公害农产品标志图案 (图 1-2) 由麦穗、对勾和无公害农产品字样组成, 麦穗代表农产品, 对勾表示合格, 金色寓意成熟和丰收, 绿色象征环保和安全。生产、经销农产品的单位或个人均可自愿申请使用无公害农产品标志。

为了加强农产品质量安全管理, 保障人民身体健康, 维护生产者、经营者和消费者的合法权益, 促进无公害农产品产业的健康发展, 根据《中华人民共和国标准化法》及《中华人民共和国标准化法实施条例》的规定, 制定《无公害农产品标志管理规定》。凡使用无公害农产品标志的生产、经销的单位或个人均应遵守本规定。

图 1-2 无公害农产品标志

(四) 无公害农产品认证

1. 无公害农产品认证管理机构 无公害农产品标志实行统一管理、分级负责。国务院标准化行政主管部门统一管理全国无公害农产品标志的工作, 省、自治区、直辖市标准化行政主管部门负责本行政区域内无公害农产品标志管理工作。

2. 无公害食品认证程序 申请使用无公害农产品标志的单位或个人, 应向所在地市级标准化行政主管部门提出申请。

(1) 生产单位或个人应提供以下材料:

①使用无公害农产品标志的申请报告。申请报告应包括: 申请单位的基本情况、产品种类名称、作业区域、规模, 以及产品执行无公害农产品标准的

情况。

②生产技术规范。

③法定检验机构出具的产品基地环境测试报告和食品安全质量抽检报告。

（2）经销单位或个人应提供以下材料：

①使用无公害农产品标志申请报告。申请报告应包括：申请单位的基本情况、经销规模、产品来源、产品种类及名称、产品执行无公害畜禽肉产品标准的情况。

②法定检验机构出具近半年之内的抽检报告。

③产品质量安全控制措施。

④工商营业执照。

市级标准化行政主管部门应对申请者的材料和现场进行初审，初审合格后，报省级标准化行政主管部门审批。已经取得证书的单位和个人新增加项目种类或项目种类发生变化时，应提供相关材料报省、自治区、直辖市标准化行政主管部门审批。省、自治区、直辖市标准化行政主管部门根据市级标准化行政主管部门的初审意见及申请者的上报材料进行审查，审查合格并批准后，颁发证书，进行公告，并于批准后 30 日内报国务院标准化行政主管部门备案。

无公害农产品标志使用有效期为 3 年。需继续使用无公害农产品标志的单位和个人，应在期满前 6 个月内向省、自治区、直辖市标准化行政主管部门提出继续使用标志的申请，复审合格后，方可继续使用无公害农产品的标志。复审内容由各省、自治区、直辖市标准化行政主管部门自行规定。

经批准使用证书的单位和个人，可在其生产或经销产品的包装、标签或产品说明书上使用无公害农产品专用标志。未经批准的单位和个人及没有获得批准的肉制品种类，不得擅自使用专用标志。

有下列情况之一的，吊销其生产、经销单位或个人的证书，并责令其停止使用无公害农产品标志，并依据有关法律、法规进行处罚。

①无公害农产品标志使用有效期内两次产品抽查不合格的；

②无公害农产品标志使用有效期满，未办理复审手续的；

③发生产品质量事故造成严重后果的；

④未经批准擅自使用、伪造、冒用、转让无公害农产品标志的。

各级标准化行政主管部门在监督、管理无公害农产品标志工作中，严禁徇私舞弊、滥用职权，造成严重后果的，由有关主管部门给予行政处分。

复习思考题

1. 造成食品污染的主要原因有哪些？

2. 简述绿色食品产生的国内背景。

3. 绿色食品与普通食品相比有哪几个显著特征？

4. 绿色食品必须具备的条件有哪些？

5. 试论当地发展绿色食品有哪些自然资源优势？

6. 试论当地绿色食品事业的特点及前景。

7. 无公害农产品、绿色食品、有机食品是什么关系？各有什么特点？

8. 什么是有机农业？什么是有机食品？

9. 有机食品标志的含义是什么？

10. 有机食品应具备哪些条件？

11. 叙述无公害农产品认证的运作模式和市场定位。

第二章 绿色食品产地的选择与建设

第一节 绿色食品的产地环境质量标准

一、绿色食品对产地环境质量要求

(一)绿色食品产地及要求

绿色食品产地是指绿色食品初级农产品或加工产品原料的生长地。产地的生态环境质量是影响绿色食品产品质量的基础因素之一。如果动、植物生活和生长的环境受到污染,就会直接对动、植物的生长造成影响,并通过水质、土壤和大气等媒体转移或残留于动、植物体内,进而造成食品污染,最终危害人类。因此,合理地选择绿色食品产地,并通过环境监测和环境质量现状评价,科学地对环境质量的好坏做出判断,是绿色食品生产的前提和基础。

绿色食品的生产地应当选择空气清新、水质纯净、土壤未受污染、具有良好生态环境的区域。为了避免或减轻人类生产和生活活动产生的污染带来的影响,绿色食品生产地以污染较少的较偏远地区、农村等为宜,尽量避开繁华都市、工业区和交通要道。具体的要求为:

1. **对大气要求** 绿色食品产地周围不得有大气污染源,特别是上风口没有污染源。不得有有害气体排放,生产、生活用的燃煤锅炉必须有除尘、除硫装置。大气质量要求稳定,符合绿色食品大气环境质量标准。

2. **对水环境要求** 绿色食品生产用水、灌溉用水质量要有保证;产地应选择在地表水、地下水清洁无污染的地区;水域、水源上游没有对该地区构成污染威胁的污染源;生产用水符合绿色食品水质(农田灌溉水、加工用水)环境质量标准。

3. **对土壤要求** 绿色食品要求产地土壤元素位于背景值正常区域,周围没有金属或非金属矿山,没有农药残留污染,要具有较高的土壤肥力。土壤质量符合绿色食品土壤质量标准。

（二）绿色食品产地环境质量标准体系

为了保证绿色食品生产地的环境质量，保证绿色食品产品质量，保护生产地的生态环境，相关部门制定了一系列相关标准，统称为绿色食品产地环境质量标准体系。

绿色食品产地环境质量标准体系包括：土壤环境质量标准体系、灌溉水（养殖水、加工用水）水质标准体系、大气质量标准体系。

环境质量是影响绿色食品产品质量基础的因素之一。只有取得代表环境质量的各种数据，才能判断环境质量，也就是取得各种污染因素在一定范围内的时、空分布。一般将各污染因素称为评价因子，每个质量标准体系中指定若干评价因子，一般依据绿色食品环境质量评价要求，选择毒性大、作物易积累等的物质指定为评价因子。绿色食品产地环境质量现状评价包括的因子以及其对产地环境的影响途径如图 2-1 所示。

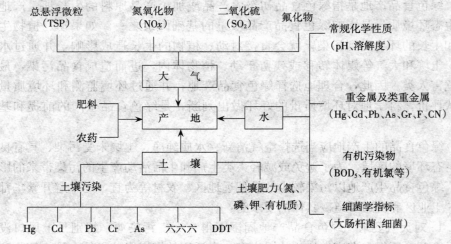

图 2-1　绿色食品产地环境质量现状评价因子及其作用关系

二、绿色食品产地环境质量标准的制定

（一）绿色食品产地环境质量标准制定的依据

任何一种形式的环境标准，都必须以一定的科学试验为依据，密切结合社会实际，没有这两方面的基础，标准就不能在实际工作中真正起到作用，也就不可能得到发展。环境质量标准通常是以环境质量准则或指南为依据的。所谓

环境质量准则或指南是指污染浓度与其对环境不利影响的资料综合和相关分析。因此，可以说，由环境质量准则产生出来的环境质量标准具有较高的科学性，并且由于标准在制定时还在一定程度上考虑了经济技术条件，故同时具有在近期实现的可能性。

环境标准，按其介质的不同，可分为空气、水、土壤共 3 部分。绿色食品产地环境质量标准是在全面调查了主要环境因子（大气、水、土壤）对农业生产的影响后，科学的结合绿色食品安全、优质、营养的特点，反复修改后制定的。

《绿色食品产地环境质量标准》规定了环境空气质量标准、农田灌溉水质标准、渔业水质标准、畜禽养殖用水标准和土壤环境质量标准的各项指标以及浓度限值、监测和评价方法。提出了绿色食品产地土壤肥力分级和土壤质量综合评价方法。对于一个给定的污染物，在全国范围内其标准是统一的，必要时可增设项目。该标准适用于绿色食品（AA 级和 A 级）生产的农田、蔬菜田、果园、饲养场、放牧场和水产养殖场，适用于栽培作物土壤，不适于野生植物土壤。

（二）绿色食品产地环境质量标准

1. **大气环境质量标准**　绿色食品基地大气环境质量评价标准采用《大气环境质量标准》（GB 3095—82）及《保护农作物的大气污染物最高允许浓度》（GB 9137—88）。评价方法选用积分值法。该方法分两步进行：第一步，根据每一项评价指标的实测值，按照已定的环境标准给定一个评分值 A_i。表 2-1 是对应于二氧化硫、氮氧化物、总悬浮颗粒和氟化物共 4 项指标的大气环境质量评分表。表中，二氧化硫、氮氧化物、总悬浮颗粒这 3 项指标的一、二、三级数值分别为《大气环境质量标准》中相应的值，四级的数值取为三级的两倍；氟化物指标中一、二、三级的数值分别为《保护农作物的大气污染物最高允许浓度》中敏感作物、中等敏感作物和抗性作物所对应的生长季平均浓度。第二步，将全部评价指标的评分值求和，得到总的积分值 M，然后根据表 2-2 按 M 值的大小确定环境质量的级别。

表 2-1　大气环境质量评分表

	级别	一级	二级	三级	四级	五级
评价指标	评分值 A_i	25	20	15	10	5
	二氧化硫	≤0.05	≤0.15	≤0.25	≤0.50	>0.50
	氮氧化物	≤0.05	≤0.10	≤0.15	≤0.30	>0.30
	总悬浮颗粒	≤0.15	≤0.30	≤0.50	≤1.0	>1.0
	氟化物	≤1.0	≤2.0	≤4.5		

注：表中氟化物的浓度单位是 $\mu g/(dm^2 \cdot d)$，其余 3 项指标的浓度单位均为 mg/m^3。

表 2-2　大气环境质量分级标准（积分值法）

积分值 M	100～95	94～75	74～55	54～35	≤34
大气环境质量等级	第一级（理想级）	第二级（良好级）	第三级（安全级）	第四级（污染级）	第五级（重污染级）

2. 水环境质量标准

（1）农田灌溉水水质标准。《农田灌溉水水质标准》（GB 5084—92）规定了农田灌溉水质的目的是控制灌溉水中污染物的最高浓度。用此来作为绿色食品灌溉用水的质量标准，显然是不合适的。绿色食品产地农田灌溉水参照地面水质标准进行修订，其限值在地表水标准Ⅲ类至Ⅳ类之间。这些限值经各绿色食品基地环境监测数据验证合理。

（2）渔业水质标准和畜禽饲养用水标准。《渔业水质标准》（GB 11607—89）是保护渔业生产的最低要求。绿色食品的渔业水质标准应比一般要求严格。为了防止和控制渔业水质的污染，保证鱼、虾、贝、藻类正常生长、繁殖和水产品的质量，经绿色食品基地环境监测数据验证，其限定值有些与 GB 11607—89 一致（如汞、镉），有些严于 GB 5749—89（如铅、砷、铬）。

畜禽饲养用水应符合《生活饮用水标准》（GB 5749—85）。因为，畜禽场人畜水源不可能分开，畜禽场供水系统容易受到污染，所以需要严格要求供水质量。水环境质量标准如表 2-3 所示。

表 2-3　水环境质量标准

	农田灌溉水	渔业用水	畜禽养殖用水	加工用水
色、臭、味	—	不得使水产品带异色、异臭、异味	不得有异臭、异味	—
漂浮物质		水面不得出现油膜或浮沫	—	
悬浮物		人为增加量不得超过 10 mg/L	—	
色度	—		15 度，不得呈现其他异色	
混浊度	—		3 度	
肉眼可见度	—		不得含有	
pH	5.5～8.5	6.5～8.5（淡水）7.0～8.5（海水）	6.5～8.5	6.5～8.5
总汞,mg/L	0.001	0.000 5	0.001	0.001
总镉,mg/L	0.005	0.005	0.01	0.01
总铅,mg/L	0.1	0.05	0.05	0.05
六价铬,mg/L	0.1	0.1	0.05	0.05
总砷,mg/L	0.05	0.05	0.05	0.05
氟化物,mg/L	2.00		1.00	1.00
粪大肠菌群	10 000			
细菌总数,个/L	—		100	100
总大肠菌群,个/L	—	5 000（贝类500）	3	3
氰化物,mg/L			0.05	0.05

（续）

	农田灌溉水	渔业用水	畜禽养殖用水	加工用水
溶解物（DO），mg/L	—	＞5	—	—
生化需氧量（BOD_5），mg/L	—	5	—	—
悬浮物，mg/L	—	＜10	—	—
挥发醚，mg/L	—	0.005	—	—
石油醚，mg/L	—	0.05	—	—
氯化物，mg/L	—	—	—	250

注：灌溉菜园用的地表水需测粪大肠菌群，其他情况不测粪大肠菌群。

3. 土壤环境质量标准　1995 年 7 月，国家环保局和国家技术监督局发布了《土壤环境质量标准》（GB 15618—1995）。标准分为三级：一级为保护区域自然生态，维持自然背景的土壤质量限制值；二级为保障农业生产，维护人类健康的土壤质量限制值；三级为保障农林生产和植物生长的土壤临界值。标准根据土壤 pH 的不同，水田、旱地和果园的不同，分别确定了土壤质量的限制值。对重金属的土壤质量标准是根据以下程序确定的。

①根据土壤元素背景值资料，农业土壤元素背景值（几何均值）高于一般土壤元素背景值（几何均值），如以农业土壤背景值的95％置信限计，会超过国家标准规定的一级标准范围。因此，对绿色食品生产来说，国家一级标准显得偏严，二级标准又显得偏松，故确定绿色食品土壤环境质量标准应在国家的一级与二级之间。

②根据全国土壤元素背景值数据库中的农业土壤元素背景值，按不同的耕作方法（旱田、水田）和不同的 pH，分别确定基准值。

③对基准值进行多重比较，如参考国家、国外标准、"六五"期间农业土壤元素背景值调查资料，并根据绿色食品管理需要再确定标准值。确定的土壤重金属含量限值如表 2-4 所示。

表 2-4　土壤各项污染含量限值，mg/kg

	土壤 pH（旱田）			土壤 pH（水田）		
	＜6.5	6.5～7.5	＞7.5	＜6.5	6.5～7.5	＞7.5
镉	0.30	0.30	0.40	0.30	0.30	0.40
汞	0.25	0.30	0.35	0.30	0.40	0.40
砷	25	20	20	20	20	15
铅	50	50	50	50	50	50
铬	120	120	120	120	120	120
铜	50	60	60	50	60	60

注：果园土壤中的铜限量是旱田中的铜限量的两倍。

有机污染物指标仍选用有机氯农药六六六和 DDT。虽然从 1985 年起我国已经禁用，但过去使用量大、面广，在我国土壤中仍有残留。根据目前残留的水平，绿色食品产地环境质量标准定在 0.10 mg/kg。

为了保证绿色食品的质量，增施有机肥是重要的生产措施。在土壤环境质量标准增加了土壤肥力作为参考标准，主要依据是《中国土壤普查技术》。该书根据全国第二次土壤普查的结果，确定旱地、水田、园地、林地及牧地 5 类分级。绿色食品的土壤质量参考这一分类方法，分为三级，适合于栽培作物土壤的评定，目的是通过调查生产土壤的能力等级使生产者了解土壤肥力状况，促进生产经营者增施有机肥。土壤肥力分级参考指标如表 2-5 所示。

表 2-5 土壤肥力分级参考指标

	级别	旱地	水田	菜地	园地	牧地
有机质，g/kg	I	>15	>25	>30	>20	>20
	II	10～15	20～25	20～30	15～20	15～20
	III	<10	<20	<20	<15	<15
全氮，g/kg	I	>1.0	>1.2	>1.2	>1.0	—
	II	0.8～1.0	1.0～1.2	10.0～1.2	0.8～1.0	—
	III	<0.8	<1.0	<1.0	<0.8	—
有机磷，mg/kg	I	>10	>15	>40	>20	>10
	II	5～10	10～15	20～40	5～10	5～10
	III	<5	<10	<20	<5	<5
有效钾，mg/kg	I	>120	>100	>150	>100	—
	II	80～120	50～100	100～150	50～100	—
	III	<80	<50	<100	<50	—
阳离子交换量，cmol/kL	I	>20	>20	>20	>20	—
	II	15～20	15～20	15～20	15～20	—
	III	<15	<15	<15	<15	—
质地	I	轻壤、中壤	中壤、重壤	轻壤	轻壤	砂壤～中壤
	II	砂壤、重壤	砂壤、轻黏	砂壤、中壤	砂壤、中壤	重壤
	III	砂土、黏土	砂土、黏土	砂土、黏土	砂土、黏土	砂土、黏土

第二节 绿色食品产地的环境调查与选择

一、绿色食品产地环境调查与选择的意义及程序

21 世纪全球将更加注重经济、社会、生态、环境、科技之间的协调发展。我国经济正处于高速增长时期，国民经济和社会能否持续发展，取决于农业和食品工业能否持续发展；而农业和食品工业能否持续发展，又取决于资源和环境能否得到有效的保护和合理的利用。

通过产地环境质量现状调查可以更科学、准确地了解产地环境，为优化监测布点提供科学依据。根据绿色食品产地环境特点，重点调查产地环境质量现状、发展趋势及区域污染控制措施，兼顾产地自然环境、社会经济及工农业生产对产地环境质量的影响。

通过产地环境质量现状调查，有助于实现清洁生产，实现农业生产优质、高产、高效的目标，建立一个没有生态破坏、没有环境污染、生态良性循环的农业生产体系，改善农村环境，保证农业的可持续发展。具体来讲，它有4个方面意义：一是有利于了解产地所存在的环境问题；二是有利于提高绿色食品的品质；三是有利于增进人体健康；四是有利于维护国家和人民的利益。

环境质量是指环境素质的优劣。环境质量现状评价是根据环境（包括污染源）的调查与监测资料，应用环境质量指数系统进行综合处理，然后对这一区域的环境质量现状作出定量描述，并提出该区域环境污染综合防治措施。绿色食品产地环境质量现状评价最直接的意义，是为生产绿色食品选择优良的生态环境，为绿色食品有关管理部门的科学决策提供依据。绿色食品产地环境质量现状评价的工作程序随目的、要求不同而异，其最基本工作程序如图2-2所示。

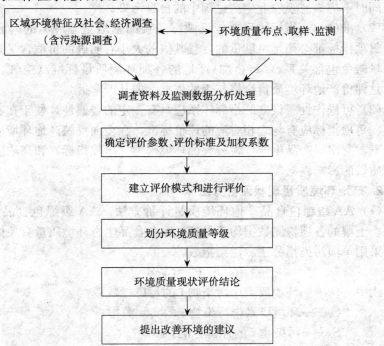

图2-2 绿色食品产地环境质量现状评价工作程序图

二、绿色食品产地环境调查与选择的主要内容

(一) 产地环境质量现状评价与调查

1. **产地环境质量现状评价原则**　产地环境质量现状评价是绿色食品开发的一项基础工作。根据污染因子的毒理学特征及农作物吸收、富集能力，将环境要素（土壤、水质、空气）的污染指标分为两大类，即严控环境指标和一般控制指标。在评价中严控指标不能超标，如有一项超标，即视为该产地环境质量不符合要求，不宜发展绿色食品。一般环境指标如有一项或一项以上超标，则该基地不宜发展 AA 级绿色食品，但可从实际出发，根据超标物的性质、程度等具体情况及综合污染指数全面衡量，确定是否符合发展 A 级绿色食品的要求，但综合污染指数不得超过 1。建立绿色食品基地环境质量评价指标体系应遵循的原则：

（1）完备性。指标体系必须能够全面反映绿色食品基地的自然环境质量状况、污染状况及生态破坏状况。评价应在该区域性环境初步优化的基础上进行，同时不应该忽视农业生产过程中的自身污染。

（2）准确性。指标体系要能反映绿色食品基地生态环境的内涵和本质特性，每项指标都必须是可度量的，且其值的大小有明确的价值含义，指标之间应尽量避免包含关系。绿色食品产地的各项环境质量标准（空气、水质、土壤）是评价产地环境质量合格与否的依据，要从严掌握。

（3）可操作性。设立的指标体系应具有一定的普遍性，便于在实际工作中应用。每项指标应有与之相对应的评价标准。在全面反映产地环境质量现状的前提下，突出对产品生产危害较大的环境因素（严控指标）和高浓度污染物对环境质量的影响。

2. **产地环境质量现状评价方法**

（1）AA 级绿色食品产地环境质量评价方法。AA 级绿色食品产地大气、水质、土壤的各项检测数据均不得超过绿色食品生态环境质量有关标准。评价方法采用单项污染指数法。污染指数

$$P_i = C_i / S_i$$

式中　P_i——环境要素中污染物 i 的污染指数；

　　　C_i——环境要素中污染物 i 的实测数据；

　　　S_i——污染物 i 的评价标准。

　　　$P_i \leqslant 1$，未污染，适宜发展 AA 级绿色食品；

　　　$P_i > 1$，污染，不适宜发展 AA 级绿色食品。

（2）A级绿色食品产地环境质量评价方法。A级绿色食品产地大气、水质、土壤的综合污染指数均不得超过1。产地环境质量评价采用单项污染指数法和综合污染指数法相结合的方法。

在评价中，考虑到有时个别污染物超标会造成危害，但此时平均状况却不超标这一情况，水质、土壤采用分指数平均值和最大值相结合的内梅罗指数法。

根据大气质量特点，大气质量评价采用既考虑大气平均值，也适当兼顾最高值的上海大气质量指数法。

3. 产地环境质量现状调查程序

（1）省（市）绿色食品委托管理机构，对绿色食品产地进行初步考察，决定该地区是否适宜发展绿色食品。

（2）根据省级绿色食品委托管理机构下达的任务书，由监测单位执行对申报绿色食品及其加工产品原料生产基地的农业自然环境概况、社会经济概况和环境质量状况进行综合现状调查，并决定布点采样方案。

（3）综合现状调查采取搜集资料和现场调查两种方法。首先通过搜集法获取有关资料，当这些资料不能满足要求时，再进行现场调查。如果监测对象能提供一年内有效的环境监测评价报告，经省（市）绿色食品委托管理机构确认，可以免去现场环境监测。

（4）调查结束后出具调查分析报告，注明调查单位、调查时间、调查人员（须签名）。

（二）产地选择的主要内容

1. 产地环境质量初步分析　通过对自然环境与资源概况、社会经济概况、工业"三废"及农业污染物对产地环境的影响等几个方面进行实地调查，根据调查、了解、掌握的资料情况，对申报产品及其原料生产基地的环境质量状况进行初步分析，出具调查分析报告，注明调查单位、调查时间、调查人（须签名），如图2-3所示。在此基础上进行优化布点。

（1）产地基本情况：包括自然地理、气候与气象、水文状况、土地资源、植物及生物资源、自然灾害等情况。

（2）产地灌溉用水环境质量分析：对地表水、地下水、处理后的城市污水、与城市污水水质相近的工业废水作水源的农田灌溉用水进行质量分析。

（3）区域环境空气质量分析：包括区域环境空气质量功能区划分、标准分级、污染物项目、取值时间及浓度限值，采样与分析方法及数据统计的有效性规定。

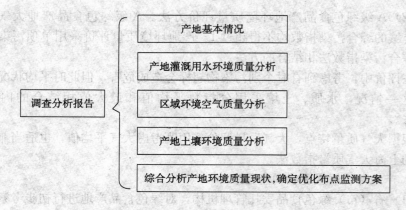

图 2-3　绿色食品产地环境质量调查分析程序

（4）产地土壤环境质量分析：按土壤应用功能、保护目标和土壤主要性质，规定了土壤中污染物的最高允许浓度指标值及相应的监测方法。

（5）综合分析产地环境质量现状，确定优化布点监测方案。

2. 调查选择的主要内容　依据 2005 年农业部制定的《绿色食品产地环境调查与评价导则》的有关规定，绿色食品产地环境调查主要包括自然环境与资源概况、社会经济概况、工业"三废"及农业污染物对产地环境的影响等几个方面，然后对产地环境质量现状进行初步分析。调查具体内容如表 2-6 所示。

表 2-6　绿色食品产地环境调查内容

	调　查　具　体　内　容
自然环境 与资源概况	自然地理：地理位置、地形地貌、地质等 气候与气象：所在区域的主要气候特性，年平均风速和主导风向，年平均气温、极端气温与月平均气温，年平均相对湿度，年平均降水量，降水天数，降水量极值，日照时数，主要天气特性等 水文状况：该区域主要河流、水系、流域面积、水文特征、地下水资源总量及开发利用情况等 土地资源：土壤类型、土壤肥力、土壤背景值、土地利用情况（耕地面积等） 植被及生物资源：林木植被覆盖率、植物资源、动物资源、鱼类资源等 自然灾害：旱、涝、风灾、冰雹、低温、病虫草鼠害等
社会经济 概况	行政区划、人口状况 工业布局和农田水利 农、林、牧、渔业发展情况和工农业产值 农村能源结构情况

（续）

	调 查 具 体 内 容
工业"三废"及农业污染物对产地环境的影响	工业污染源及"三废"排放情况：主要包括工矿乡镇村办企业污染源分布及废水、废气、废渣排放情况
	地表水、地下水、农田土壤、大气质量现状
	农业污染物：主要包括农药、化肥、地膜、植物生长调节剂等农用生产资料的使用情况及对农业环境的影响和危害
	农业生态环境保护措施：主要包括污水处理、生态农业试点情况、农业自然资源合理利用及农业生产无公害控制情况

（1）水质监测。对于生活用水、畜禽饮用水和加工用水，很多企业是直接抽取地下水，水质良好，可不进行监测，参考当地环保、地矿或卫生防疫部门的一些常规监测数据而不进行监测；对地表水，则有针对性地进行环境监测；对采用污水灌溉的产地不授予绿色食品标志。

①布点原则：

a. 水质监测点的布设要坚持样点的代表性、准确性、合理性和科学性的原则；

b. 坚持从水污染对产地环境质量的影响和危害出发，突出重点，照顾一般的原则；

c. 对于水资源丰富，水质相对稳定的同一水源（系），样点布设1～3个，若不同水源（系）则依次叠加；

d. 水资源相对贫乏，水质稳定性较差的水源，则根据实际情况适当增设采样点数；

e. 生产过程中对水质要求较高或直接食用的产品（如生食蔬菜），采样点数适当增加；

f. 对水质要求较低的粮油作物、禾本植物等，采样点数可适当减少，同一水源（系）的采样点数，一般1～2个；

g. 对于农业灌溉水系天然降雨的地区，不采农田灌溉水样；

h. 矿泉水环境监测，只要对产地水源进行水质监测。属地表水源（系）的采样点数一般布设1～3个，属地下水源的布设1个采样点；

i. 深海产品养殖用水不必监测，只对加工用水进行采样监测；

j. 畜禽养殖用水，属圈养水相对集中的，每个水源（系）布设1个采样点，反之，适当增加采样点数；

k. 加工用水按国家GB 5749—85规定执行，每个水源（系）布设1个采样点数；

l. 食用菌生产用水，每个水源（系）布设1个采样点。

②布点方法。对于不同水源的灌溉水，采用的布点方法有一定的区别，具体布点方法应根据所引的水源而确定。用地表水进行灌溉的，根据不同情况采用不同的布点方法；直接引用大江大河进行灌溉的，应在灌溉水进入农田前的灌溉渠道附近河流断面设置采样点；以小型河流为灌溉水源的，应根据用水情况分段设置监测断面。

a. 不同地理位置及不同特点的灌溉水源，灌溉水系监测断面设置方法不同，具体断面设置方法如下：对于常年宽度大于 30 m，水深大于 5 m 的河流，应在所定监测断面上分左、中、右 3 处设置采样点，采样时应在水面 0.3~0.5 m 处各采分样一个，分样混匀后作为一个水样测定；对于一般河流，一般可在确定的采样断面的中点处，在水面下 0.3~0.5 m 处采一个水样即可。

b. 湖、库、塘、洼的布点方法：10 hm² 以下的小型水面，一般在水面中心处设置一个取水断面，在水面下 0.3~0.5 m 处采样即可；10 hm² 以上的大中型水面，可根据水面功能实际情况，划分为若干片，按上述方法设置采样点；引用地下水进行灌溉的，在地下水取井处设置采样点。

③采样时间与频率。不同用途的水采样的时间与频率不一样。种植业用水，在主要灌溉期采样一次；水产养殖业用水，在其生长期采样一次；畜禽养殖业，可与原料产地灌溉用水同步采集饮用水质一次。

④监测项目和分析方法。农田灌溉水质量监测项目为 pH、总汞、总镉、总砷、总铅、六价铬、氟化物和粪大肠菌群共 8 项。

a. 渔业用水水质监测项目共 15 项，监测项目与分析方法如表 2-7 所示。

表 2-7　渔业用水水质监测项目与分析方法

序号	项目	分析方法	执行标准
1	色、臭、味	文字描述法	GB 5750—1985
2	漂浮物质	文字描述法	HJ/T 49—1999
3	悬浮物	滤膜法	HJ/T 49—1999
4	pH	玻璃电极法	GB 6920—1986
5	溶解氧	碘量法	GB/T 7489—1989
6	生化需氧量	20℃培养 5d，稀释与接种法	GB/T 7488—1987
7	总大肠菌群	多管发酵法	HJ/T 49—1999
8	总汞	冷原子吸收光谱法、原子荧光光谱法	GB/T 7468—1987
9	总镉	无火焰原子吸收光谱法	GB/T 7475—1987
10	总铅	无火焰原子吸收光谱法	GB/T 7475—1987
11	总铜	无火焰原子吸收光谱法	GB/T 7475—1987
12	总砷	二乙基二硫代氨基甲酸银法、原子荧光光谱法	GB/T 7485—1987
13	六价铬	二苯碳酸酰二肼比色法	GB/T 7467—1987
14	挥发酚	4-氨基安替吡啉比色法	GB/T 7490—1987
15	石油类	重量法、红外分光光度法	GB/T 16488—1996

b. 畜禽养殖用水水质监测项目共14项,监测项目与分析方法如表2-8所示。

表2-8 畜禽养殖用水水质监测项目与分析方法

序 号	项 目	分析方法	执行标准
1	色度	稀释倍数法、铂钴标准比色法	GB 5750—1985
2	混浊度	目视比色法、分光光度法	GB 5750—1985
3	臭和味	文字描述法	GB 5750—1985
4	肉眼可见物	文字描述法	GB 5750—1985
5	pH	玻璃电极法	GB 5750—1985
6	氟化物	离子选择电极法	GB 5750—1985
7	氰化物	异烟酸-吡唑啉酮比色法	GB 5750—1985
8	总砷	二乙基二硫代氨基甲酸银法、原子荧光光谱法	GB 5750—1985
9	总汞	冷原子吸收光谱法、原子荧光光谱法	GB 5750—1985
10	总镉	无火焰原子吸收光谱法	GB 5750—1985
11	总铅	无火焰原子吸收光谱法	GB 5750—1985
12	六价铬	二苯碳酸酰二肼比色法	GB 5750—1985
13	细菌总数	平板法	GB 5750—1985
14	总大肠菌群	多管发酵法	GB 5750—1985

c. 加工用水水质监测项目共11项,监测项目与分析方法如表2-9所示。

表2-9 加工用水水质监测项目与分析方法

序 号	项 目	分析方法	执行标准
1	pH	玻璃电极法	GB 5750—1985
2	镉	无火焰原子吸收光谱法	GB 5750—1985
3	铅	无火焰原子吸收光谱法	GB 5750—1985
4	汞	冷原子吸收法、原子荧光光度法	GB 5750—1985
5	砷	二乙基二硫代氨基甲酸银法、原子荧光光度法	GB 5750—1985
6	六价铬	二苯碳酸酰二肼比色法	GB 5750—1985
7	氟化物	离子选择电极法	GB 5750—1985
8	氯化物	滴定法	GB 5750—1985
9	氰化物	异烟酸-吡唑啉酮比色法	GB 5750—1985
10	总大肠菌群	多管发酵法	GB 5750—1985
11	细菌总数	营养琼脂平皿培养法	GB 5750—1985

(2) 土壤监测。土壤受到污染,就会影响农作物的产量和质量;通过食物链,还会影响到人类的身体健康。

土壤中的主要污染物质有:重金属、农药、有机废物、放射性污染物、寄生虫、病原菌及病毒、矿渣、粉煤灰等。

通过调查,了解生产基地曾受到过的污染,有针对性地增加监测因子。另外,需增加土壤养分监测因子,如有机质、总氮、速效氮、速效磷、速效钾等的监测。

①布点原则：

a. 绿色食品产地土壤监测点布设，以能代表整个产地监测区域为原则。

b. 不同的功能区采取不同的布点原则。

c. 坚持最优秀监测原则，优先选择代表性强、可能造成污染的最不利的方位、地块。

②布点方法：在环境因素不同地点布点的方式也不同。在环境因素分布比较均匀的监测区域，采取网格法或梅花法布点；在环境因素分布比较复杂的监测区域，采取随机法布点；在可能受污染的监测区域，可采用放射法布点。

③样点数量：监测区的采样点数根据监测的目的要求、土壤的污染分布、面积大小及数理统计、土壤环境评价要求而定。

a. 大田种植区。对集中连片的大田种植区，产地面积在2 000 hm² 以内，布设 3～5 个采样点；面积在2 000 hm² 以上，面积每增加1 000 hm²，增加一个采样点。如果大田种植区相对分散，则适当增加采样点数。

b. 设施种植业区。保护地栽培：产地面积在300 hm² 以内，布设 3～5 采样点；面积在300 hm² 以上，面积每增加 300 hm²，增加 1～2 个采样点。如果栽培品种较多，管理措施和水平差异较大，应适当增加采样点数。食用菌栽培：按土壤样品分析测定、评价，一般一种基质采集 1 个混合样。

c. 野生产品生产区。对土壤地形变化不大、土质均匀、面积在2 000 hm² 以内的产区，一般布设 3 个采样点。面积在2 000 hm² 以上的，根据增加的面积，适当的增加采样点数；对于土壤本底元素含量较高、土壤差异较大、特殊地质的区域可因地制宜的酌情布点。

d. 近海（滩涂）养殖区。底泥布设与水质采样点相同。

e. 深海和网箱养殖区。免测海底泥。

f. 特殊产品生产区。依据其产品工艺特点，某些环境因子（如水质、土壤、空气）可以不进行采样监测。如矿泉水、纯净水、太空水等，可免监测土壤。

④采样时间、层次：

a. 采样时间：原则上土壤样品要求安排在作物生长期内采样。

b. 采样层次：一年生作物，土壤采取深度为 0～20 cm；多年生植物（如果树），土壤采取深度为 0～40 cm；水产养殖区，底泥采样深度为 0～20 cm。

⑤监测项目：土壤监测项目为 pH、铅、镉、砷、汞、铬和铜共 7 项。申报 AA 级绿色食品时，一般应加测土壤肥力，但对一些不需要人工耕作和施肥的产品，可不测土壤肥力，如山野菜等。

（3）空气监测。绿色食品初级产品产地或原料产地大气监测 TSP（总悬浮颗粒）、SO_2、NO_x 和氟化物 4 项指标。大气采样 3 d，每天 3 次，各次时间分别为 7：00～8：00（晨起）；14：00～15：00（午后）；17：00～18：00（黄昏）。采 3 d 以每个产地监测 3 个点来计算，3（个点）×3（天）×3（次）×4（项目因子）＝108，共有 108 个样品需要化验。有些绿色食品产地属野生环境，大部分位于边远地区，无污染，大气质量基本符合国家大气质量一级标准。这样的地区根据省市绿色食品办公室的考察意见可免于大气监测。温室蔬菜，尤其是日光温室的蔬菜也可减免大气监测。

①空气监测点分布原则。空气监测中常会出现同一地点、不同时刻，或同一时刻不同空间位置所测定的污染物的浓度不同，这种不同时间、不同空间的污染物浓度变化，称之为空气污染物浓度的时空分布。由于空气污染物浓度的时空分布不均，空气质量监测中要十分注意监测（采样）地点和时间的选择。

依据产地环境现状调查分析结论和产品工艺特点，确定是否进行空气质量监测。进行产地环境空气质量监测的地区，可根据当地生物生长期内的主导风向，重点监测可能对产地环境造成污染的污染源的下风向。

②点位设置。空气监测点设置在沿主导风走向 45°～90°夹角内，各监测点间距一般不超过 5 km。监测点应选择在远离树木、城市建筑及公路、铁路的开阔地带。各监测点之间的设置条件相对一致，保证各监测点所获数据具有可比性。

③免测空气的地域：

a. 种植业：产地周围 5 km，主导风向 20 km 内没有工矿企业污染源的地域。

b. 渔业养殖区：只测养殖原料（饲料）生产区域的空气。

c. 畜禽养殖区：只测养殖原料（饲料）生产区域的空气。

d. 矿泉水、纯净水、太空水等水源地。

e. 保护地栽培及食用菌生产区：只测保护地—温室大棚外空气。

④采样地点。产地布局的聚散程度不同，采样地点的设置也存在差别。产地布局相对集中，面积较小，无工矿污染源的区域，布设 1～3 个采样点；产地布局较为分散，面积较大，无工矿污染源的区域，布设 3～4 个采样点；样点的设置数量还应根据空气质量稳定性以及污染物对原料生长的影响程度适当增减。

⑤采样时间及频率。在采取时间安排上，应选择在空气污染对原料生产质量影响较大的时期进行，一般安排在作物生长期进行。每天 4 次，上、下午各 2 次，连采 2d。上午时间为 8：00～9：00，11：00～12：00；下午时间为 14：00～

15：00，17：00～18：00。

⑥监测项目。空气监测项目为氮氧化物、二氧化硫、总悬浮物和氟化物共4项。

（三）绿色食品环境监测的要求

1. 不同企业确定监测项目　绿色食品办公室工作人员应亲自去企业考察，以便根据不同企业的不同特点，因地制宜增减有关监测指标，使环境监测更具有针对性，更能反映实际情况。

2. 不同时期决定是否监测　企业使用绿色食品标志的有效期是 3 年，到期后需重新办理。如果企业的生产基地没有新的污染源，不需要重新进行环境监测；如果企业生产环境有变化，则需有针对性进行环境监测。建议环境监测单位在绿色食品标志使用期间对企业进行有关环境监控。

3. 提出整改措施　通过绿色食品环境质量现状评价，提出改进和保护生产基地环境质量的措施。比如，对于贫瘠的菜园，需要提出培肥土壤的措施；对于果园，需提出种植白三叶草等绿色食品生产技术，培肥土壤，抑制杂草生长，防止水土流失等；对于加工企业，提出污染治理措施。这些措施需要环境保护单位提出，同时还需要提出环境监控、改善环境监测的方法及环境评价方法。

第三节　绿色食品产地的污染控制与生态建设

一、绿色食品产地的污染控制

（一）产地环境中的主要污染物与危害

1. 无机污染物　无机污染物主要是重金属中的汞、镉、铅、铬、镍，以及类金属砷与非金属化合物中的二氧化硫、氮氧化物、氨类、亚硝酸盐类、无机氰化物、氟和氯等。其中汞的毒性最大，镉次之，铬、铅等也有相当大的毒性，砷虽不属于金属，但它的毒性与重金属相似，因此归于重金属一类阐述，称为类金属。目前对我国地表水和地下水污染中，比较普遍的重金属有汞、铬、砷和镉。

（1）重金属。农产品生产加工基地的环境中，重金属污染以汞、镉、铅、铬、镍等居多，其来源主要是工矿企业和乡镇企业排放的"三废"物质。这些污染物通过水、土壤等途径进入农产品或其加工品，最终进入人的体内，致病甚至致死。首先，重金属在环境中不能降解，只能位移，一旦污染了水、土壤等资源，就很难排除，影响资源利用的可持续性；其次，重金属毒性大，具有很强的生物富集性，进而对人产生毒害；再次，重金属，尤其是汞能明显地导致人和生物的生殖系统疾病，并已被认定是环境激素之一。这就是把重金属含量作为绿色食品产地环境质量监测重要指标的主要原因。

①汞污染。汞是在常温下唯一呈液态的金属元素。在自然界里大部分汞与硫结合成硫化汞（HgS），亦称"辰砂"或"朱砂"，广泛地分布在地壳表层。在自然情况下，汞在大气、土壤和水体中均有分布，可直接或间接地在微生物的作用下转化为甲基汞或二甲基汞。二甲基汞在酸性条件可以分解为甲基汞。甲基汞可溶于水，进入生物体内，通过食物链不断富集。如受汞污染的鱼，体内甲基汞浓度可比水中高上万倍，危及鱼类并通过食物链危害人体。

人类活动造成汞污染，主要来自氯碱、塑料、电池、电子等工业排放的废水、废气、废物等。

我国规定，饮用水、农田灌溉水中的汞含量不得超过 0.001 ml/L，渔业用水中汞含量不得超过 0.005 ml/L。

②铬污染。铬是我国水体中一种普遍的污染物。水体中铬污染主要是三价铬和六价铬，铬经空气、水和食物进入人体。近来研究表明，铬先以六价的形式渗入细胞，然后在细胞内还原为三价铬而构成"终致癌物"，它与细胞内大分子相结合，引起遗传密码的改变，进而引起细胞的突变和癌变。含铬化合物对皮肤和黏膜有局部刺激作用，容易引起皮炎、鼻中隔穿孔等。

对水体污染的铬主要来源于电镀、制革、铝盐生产以及铬矿石开采所排放的废水。

我国规定，生活饮水中六价铬的浓度应低于 0.05 ml/L；农业灌溉用水和渔业用水中三价铬的最高容许浓度为 0.5 ml/L，六价铬为 0.05 ml/L；工业废水中六价铬及铬化合物的最高容许排放标准为 0.5 ml/L。

③镉污染。镉是相对稀有的元素，地壳中的平均含量仅有 0.5mg/kg，主要以镉的硫化物形式存在于锌、铅和铜矿中。

工业上，镉主要用于电镀，其次是用于颜料、塑料稳定剂、合金、电池等生产。水体的镉污染主要来自地表径流和工业废水。工业废水以由硫铁矿石制取硫酸和由磷矿石制取磷肥时排出的废水中含镉较高，其次是电镀工业废水及一些化工厂废水。

镉不是人体所必需的元素。镉是通过食物、饮水、空气、吸烟等经消化道、呼吸道和皮肤进入人体的。一般说，人主要通过消化道摄取环境中的镉，吸收率为 5% 左右。职业中毒主要通过呼吸道吸入镉，吸收率高达 20%～

40%。成人每天从食物中摄取 20～50 mg/kg。每吸 20 支烟，就会摄入 15 mg/kg 镉。侧流烟气中的镉含量比主流烟气中的高，因此吸烟者近旁的人处在浓度更高的含镉烟气中。镉在人体中的生物半衰期为 10～25 年，所以会在体内累积。镉会损伤肾小管，使人出现糖尿、蛋白尿和氨基酸尿等症状，并使尿钙和尿酸的排出量增加。而肾功能不全又会影响维生素 D_3 的活性，使骨骼的生长代谢受阻碍，从而造成骨骼疏松、萎缩、变形、断裂等。

国家《生活饮用水卫生标准》（GB 5749—85）中规定饮用水中镉的标准限值为 0.01 mg/L。

（2）类金属砷。砷元素在自然界广泛分布，毒性很低，砷化物则均有毒性，三价砷的毒性比其他砷化物更强，李时珍在《本草纲目》中提到的砒霜（As_2O_3）就是一种毒性很强的三价砷化物。此外还有砷化氢、三硫化二砷、五氧化二砷等。

砷的用途很广泛，在农业上用作除草剂、杀虫剂、土壤消毒剂等，此外，砷在医学、工业上也有较多应用。砷的大量使用带来了环境中砷的积累和污染。砷污染的主要来源是开采、焙烧、冶炼含砷矿石以及生产含砷产品过程中产生的含砷三废，另外农业上大量使用含砷农药也增加了砷对环境的污染。砷污染水体和土壤后可以被动植物摄取、吸收，并在体内累积，产生生物蓄积效应。

砷和砷化物，一般可通过水、大气和食物进入人体。砷及其化合物在人体内可以被排泄出体外，但当摄入量超过人体排泄量时，砷就会在人体的肝、肾、肺、脾、子宫、胎盘、骨骼、肌肉等部位，尤其在毛发和指甲中累积而引起慢性砷中毒，潜伏期可达几年甚至几十年之久。土壤中砷的含量达到一定值时，可引起农作物减产，甚至死亡，并能在粮食作物中富集，通过食物链进入人体。

我国规定，生活饮用水中砷的含量不得超过 0.04 mg/L；地表水包括渔业用水砷含量不得超过 0.04 mg/L；居住区大气中砷日平均浓度最高限值为 3 $\mu g/m^3$。

（3）二氧化硫。二氧化硫污染的主要来源是含硫的煤和石油等燃烧，以及含硫矿物冶炼。长期以来，以煤为主的能源结构是影响我国大气环境质量的主要因素。2005 年，全国二氧化硫排放总量高达2 549万 t，居世界第一。有关研究表明，我国每排放 1 t 二氧化硫造成的经济损失约 2 万元，目前每年因酸雨和二氧化硫污染对生态环境损害和人体健康影响所造成的经济损失约1 100亿元。

二氧化硫是主要的大气污染物之一。二氧化硫经呼吸道进入人体后，在呼吸道与水生成亚硫酸，直接对人体器官产生刺激作用。吸入高浓度二氧化硫，可导致急性支气管炎、肺炎、肺水肿，严重者窒息死亡。长期接触可引起慢性中毒，引起结膜炎、鼻炎、咽炎、慢性支气管炎等症状。

我国规定，二氧化硫排放浓度标准为 0.40 mg/m³。

（4）氮氧化物。氮氧化物（NO_x）种类很多，造成大气污染的主要是一氧化氮（NO）和二氧化氮（NO_2），因此环境学中的氮氧化物一般就指这二者的总称。大气中的二氧化氮主要是土壤中的微生物分解含氮化合物产生的。大气中的氮在高温下能氧化成一氧化氮，进而氧化为二氧化氮。火山爆发和森林失火等都会产生氮氧化物。人为污染是各种燃料在高温下的燃烧以及硝酸、氮肥、炸药、染料等生产过程中所产生的含氮氧化物废气造成的，其中以燃料燃烧排出废气造成的污染最为严重。

氮氧化物与空气中的水结合最终会转化成硝酸和硝酸盐，随着降水和降尘从空气中去除。硝酸是酸雨的原因之一；它与其他污染物在一定条件下能产生光化学烟雾污染。

氮氧化物主要通过呼吸道进入体内。中毒症状轻者表现为咳嗽、胸闷、呼吸道不适，重者发展为水肿、血压下降、休克、呼吸衰竭及昏迷，长期接触者，可出现慢性支气管炎，神经衰弱等症状，吸入高浓度氮氧化物可迅速出现窒息、痉挛现象而很快死亡。

我国规定，氮氧化物排放浓度标准为 0.12 mg/m³。中国《工业企业设计卫生标准》规定居住区大气中二氧化氮最高一次容许浓度为 0.15 mg/m³。美国国家大气质量标准规定二氧化氮年算术平均值为 0.1 mg/m³。

（5）氰化物污染。氰化物种类很多，且含有剧毒，因此，氰化物污染是人们极为关注的问题。常见的有无机氰化物（HCN、NaCN、KCN）和有机氰化物（也称腈，如丙烯腈、乙腈）。在炼焦、煤气发生站、电镀、热处理、化工生产、金属选矿、有机玻璃等行业都可能产生氰化物的排放。

氰化物多数是人工制造的，但也有少数存在于天然物质之中，如苦杏仁、枇杷仁、桃仁、木薯和白果等均含有氰化物。

氰化物可通过呼吸道、食道及皮肤侵入人体，引起中毒，大量吸入氰化物可引起急性中毒，它能抑制细胞呼吸，使患者出现组织缺氧、血压下降等现象，迅速发生呼吸障碍而死亡。口服 150～250 mg 氰化物就可致死。慢性中毒可造成头痛、眩晕、乏力、胸部及上腹部有压迫感、恶心、呕吐、心悸、血压上升、气喘等症状。

在水体中，氰化物对鱼类及其他水生生物的危害较大。当水中氰化物含量折合成氰离子（CN^-）浓度为 0.04～0.1 mg/L 时，就能使鱼类致死。对浮游生物和甲壳类生物，CN^- 最大容许浓度为 0.01 mg/L。

我国规定，氯化氢排放浓度标准为 0.2 mg/m³。氰化氢排放浓度标准为 0.024 mg/m³。

2. 有机污染物　有机污染物是指进入并污染环境的有机化合物。在自然界中对人体和自然环境危害较大的有黄曲霉素、麦角、二噁英、染料、洗涤剂、农药、塑料等有机污染物。这些有机物在自然环境中难降解、滞留时间极长，在被生物体摄入后不易分解，沿着食物链浓缩放大，并能在大气环境中远距离迁移，如果处理不当极易导致全球范围污染。很多持久性有机污染物不仅具有致癌、致畸、致突变性作用，还对内分泌有干扰，这种影响甚至会持续几代，对人类生存繁衍和可持续发展构成严重威胁。

有毒难降解有机污染物（如卤代物、二噁英、农药、染料等）引起的环境问题已成为 21 世纪影响人类生存与健康的重大问题。用现有环境技术很难处理这些污染物，因此研究新的有效控制有毒难降解有机污染物的方法已成为国际上十分关注的重大课题。

有机污染物包括 N-亚硝基化合物、3,4-苯并芘、有机氰化物、苯系物、酚类、人工添加剂与色素、化学合成农药等。

（1）N-亚硝基化合物。按其化学结构分为二大类，即亚硝胺和 N-亚硝酰胺，亚硝胺比亚硝酰胺稳定，不易分解破坏。两者都是强致癌物，并有致畸作用和胚胎毒性。

亚硝基化合物的前体物包括胺类、硝酸盐、亚硝酸盐等可促进亚硝基化的物质。在微生物的作用下，尤其是黑曲霉、串珠镰刀菌等生长繁殖，可使仲胺和亚硝酸盐含量增高，条件合适时，即可形成亚硝胺，人体胃内的酸性环境也有利于亚硝胺的合成。因此，目前认为内源性合成亚硝胺是重要的来源。

亚硝胺与亚硝酰胺在致癌机制上是不同的。亚硝酰胺由于其活泼不需经任何代谢激活，即可在接触部位诱发肿瘤，对胃癌的研究有重要意义。而亚硝胺则需在体内经激活后，才在组织内代谢产生重氮烷，致使细胞和蛋白质甲基化引起遗传因子突变作用而致癌。

（2）3,4-苯并芘。3,4-苯并芘为黄色针状晶体，是一种多环芳烃。它主要来源于煤、石油等燃烧所产生的烟尘及汽车尾气中，在橡胶加工、熏制食品、沥青燃烧过程中，均有 3,4-苯并芘产生。

3,4-苯并芘是公认的致癌物，主要是受污染的大气通过呼吸道进入人体，引起呼吸系统的癌症。

（3）苯系物。苯是一种芳香族碳氢化合物，它的衍生物有甲苯、乙苯、苯乙烯、氯苯、二氯苯、三氯苯、硝基苯、三硝基甲苯等。

苯及苯系物可经呼吸道侵入人体，刺激人的呼吸系统及中枢神经系统。慢性中毒以抑制造血机能为主，轻则引起记忆力减退，白血球、红血球减少，血小板降低，食欲不佳等；重则昏睡、昏迷，甚至死亡。

（4）酚类。酚类大多数是无色晶体，难溶于水。最简单的是苯酚。酚污染主要来源于炼焦、炼油、煤气发生站、苯酚生产、合成树脂、制药、木材、防腐、合成塑料、合成纤维等工业生产部门。

酚属高毒类，为细胞原浆毒物，对皮肤和黏膜有强烈腐蚀作用。酚的水溶液易经无损皮肤吸收，酚蒸气由呼吸道吸入人体，引起中毒，吸收后的毒性与口眼中毒相同，能刺激中枢神经，高浓度酚能使蛋白质凝固，引起中毒，甚至昏迷致死；低浓度酚积累可引起慢性中毒，出现头痛、失眠、呕吐、高铁血红蛋白症等。

（5）人工添加剂。人工添加剂的作用大多是增加食品外形美感、增加香气、使口味更加适宜、延长保存期等，但人工添加剂极易成为人类健康的隐性杀手。

食品生产加工过程中不按照人工添加剂使用卫生标准使用，超范围或超剂量使用则造成污染，更有甚者，使用非食品用化工产品作添加剂，由于砷、铅等含量高，污染食品后易引起食物中毒。

（6）色素。色素分两大类：一类为天然色素；一类为合成色素。天然色素主要有红曲、虫胶色素、叶绿素、胡萝卜素、姜黄、胭脂红等，这类色素虽然少毒或无毒，但色彩淡、用量大、价格贵；而人工色素着色力强，色泽鲜艳、色调丰富多彩，成本低廉，故应用广泛，品种多达 700 种左右。由于人工色素的安全性普遍存在问题，世界各国许可使用的仅限于 60 多种，我国允许使用的仅有胭脂红（合成品）、柠檬黄、靛蓝、苋菜红等 4 种，并规定剂量不超过 0.05%～0.1%，对使用范围也有限制。

（7）化学合成农药。农药虽能够防治农业病虫害，调节植物生长，抑制杂草繁殖。但施用不当，会造成产地环境污染。农药对植物会发生直接的药害，还会影响生态系统平衡，影响植物的生长；其次，农药会导致病虫抗药性增强；再次，农药会危害病虫害天敌数量。据专家调查证实，20 世纪 90 年代以来，我国的农药使用量已高达每年 100 万 t，农药真正到达目的物上的只有 10%～20%，最多可达 30%，落到地面的为 40%～60%，飘浮于大气中的为 5%～30%。也就是说，进入环境中的化学农药高达 70% 以上。进入环境中的化学农药会随着气流和水流在各处环流，污染水体、大气等环境资源。一些难降解的化学农药、除草剂、杀虫剂等几乎得不到任何分解而在环境中蓄积循环，破坏生态平衡，通过食物、饮用水进入人体和生物体，其影响范围较大。

据资料报道，从南极的企鹅、海豹到北极的爱斯基摩人的体内都可检出农药DDT的含量，因为它具有在脂内蓄积的特点，以致禁用 DDT 10 年后，仍可检出其存量。因此，过量施用化学农药严重地威胁着生态平衡、生物多样性和人类的健康。化学农药也是绿色食品最敏感的外源化学物质，在绿色食品生产中控制极严，如特难降解的 DDT、六六六不仅禁用，就连施用过的土壤也不能作为绿色食品生产用地。AA 级绿色食品禁用化学农药，A 级绿色食品也严格控制化学农药的品种和数量，要求采用生物农药。

3. **环境激素**　环境激素（即环境荷尔蒙）是指由于人类活动而释放在环境中的化学物质和放射性物质。它们在动物体内发挥着类似雌性激素的作用，干扰体内激素，使生殖机能失常，故又称为扰乱体内分泌化学物质。最具代表性的是：有机氯类物质，如二噁英、DDT、多氯联苯（PCB）；塑料制品类，如苯乙烯、氯乙烯、联苯酚 A、邻苯二甲酸酯；此外，还有一些生长激素。

除农药 DDT、六六六和生长激素直接喷洒外，二噁英类物质既可随有机氯除草剂，也可随垃圾焚烧的废气和垃圾填埋的渗漏水进入农田环境，恶化水、土资源，最后被植物吸收。塑料制品中所含邻苯二甲酸酯和联苯酚 A，则常因塑料大棚、农田中的废弃塑料薄膜经日晒雨淋、高温高湿或其他条件溶解出来，而重金属类的环境激素物质常常随工业三废物质、化学肥料、农药及激素物质通过食物链逐级生物浓缩，即使在环境中极微量的有害成分也会通过这种恶性富集最终达到极高的浓度，对环境、人类产生极大的破坏性。

4. **过氧化脂质——脂褐素**　它是由自由基与血液中或细胞膜内的脂类结合，发生自动氧化，从而产生的脂酸环氧化物。自由基（又称为游离基），是人体内新陈代谢的产物，但随着过多的氧、臭氧基、金属污染物质等进入人体，加速其在体内的形成。自由基是细胞内电子无法配对的原子或分子，其性质不稳定，反应性强。它在体内会从其他原子和分子中夺取电子以稳定自身性质，被夺走电子的物质又会夺取其他原子或分子的电子，而产生连锁反应，使细胞组织受损，从而致病、致癌。

5. **持久性有机污染物**　持久性有机污染物（POPs）是近年来提出的新观点，是指人类合成的能持久存在于环境中、通过生物食物链（网）累积、并对人类健康造成有害影响的化学物质。

与常规污染物不同，持久性有机污染物对人类健康和自然环境危害更大，在自然环境中滞留时间长，难降解，毒性强，能导致全球性的传播。被生物体摄入后不易分解，并沿着食物链浓缩放大，对人类和动物危害巨大。很多持久性有机污染物不仅具有致癌、致畸、致突变性作用，还对内分泌产生干扰。研究表明，持久性有机污染物对人类的影响会持续几代，对人类生存繁衍和可持续发展构成重大威胁。首批列入《关于持久性有机污染物的斯德哥尔摩公约》受控名单的 12 种 POPs 为：有意生产——有机氯杀虫剂：DDT、氯丹、灭蚁灵、艾氏剂、狄氏剂、异狄氏剂、七氯、毒杀酚；有意生产——工业化学品：六氯苯和多氯联苯；无意排放——工业生产过程或燃烧生产的副产品：二噁英、呋喃。

（二）产地环境污染对绿色食品生产的影响

1. **大气污染对绿色食品生产的影响**　空气中某些污染物的数量超过了大气本身的稀释、扩散和净化能力，对人体、植物产生不良影响时的大气状况，称为大气污染。

大气污染物种类繁多。据有关资料表明，已被人们注意的能对人体及动、植物产生危害的大气污染物种类达 100 多种。在我国的大气环境中，对环境质量影响较多的污染物有总悬浮微粒（TSP）、二氧化硫（SO_2）、氮氧化物（NO_x）、氟化物、一氧化碳（CO）和光化学氧化剂（O_3）等。

大气环境质量的好坏直接影响着农作物的产量和质量，如果大气环境受到污染，就会对农业和绿色食品产生影响和危害。植物受大气污染影响后，会使植物的细胞和组织器官受到伤害，生理机能和生长发育受阻，产量下降，产品品质变坏。如水果蔬菜失去固有的色泽，口感变劣，营养价值降低；饲料牧草的含氟量过高，不仅对畜禽造成危害，还导致土壤污染。大气污染会使绿色食品的品质、安全和营养降低乃至失去绿色食品的本质属性和价值。大气污染不仅危害农作物，给农业生产带来直接经济损失，而且还通过食物链引起以植物为食物的各种动物及人类产生疾病，甚至死亡，带来间接的经济损失。

大气污染主要以气体及气溶胶状态通过植物气孔进入体内，使细胞和组织器官受到伤害，生理功能和生长发育受阻，产量下降，品质变坏。大气中的颗粒物沉降于土壤中，还可沉降于植株上或被作物吸收，造成粮食、蔬菜等减产和品质下降。

大气中氟污染物对植物毒性很强，主要为氟化氢（HF）污染。植物受害的典型症状是叶尖和叶缘坏死，主要在嫩叶、幼芽上发生。氟化物对花粉粒发芽和花粉管伸长有抑制作用。氟化物是一种积累性毒物，即便在大气中浓度不高时，也可通过植物吸收而富集，然后通过食物链影响动物和人体健康。

二氧化硫（SO_2）在干燥的空气中较稳定，但在湿度较大的空气中会被氧化成三氧化硫。三氧化硫再经过一系列反应，形成硫酸雾和酸雨，造成更大的危害。我国酸雨多发区面积极大，危害严重，绿色食品生产应避开这类生产地。

2. 土壤污染对绿色食品生产的影响 土壤是地壳表层长期演化形成的，是生命的温床。土壤物质以固态、液态和气态共 3 种状态存在着，是复杂的生物物理化学体系，土壤对环境污染物具有一定的自净能力。土壤的自净作用是指土壤被污染后，由于土壤的物理、化学和生物化学等作用，在一定时间后，各种病原微生物、寄生虫卵、有机物质和有毒物质等，逐渐达到无害化的程度。由于自净作用，使进入土壤中的各种污染物质，包括一些有机物、化学毒物的有害作用降低或消失。但土壤的自净作用有一定限度，超过了限度就会造成危害。某些重金属和农药等污染物质，在土壤中尽管也可以发生一定的迁移、转化，但最终并不能完全降解、消失而仍蓄积在土壤中。当污染物过量进入土壤，使植物和微生物受到危害的同时，使产品中的污染物含量超过食品卫生标准时，就称该土壤受到污染。土壤受到污染还会通过土壤、植物、动物等食物链，影响到养殖业和畜牧业，最终危及人类的身体健康。土壤污染主要有化学污染、生物污染、物理污染共 3 个方面。

（1）土壤化学污染。化学肥料对土壤污染主要是磷肥和氮肥等。磷肥的原料磷矿石，含有其他无机元素，如砷、镉、铬、氟、钯等，主要是镉和氟，含量因矿源而异。无论含量大小，镉均会随磷肥一起施入到土壤中，污染土壤。氮的化学污染主要是硝酸盐肥料，如硝酸铵和尿素等化学肥料，产生硝酸根和亚硝酸根离子，污染作物和地下水，而致病、致畸和致癌。

土壤的化学污染是垃圾、污泥、污水。大型畜禽加工厂、制纸、制革厂的废水，均含有某些化学污染成分，过量集中输入农田，也会导致有毒物质积累和重金属超标，导致人畜致病。其他的重金属，如镉、汞、铬、铅等，在电池、电器、油漆、颜料中都存在着。有机污染物的多氯联苯、多元酚类多存在于洗涤剂、油墨、塑料添加剂中。这些物质一旦进入土壤，会严重地威胁整个食物链。因此，绿色食品生产前必须进行土壤环境监测。

（2）土壤生物污染。关于生物污染方面，主要是城市垃圾，特别是人畜粪、医疗单位的废弃物中，含有大量病原体，它们若不经过无害化处理，必然会导致对土壤严重污染。据有关资料表明，有些病源菌在土壤中能存活相当长的时间，对蔬菜的危害最大。如痢疾杆菌可存活 22～142 d，沙门氏菌生存 35～70 d，结核杆菌为 1 年左右，蛔虫卵为 315～420 d 以上。

（3）土壤物理污染。主要是施入土壤中的有机物料，如未经过清理的碎玻璃、旧金属片、煤渣等，这些物料大量使用会使土壤渣砾化，降低土壤的保水、保肥能力。近年来城市垃圾中聚乙烯薄膜袋、破碎塑料等数量日益增加，在连续使用薄膜的地区土壤中大量残留的塑料碎片，使土壤水分运动受阻，作物根系生长不良。

3. 水质污染对绿色食品生产的影响　农业生产离不开水，水质的好坏对种植业、养殖业以及食品加工业都会产生重要影响。绿色食品生产用水对水质有严格的标准。由于工业及人类活动排放的污染物进入河流、湖泊、海洋或地下水等水体，使水和水体底泥的物理性质、化学性质、生物群落组成发生变化，从而降低水体利用价值的现象，称为水体污染。水体污染后对种植、养殖及加工业都会造成严重影响。河、湖泊、水库等水体受污染后，污染物使作物减产，品质降低。

水质污染对农作物产生直接影响主要表现在以下几方面：第一、作物叶片或其他器官受害，导致生长发育障碍，产量降低；第二、产品中有毒物质积累使品质下降，不能食用，并通过食物链影响人类健康；第三、使作物减产，产品品质降低，经济价值降低甚至丧失。

水质污染对养殖业的危害主要表现在以下几方面：第一、水中大量的溶解性有机物分解时消耗溶解氧，由于富营养化造成水中溶解氧不足，使水生生物和鱼类缺氧死亡；第二、重金属直接危害水生生物或通过富集作用使水生生物体内重金属含量倍增；第三、农药和其他有毒产品使鱼类中毒。

水体污染物质主要包括悬浮物、有机物、营养物、细菌及重金属等。绿色食品生产中，主要的污染因子有汞、镉、铬、砷、COD（化学需氧量）、BOD_5（五日生化需氧量）、氯化物、氰化物、氟化物等。食品加工用水污染因子还包括细菌、大肠杆菌等。

（三）产地环境污染的控制与治理

农业面源污染又称农业非点源污染，是指在农业生产活动中，氮素和磷素等营养物质，农药、重金属以及其他有机和无机污染物质，土壤颗粒等沉积物，从非特定的地点，以不同的形式对大气、土壤和水体等环境形成污染，尤其是通过农田的地表径流和地下渗漏造成水域环境的污染。由于农业生产活动的广泛性和普遍性，加上农业面源污染涉及范围广、随机性大、隐蔽性强、不易监测、难以量化、控制难度大，因此，农业面源污染已成为目前影响我国农村生态环境质量的重要污染源，其发展趋势令人担忧。

1. 大气污染对农业危害的控制与治理　大气污染物对作物的影响程度除了与有害气体的种类、浓度、作用时间有关外，还受作物的种类、作物的发育时期、当时的气象条件及土壤、地形条件等因素的影响。另外，多种气体的复合污染与单一气体污染产生的效应也不同。

根据大气污染的特点，可采取以下控制与治理措施。

（1）根治污染源。对大气污染源进行有效的治理是控制农田大气污染的关键。如改革生产工艺，少排或不排废气，严格操作，加强设备维修管理，防止跑、冒、漏气等。对于必须排放的废气，须进行回收净化。但鉴于目前的技术水平，对各种污染物还不能达到零排放的要求。因此就必须加强工厂管理，控制排气时间。根据作物对大气污染物有一定的敏感期这一特点，在工厂检修机器、排空废气时，要避开附近作物的敏感期，还要避开高温、高湿和无风等不利于废气扩散的气象条件，以减轻对植物的毒害作用。

（2）合理布局工厂。在农业区和牧区内及其上风向位置，不宜兴建大气污染严重的工厂，特别是工艺落后，处理设施不完善的小型乡镇企业。在选址时，必须先做好环境质量影响评价，评价内容主要说明该项目建成投产后可能对周围环境造成的污染程度，即污染物可能对附近农作物造成的影响。环境管理部门根据影响程度和范围，决定是否可以建厂，要集中建设。

（3）制定农田大气质量标准，加强大气污染监测。农田环境质量标准是指农田环境污染物的最高容许限度或最高容许浓度，它可以保证对作物生长及农产品质量不产生有害影响，对农业生态平衡不造成破坏。它是衡量农田环境是否受到污染的尺度。按环境要素可分为农田灌溉水质标准、农田大气质量标准和农田土壤质量标准。

其中，农田大气质量标准，指以保证对各种作物不产生有害影响为目标，而确定的各种污染物在大气中的允许含量。制定此标准，可以为评价农田大气质量以及为环境管理部门对大气进行监督提供依据。加强大气污染监测，可以及时发现污染问题，以便采取措施，把危害减至最低限度，特别是对慢性危害和不可见危害更有意义。

（4）造林绿化，净化空气。许多树种对大气污染物具有吸收、净化作用，在大气污染区的农田周围大量种植抗毒、吸毒树木，建防污林带，可以大大改善农田大气环境质量。

（5）搞好污染区的作物种植区划，筛选耐性、抗性作物品种。例如，果树因品种不同，对氨气毒害的抗性大小顺序为：中国梨、桃、苹果、西洋梨；在桃树中，南方品种大于北方品种；在苹果中顺序为：小国光、青香蕉、红香蕉、红玉。了解到这一特点，在有氨气污染的地方（氨气厂、化肥厂附近）选择抗氨气毒害的品种，以减少因氨气危害受到的损失。再如，葱、蒜等百合科的蔬菜，对氟化物比较敏感，一旦受到污染后，表现的主要症状是叶尖或叶缘枯黄，受害变色部位的含氟量也明显高于叶片的绿色部位，进入叶肉的氟化物可随着水分的蒸腾作用而被转移和积累到叶尖和叶缘。青菜叶片含氟量与大气含氟量呈极显著相关，菜叶中的氟主要来自大气。为了保证人体健康和安全，对于氟污染区，应不种或少种蔬菜等食用作物，多种植棉、麻和观赏植物，以防氟化物通过食物链进入人体。

2. 农田水污染的控制与治理 防治水体污染，应从整体出发，走综合防治的道路。综合防治就是以一个水域、水系或城市水环境作为污染防治对象，运用行政管理、法制、经济和工程技术等多种措施进行防治，使其恢复和保持良好的水质及正常使用价值。

受污染的水体通过灌溉对土壤造成污染，污染物通过根系的吸收、转化、积累等进入植株的茎、叶、果实，再经食物链对人体健康产生危害。所以控制和解决因农田用水造成的污染危害应从以下几个方面考虑。

（1）减少污水灌溉面积，少用和不用有污染的水灌溉农田。农田一经灌溉造成污染，尤其是对土壤造成污染，就很难消除。而有的危害不是马上就可以显示出来，要经过 10 年、20 年，甚至更长的时间。如土壤镉污染通常是由含镉工业废水污染灌溉以及施用含镉污泥引起的。"骨痛病"则是由镉的慢性中毒而引起的。这种病潜伏时间很长，短则 10 年，长则 20～30 年，主要病因是人们食用含镉食物后，镉进入人体后在肾脏和骨骼中积累，抑制再吸收机能，造成失钙，从而使骨骼软化、萎缩，严重者自然骨折，疼痛至死。再如，用含有汞及甲基汞的污水灌溉农田，植株从被污染的土壤中通过吸收、转化、积累汞，汞及其化合物被人长期食用后，能引起严重的公害病——水俣病。因此，为减少对农田的污染，应不用或少用已受污染的水体灌溉农田。

（2）改良土壤。改良土壤的措施，主要为增施有机肥，施用腐殖酸类肥料，用客土改良等。具体应用时必须根据当地的土壤性质加以实施。如酸性土壤施用碱性物质，碱性土壤施用酸性物质。由于改良土壤消耗的人力、财力都相当大，除特殊情况外，一般不宜采用此法。

（3）重新规划用地。对已受到严重污染的地块，应重新规划，用作扩建厂房，建造住宅等。还可种植净化能力强的花、草、苗木等，待达到一定净化程度时再做农田用地。

（4）合理种植。种植吸收污染物弱的作物，以防止可食部位污染；种植吸收力强的植物，尽快消除污染。从农业上说，合理种植非常有意义。例如，不同的蔬菜种类，对金属镉的吸收就有很大差异，菠菜、茄子、马铃薯中平均含镉较高；青菜、辣椒、莴苣次之；卷心菜、黄瓜含镉量较低。在生产中则可按当地蔬菜生产特点，通过轮作试验，选择若干组对镉富集较弱的蔬菜，以显著降低蔬菜中的含镉量。以下两组轮作可供参考：

①卷心菜—冬瓜—青菜；

②花菜—卷心菜—黄瓜或冬瓜—春茄—豇豆。

3. 化肥、农药对农产品污染的控制与治理

（1）化肥对农产品污染的控制与治理。我国人多地少，土地资源的开发已接近极限，化肥、农药的施用成为提高土地产出水平的重要途径，加之化肥、农药使用量大的蔬菜生产发展迅猛，使得我国已成为世界上使用化肥、农药数量最大的国家。化肥年使用量4 637万 t，按播种面积计算，化肥使用量达 40 t/km^2，远远超过发达国家为防止化肥对土壤和水体造成危害而设置的 22.5 t/km^2 的安全上限。而且，在化肥施用中还存在各种化肥之间结构不合理等现象。化肥利用率低、流失率高，不仅导致农田土壤污染，还通过农田径流造成了对水体的有机污染、富营养化污染，甚至地下水污染和空气污染。

目前施入的农药只有约 1/3 能被作物吸收利用，大部分进入了水体、土壤及农产品中，使全国 9.3 万 km^2 耕地遭受了不同程度的污染，并直接威胁到人体健康。2002 年，中心对 16 个省会城市蔬菜批发市场的监测表明，农药总检出率为 20%～60%，总超标率为 20%～45%，远远超出发达国家的相应检出率。这两类污染在很多地区还直接破坏农业伴随型生态系统，对鱼类、两栖类、水禽、兽类的生存造成巨大的威胁。化肥和农药已经使我国东部地区的水环境污染从常规的点源污染物转向面源与点源结合的复合污染。

据统计，我国每年因不合理施肥使得超过1 000多万 t 的氮流失到农田之外，直接经济损失约 300 亿元，农药浪费造成的损失达到 150 多亿元以上。

为了达到减少用量，增加肥效，防止污染的目的，在农业生产上，施用铵态氮肥后，应立即耙田和松土，把肥料耕入还原层中。或者采用深施和使用硝化抑制剂，可收到减少氮肥的硝化，提高氮肥的肥效，降低土壤中硝酸盐的含量的效果。

在通常情况下，硝态氮肥不应与新鲜厩肥等碳氮比大的有机物同时施用，以防止反硝化作用的产生。对于旱田，还应采用土壤耕作措施，调节土壤中的空气、水分，使其保持良好的通气性能。

在防止硝态氮肥的污染时，对磷肥的施用量也不宜过多，因为磷肥中含有数十倍至数百倍土壤自然含量的镉，土壤中镉的含量增加，再被蔬菜等农作物吸收后，对人体健康产生危害。

（2）农药对农产品污染的控制与治理。农药在防治病、虫、草害，保障农业丰收中起着重要的作用，但如果方法不当，就会造成不良的后果，如伤害农作物，残留量升高引起人、畜中毒等，因此，必须科学合理地使用农药。

①预防为主、综合防治：

a. 预防为主。所谓预防为主，就是做好病虫害的预测预报工作，准确掌握虫情，合理安排用药次数和用药量，并通过农业技术措施，控制病虫害滋生

和繁殖的条件，培育和使用抵抗病虫害能力强的品种，防止病虫害的侵入和蔓延。

b. 综合防治。从农业生产的总体规划和保护农业生态系统出发，有组织地、协调地运用农业、生物、化学、物理等多种防治措施，这就是综合防治。采用综合防治可控制在经济危害容许水平以下，同时也把有可能产生的有害副作用减少到最低限度。如利用瓢虫、蜘蛛来捕食蚜虫，利用姬蜂、草蛉来防治棉铃虫，利用金小蜂防治越冬棉花红蛉虫，利用赤眼蜂防治水稻纵卷叶螟、玉米螟、甘蔗螟等。

②了解农作物种类和生长情况，合理选用农药和施药浓度。根据作物的种类和使用性质，在防治病虫害时需要选择不同类型的农药。防治经济类作物，如棉花等耐药性较强的作物上的病虫害，选用农药种类可适当放宽些。但防治瓜果、蔬菜上的病虫害就要特别慎重选用农药，严禁使用剧毒、高残留和有刺激性气味的农药。

③根据季节，合理使用农药。作物生长前期对农药的选择可以适当放宽，而到了收获期就必须选择毒性低和半衰期短的农药。

④控制用药浓度和用药量，注意施药方法。在防治病虫害时，应严格按照使用说明配药和施用，不能任意加大农药使用浓度和用药量，以避免农作物产生药害，害虫产生抗药性和引起人畜中毒。

⑤严格遵守农药的安全间隔期。农药安全间隔期，即最后一次施药与作物收获期的间隔天数。严格按照规定药量和浓度施药，遵守安全等待期后采摘，可以使作物中农药的残留量不超过一般规定的容许残留标准。

目前，我国农药生产品种已逐步转向高效、低毒、无污染和残留期短的方向发展，杀灭菊酯、辛硫磷、乙酰甲胺磷、三氯杀螨醇等农药，都属于低毒低残留农药，可以用于蔬菜、水果等作物上，对于高残留的六六六、DDT 严禁使用。另外昆虫变态激素已成为继化学农药和生物农药之后的第三代杀虫剂。

4. 畜禽产品污染的控制与治理　畜牧业是依赖于植物生产的第二性生产，它依靠第一性生产来提供资源，如能量、蛋白质和维生素等。这些资源通过畜禽有机体的新陈代谢，积累转化成各种形式的畜产品，然后经运输、加工、贮藏及市场销售，为消费者提供生活资料。

畜禽的污染与环境质量状况有密切的关系。尽管有的畜禽在饲养过程中不直接接触农药等有害物质，但农田中使用的农药、化肥和工业生产排放的有害物质都会以在作物和饲料中残留的形式，通过食物链间接地对畜禽产生危害。

为了防止畜禽产品污染，必须注意做好以下几点：

（1）贯彻"预防为主"的方针。有计划地调查环境污染物对畜禽的危害，在调查研究的基础上，因地制宜地制定全面规划，控制环境污染。

（2）建立畜牧环境保护监测机构，做好环境检测。定期对大气、水体、饲料及土壤中的有害物质进行监测，监测畜产品中的残留毒物并做到及时查清污染源和污染物质；做到防患于未然，但关键还是控制污染源。

（3）加强畜禽管理。畜禽进入农药、化肥、工业"三废"等污染过的田块吃草、吃虫或饮水时，就有可能引起中毒，所以必须严加管理，特别是家庭饲养。

（4）注意饲料的卫生管理。饲料不要和农药等有毒物质混合装运，严禁用装过有毒物质的容器存放饲料。此外，还应管理存放好农药和灭虫、毒鼠的食饵，以防畜禽舔、啄食。

（四）农业立体污染及治理

"农业立体污染"是指农业生产过程中不合理农药化肥施用、畜禽粪便排放、农田废弃物处置以及耕种措施等造成的面源污染和温室气体排放所构成的水体—土壤—生物—大气的污染。随着我国农业、农村经济的迅速发展和集约化程度的提高，"农业立体污染"日益突出，它不仅会影响到农业生态安全、人体健康和农产品质量，还会影响到农民收入的提高和农村的可持续发展，甚至还会影响我国的环境外交和国际贸易。

农业污染防治是一个复杂系统工程，目前我们对水体、土壤和大气的单方面研究已经远远不能有效地解决农业污染问题，必须要采取水体—土壤—生物—大气立体化的综合防治措施。

防治农业污染首先要由"点"扩展到"面"，同时应从政策、环境立法和技术3个层面进行综合治理。

1. **依靠科技进步，尽量减轻化肥、农药污染**

（1）科学规范使用化肥：

①大力推广普及测土配方施肥技术。采取深耕深施，结合节水灌溉技术，减少肥料流失，提升科学施肥水平。

②大力推广有机肥和平衡施用氮、磷、钾肥及微量元素肥料。鼓励和引导增施有机肥、生物肥、专用肥、BB肥、长效肥、缓释肥和有机复合肥等新型高效肥料。

③积极推广以控制氮、磷流失为主的节肥增效技术。

（2）科学规范使用农药：

①严格贯彻落实国家有关规定，禁止销售和使用甲胺磷等高毒、高残留农药。

②加强病虫草害预测预报，加强病虫草害抗性监测，通过科学、合理用药，延缓病虫草害抗药性的产生，尽量减少农药使用次数和使用量。

③选用抗病虫的农作物良种。

④严格执行各种农药的安全间隔期。在接近农作物收获期，一定要严格控制用药量、施药浓度、施药方法、施药次数和禁用时间等。

⑤调整优化农药产品结构，使杀虫、杀菌、除草剂之间的比例更趋合理。

⑥加快普及推广嫁接、轮作、防虫网、性信息引诱器、频振式杀虫灯和生物防治等先进实用技术。

2. 加强秸秆、农膜等农业废弃物的综合利用，减轻环境污染

(1) 推广秸秆还田技术，禁止秸秆露天焚烧。

(2) 积极开展秸秆饲料、秸秆发电、秸秆建材、秸秆沼气、秸秆食用菌、秸秆肥料等多渠道综合利用秸秆试点示范与推广。尤其要加大秸秆还田力度，要因地制宜采取与现行耕作制度相配套的粉碎还田、沤肥还田、过腹还田等省工、省时、实用的秸秆还田技术和方法，以减少化肥的使用量。

(3) 重视对塑料农膜的污染防治，积极推广可降解地膜，鼓励多渠道、多途径积极回收农膜，切实提高塑料农膜的回收率。

3. 树立精品农业观念，大力发展高效生态农业

(1) 进一步加快农业结构的调整和优化。

(2) 继续加强科技创新体系建设，组建高水平的生态农业专家队伍，为生态农业深入发展和面源污染快速防治提供支撑。

(3) 大力发展高效生态农业，实现农业标准化、布局区域化、农艺科学化。加快绿色食品基地建设。

(4) 进一步加强农技推广体系建设，积极采用农户参与式培训和推广人员积极指导相结合的方式，提高农民素质。

二、绿色食品产地环境的生态建设

(一) 生态农业及其特点

1. 生态农业的概念　生态农业是从系统理论出发，按照生态学、经济学和生态经济学原理运用现代科学技术成果、现代管理手段及传统农业的有效经验建立起来，以期获得较高的经济效益、生态效益和社会效益的现代化的农业发展模式。简单地说，是遵循生态经济学规律进行经营和管理的集约化农业体系。生态农业要求宏观协调生态经济系统结构，协调生态—经济—技术的关系，促进生态经济系统的稳定、有序、协调发展，建立宏观的生态经济动态平衡，在微观上做到多层次物质循环和综合利用，提高能量转换与物质循环效率，建立微观的生态经济平衡。一方面，要以较少的投入为社会提供数量大、品种多、质量好的农副产品；另一方面，又能保护资源，不断增加可再生资源量，提高环境质量，为人类提供良好的生活环境，为农业的持续发展创造条件。生态农业必须维护和提高其整个系统的生态平衡。这种生态平衡是扩大意义上的生态平衡。它既包含个体生态平衡或微观生态平衡，又包含总体生态平衡或宏观生态平衡。

2. 生态农业的特点　我国生态农业理论是建立在适合中国的国情，总结我国传统农业和现代农业实践经验的基础上，是运用生态学理论和社会主义经济学理论，通过多学科综合，用系统的观点建立起来的一整套理论，生态农业理论较之单一学科提出的农业发展理论更具有独特之处。

（1）生态农业理论强调农业生产必须因地制宜。无论是自然资源、自然条件和社会经济条件都存在地域和地区差别，对条件不同的地区不能强求生态农业建设内容的同一。只有对一个地区的各种条件进行全面调查和分析后，才能最佳地进行该地区生态农业发展决策，切实做到因地制宜。

（2）生态农业理论强调农业是一个开放系统，并且是非常平衡的系统。必须打破传统的农业观念，从封闭式的自给自足的小农经济中解放出来，由温饱型农业逐步发展到商品农业。

（3）生态农业理论强调要对农业实行集约经营。长期以来，大多数地区农业是粗放经营道路，实行广种薄收。到目前为止，还有部分地区仍采用刀耕火种、轮垦耕作、陡坡开荒，违反生态的生产方式，造成水土流失、土壤盐碱化、草原沙化、土壤沙化，农业资源衰竭，自然灾害连年发生，农业生态环境严重恶化。

（4）生态农业理论强调农业的商品化生产。我国农业相当一部分是自给自足的小农经济，农业系统处于半封闭状态，从事自给性生产，农产品商品率很低，农业系统处于低水平生产状态，农业结构的功能效率很低。生态农业理论要求从事农业生产必须充分考虑农业系统内外环境的生态条件和经济条件，通过农业系统结构的设计和调控，增加物质和能量投入，实行集约经营，改善农业生态环境，形成一个有利于农业生产的稳定的生态基础和资源基础，使农业系统和外部环境取得最佳统一。

（5）生态农业理论强调农业生态环境质量的保持和提高，创造无污染农业。

（6）生态农业理论强调农业经营的综合性特征。这里所说的综合性具有4层含义：一是农业是一个多因子、多层次的综合性事物，其结构和功能都十分复杂，因此必须把生态农业建设当作一个整体来看，综合分析各种因素，全面考虑，采取一系列有关措施；二是生产、建设必须采取综合措施；三是在生产发展和生态状况的改善问题上，也要综合考虑，生产的发展绝不能建立在对自然资源的过度利用和破坏生态平衡的基础上，不能单纯为了追求经济效益而忽视了生态效益；四是生态农业的建设，决不能只从农业一个部门来考虑，而必须联系加工工业、交通运输、市场流通等农、工、商几个方面。

（二）生态农业建设的模式

生态农业建设模式的类型很多，主要有以下 3 个类型。

1. **时空结构型**　这是一种根据生物种群的生物学、生态学特征和生物之间的互利共生关系合理组建的农业生态系统，使处于不同生态位置的生物种群在系统中各得其所，相得益彰，更加充分的利用太阳能、水分和矿物质营养元素，是在时间上多序列、空间上多层次的三维结构，其经济效益和生态效益均佳。具体有果林地立体间套模式、农田立体间套模式、水域立体养殖模式、农户庭院立体种养模式等。

2. **食物链型**　这是按照农业生态系统的能量流动和物质循环规律而设计的良性循环的农业生态系统。系统中一个生产环节的产出是另一个生产环节的投入，使得系统中的废弃物多次循环利用，从而提高能量的转换率和资源利用率，获得较大的经济效益，并有效的防止农业废弃物对生态环境的污染。具体有种植业内部物质循环利用模式、养殖业内部物质循环利用模式、种养加三结合的物质循环利用模式等。

3. **时空食物链综合型**　这是时空结构型和食物链型的有机结合，使系统中的物质得以高效生产和多次利用，是一种适度投入、高产出、少废物、无污染、高效益的模式类型。

农业部科技司 2002 年向全国征集到 370 种生态农业模式或技术体系，通过专家反复研讨，遴选出经过一定实践运行检验、具有代表性的十大类型生态农业模式，并正式将此十大模式作为今后一段时间农业部的重点任务加以推广。这十大典型模式和配套技术是：北方"四位一体"生态模式及配套技术；南方"猪—沼—果"生态模式及配套技术；平原农林牧复合生态模式及配套技术；草地生态恢复与持续利用生态模式及配套技术；生态种植模式及配套技术；生态畜牧业生产模式及配套技术；生态渔业模式及配套技术；丘陵山区小流域综合治理模式及配套技术；设施生态农业模式及配套技术；观光生态农业模式及配套技术。

（三）生态农业建设的技术原理和内容

1. 原理 生态农业中经济与生态的良性循环主要体现在 3 方面：首先，通过生态环境的治理及农村能源综合建设，使生态环境从恶性循环向良性循环转变，绿色覆盖率、土壤理化性能及有机质含量得以提高，进一步增强生态经济系统的生产能力；其次，以农业废弃物资源化为中心的物质多层次循环利用，提高资源利用率，并保护环境；再次，采取农牧结合或农林复合系统的形式，提高系统自我维持能力及生态稳定性。这 3 个方面就是生态农业建设技术原理。

2. 内容 我国生态农业技术的主要内容是：

（1）生态—经济—社会复合系统中，实现种植业、养殖业及工商业之间生产、流通与生态良性循环的综合技术。

（2）系统内各生产组分，子系统内各种组分的优化组合技术。

（3）农副产品废弃物资源化技术。

（4）以提高农业生态系统生产力及系统稳定性为目的的生物种群调整、引进与重组技术。

（5）农林能源综合建设技术。

（6）以系统内生物种群、时空有序性及景观生态系统为中心的立体种、养技术，或称农业生态结构工程。

（7）环境生态工程技术。

（8）生态农业系统的调控技术。

（四）产地环境生态建设的意义

生态农业的基本理论和特点顺应了农业持续稳定协调发展战略的要求，全国各地生态农业试点单位，不论规模大小，都取得了明显的经济效益、生态效益及社会效益，因此产地环境生态建设具有深远意义。

①促进了绿色食品生产和农村经济的发展，人民生活水平显著提高。

②有利于农业持续稳定协调发展。

③农村能源、环境得到改善。

④抗自然灾害能力显著提高。

⑤生态农业是实现我国农业持续、高效发展的有效途径。

生态农业是解决我国当前存在的人口、粮食、资源、能源不相协调的诸多矛盾的战略措施，是实现农业持续高效发展的一种有效途径。

当前我国农业的主要矛盾是如何实现持续发展问题。随着人口的不断增加和消费者对农、副产品的需求不断提高，要求农业生产必须持续发展。我国拥有的资源、财力条件以及生态环境，严重地制约着农业发展。从目前研究和实践的情况来看，解决这个矛盾比较可行的方案是走生态农业之路。因为生态农业所要解决的中心问题，就是农业持续发展，解决这个问题的办法不是单纯地依赖于物质、资金及技术的高投入，而是在合理投入的前提下，首先是通过农、林、牧产业的有机结合，食物链的合理配置，物质和能量的多级传递，物质的多层次循环利用，实现生态良性循环与协调发展；其次通过治理与改善生态环境，发挥自然生态系统的自我维持能力，提高系统的稳定性；再次是通过种植业、养殖业及加工业的综合发展，实现产品增值与高效的良性循环。所以说实施生态农业既是实现我国农业持续发展战略目标的需要，又是行之有效的途径。

此外，生态农业建设还有三方面的功效：一是减轻了化肥、农药、有机粪便对产品、水体、大气的污染；二是实现了秸秆及有机粪便饲（饵）料化、肥料化，缓解了丘陵山地、草场地力的过度消耗及粪便的不合理使用，使系统向低污染、残余物合理利用与良性循环的方向发展；三是由于进行了粪便饲料化、肥料化、沼气池料化及沼渣综合利用和发展无公害蔬菜等技术措施，使生活环境有较大改善，保障了人体健康。

（五）生态农业建设的技术工艺

1. **立体种养业网络技术** 生态农业是农业经济系统、技术系统和生态系统交织而成的立体网络系统，其中生态系统是骨架。农业生态系统具有明显的层次结构特征，第一层由农、林、牧、副、渔等产业构成，即生产布局结构；第二层由农、林、牧、副、渔各业自身的内部构成；第三层由同一田块中的多种群构成或单个种群的结构。

生态农业建设的目的就是把上述 3 个层次理顺，使其总体结构合理，整体功能协调有序，实现经济良性循环。

（1）生产布局。农业生产的合理结构，从总体上讲就是要解决农、林、牧、副、渔、工、商、建、运、服共 10 方面产业的全面发展问题。在农业布局上，主要表现为农、林、牧、副、渔等的土地利用和农业生物占地面积的比重结构。农业生产结构，一般表现为 10 方面的产值构成、劳动时间、分配构成、农业劳动力分工构成等。布局和结构要结合当地自然条件和社会经济文化条件，进行因地制宜的资源配置。

（2）各产业内部构成。各产业内部结构是生产布局的基础，也存在生产合理结构的问题，如种植业、粮食作物、经济作物、绿肥、饲料作物、瓜菜等之间，应有合理的比例关系。

（3）同一田块内的种群或群落结构。种群结构是指各种生物种群在系统内从空间到时间上的分布规律。要处理好平面结构工程、垂直结构工程和时间结构工程。

①平面结构工程。要实现种植业平面结构优化，必须打破单一种植粮食作物的小农观念，要从生产结构上进行全面合理的土地利用。在某些地区还要适当退耕还林还草，或粮草间作，实现"草、畜、肥、粮"的良性循环。

将发展林业与种植业结构结合。如在平原地区、针对风、沙、旱、涝、盐碱等限制农业生产力的环境条件，要营造以农田防护林为主体的农田林网，在荒地、坡地要营造水土保护林，要多林种搭配，乔、灌、草结合，实行点、带、片间多种形式结合。

②垂直结构工程。种植业的垂直结构，是指农田中各作物种群在立体上的组合分布状况，即立体种植。

③时间结构工程。它是指在生态区域内各种群生长发育，与当地季节、昼夜等自然节律，即与当地自然资源的协调吻合状况。时间结构设计主要包括两个方面：一是建立合理的轮作套种制度，在时间、空间上合理配置绿色植物，延长光、热、水资源的利用时间；二是通过技术的措施改变某些限制因子，提高系统的输出。如温室育苗、温室栽培瓜菜、覆膜栽培技术是在接茬演替的时间结构设计中常用的配套技术。它们不仅能直接防止地面蒸发造成水分损失，而且能使土壤中的水、肥、气、热诸因素互相协调，较好地解决了作物生长发育与环境条件的某些矛盾。对于早春低温、有效积温少或高寒的干旱半干旱地区，能在一定程度上弥补水、热资源的不足。

2. 生物物质的多层次利用技术

（1）生物物质多层次利用的主要形式。生物物质多层次利用是建立在生态学食物链原理的基础上。生态农业建设中通过巧接食物链，将各营养及生物因食物选择所废弃的或排泄的生物物质作为其他生物的食物加以利用和转化，进而提高生物能的转化率及资源的利用率，这是生物多层次利用的主要方式之一。沼气发酵技术不仅能改善农村生态环境，开发出农村新能源，还能使农、林、牧、副、渔有机地结合起来，实现生态农业系统良性循环，成为物质和能量的多层次利用的重要实用技术。

（2）畜禽粪便的综合利用方式。有的畜、禽采食后并不能很好的消化和吸收饲料中的营养物质，有相当部分又以粪便形式排出体外（如鸡粪），因此这些粪便就可以作为其他种类畜禽的饲料来利用。例如，新鲜鸡粪可直接拌入猪饲料内喂猪，也可脱水干燥后加工为饲料，或半干贮存发酵后作饲料；发酵牛粪可喂猪；兔粪晒干可作肉用仔鸡饲料。此外，蚕沙等也是很好的饲料。

（3）秸秆资源的多途径综合利用。玉米秸秆和麦秸氨化后喂牛效果好，既节省了部分精饲料，又有利于牛的生长发育。利用秸秆、棉籽壳可栽培食用菌，促进了秸秆的多层次循环利用。如农作物秸秆及其他农业废物可养菇，菇还可出口销售，菌糖加入配合饲料喂畜禽，畜禽粪便在沼气池发酵，沼气做农家生活能源，沼水养鱼，沼渣还田，如此循环下去，可使同一产品增值几倍或几十倍。

3. 相互促进物种共生系统在生态农业中的应用　根据生态环境条件，选择多种个体大小和取食习性等方面不相同的畜、禽混养，在与之相配合的多种结构的综合群体中，可使这些生长在混杂群体中的动、植物都能持续地获得最大限度的生物产量。

（1）牛、羊混牧。牛吃高草，羊吃低草，可提高草场利用率和载畜量。

（2）鱼、鸭混养。鸭在水中活动，能促进空气氧对水体的复氧过程，且将表层饱和溶氧水搅入下层，利于改善鱼塘环境；鸭粪也是鱼的好饵料。

（3）鱼、鳖混养。鳖是用肺呼吸的爬行动物，常由水底到水面交换气体，其上下往返运动，使水体不同深处的溶氧得以交流，利于鱼生长和浮游生物及水生植物繁殖。鳖在池底活动，能促进塘底腐殖质分解还原，加速物质的循环及能量多级利用。鱼鳖混养，投饵量的重点对象是鳖，其次是草鱼，鳖和草鱼排泄的粪可培肥水质，繁殖较多的浮游生物供鲶、鲢鱼等食用。鳖又能吃掉行动迟缓的病鱼及死鱼，起到防止病原体传播减少鱼病的作用。

（4）藕、鱼、萍共生。藕池养萍，萍富集水体中的氮、磷等营养物质，防止水体的富营养化，改善水质，同时还给鱼类提供新鲜饵料。鱼吃幼虫，减轻藕的病虫危害。莲叶出水婷立，为鱼遮荫，既直接改善了水温状况，又间接增高了水质溶氧量，均利于鱼类生息。

（5）稻田养鱼。大体近似藕、鱼、萍共生系统。不同点在于要在田头一隅挖一稍深坑池，为稻晒田时及夜里供鱼栖身。

（6）菌、菜共生。把食用菌引入大田和温室，与作物或蔬菜共生，以作物或蔬菜行间的生态条件替代食用菌所需的人工设施，可以显著改善田间或温室小气候，创建菌、菜共生系统和新的生态平衡，大幅度提高系统生产力。菌菜共生增产原理是菌类呼吸放出的二氧化碳促进了蔬菜的光合作用。如香菇、黄瓜共生，使净光合产物增加。这是因为在早春夜间低温和夏季高温时，灌水可使土温激变，进而影响黄瓜根系及地上部的生长，而菇床能稳定土温，大大缓解温差对黄瓜的伤害。同时，菌丝体分泌物能促进黄瓜根系发育，增强其对营养的吸收能力。同时菌菜共生能降低黄瓜发病率20%左右。

4. 生态优化的病虫害综合防治技术 常规农业生产，由于过分依赖化学农药防治病虫草害，给农业生态系统带来一系列严重影响，如对农药产生抗性的害虫、病菌及杂草日益增加；增施农药造成害虫天敌的大量死亡；土壤、大气、水体被污染，进而导致有毒物质在农作物中残留量上升。

为减少对农药的依赖，生产出更多更清洁的食品，必须改变常规农业生产方式，采用生态优化的植保技术等。

（1）生态优化的植保技术要点。防治病虫害的生态优化植保技术，包括种植作物的种类和时间变化、增加天敌、耕作方式变化等多方面。

①通过作物种植的时间及空间上的变化，来防治或减少病虫的危害。

②利用轮作、间作与种植方式的改变来限制病虫危害作物的能力。

③利用农田周围的各种野生植被来增加天敌的丰度及扑杀害虫的能力。

④种植诱集植物。

⑤利用耕作方式及其他栽培技术来影响农业生态系统内部及周围的茬间存活病虫。

（2）害虫的生物防治。生物防治是生物种群间相互制约关系在农业生产上的应用。生物防治可达到少用农药、减少污染、保护好农业生态环境的效果，主要措施有：

①调查当地主要害虫的关键天敌。

②准确测报，合理使用农药，协调化学防治和生物防治的矛盾。

③推广综合防治，合理调整防治指标。

④创造适宜天敌生活的生态条件。

复习思考题

1. 简述绿色食品产地环境的优化选择。
2. 简述绿色食品产地环境质量评价因子的选择原则。
3. 绿色食品产地环境质量评价因子有哪些？
4. 绿色食品产地环境质量评价现状报告的基本内容是什么？
5. 产地环境污染对绿色食品生产有哪些影响？
6. 叙述大气污染、农田水污染和化学农药污染的控制与治理措施。
7. 简述生态农业的概念及特点。
8. 生态农业建设的模式有哪些？
9. 简述生态优化的病虫害综合防治技术。
10. 设想你家乡的生态农业建设。

第三章　绿色食品生产资料

第一节　绿色食品生产资料及开发

一、绿色食品生产资料的概念

农业生产资料简称农资，一般是指在农业生产过程中用以改变和影响劳动对象的物质资料和物质条件，如农药、化肥、饲料及饲料添加剂、农膜、种子、种苗、农业机械等。

农作物在生长发育过程中，不断从大气、土壤中吸收营养物质，通过光合作用，将无机营养物质转化为有机营养物质，最终为人类提供所需的目标产量。当自然环境条件不能满足人类期望的目标时，人类就会利用自己的智慧，进行生产资料的投入来达到目的。畜禽等动物生产离不开饲料，而饲料是以农作物的产品为基础。因此，农药、化肥等农业生产资料的质量和安全标准，不仅直接影响农产品的质量安全，而且还会通过饲料等影响畜产品的质量安全。

绿色食品生产资料是指经绿色食品发展中心认定，符合绿色食品生产要求及相关标准的，被正式推荐用于绿色食品生产的生产资料。绿色食品生产资料分为 AA 级绿色食品生产资料和 A 级绿色食品生产资料。AA 级绿色食品生产资料推荐用于所有绿色食品生产，A 级绿色食品生产资料仅推荐用于 A 级绿色食品生产。绿色食品生产资料涵盖农药、肥料、食品添加剂、饲料添加剂（或预混料）、兽药、包装材料及其他相关生产资料。

发展绿色食品生产，生产资料必须符合绿色食品的相关要求。绿色食品生产资料必须同时具备下列条件：

①经国家有关部门检验登记，允许生产、销售的产品。

②保护或促进使用对象的生产，或有利于保护或提高产品的品质。

③不造成使用对象产生和积累有害物质，不影响人体健康。

④对生态环境无不良影响。

在绿色食品生产资料产品的包装标签的左上方，必须标明"X（A 或 AA）级绿色食品生产资料"、"中国绿色食品发展中心认定推荐使用"字样及统一编号，并加贴统一的防伪标签。

绿色食品生产资料的申报单位须履行与中心签订的协议，不得将推荐证书用于被推荐产品以外的产品，亦不得以任何方式许可联营、合营企业产品或他人产品享用该证书及推荐资格，并按时交纳有关费用。凡外包装、名称、商标发生变更的产品，须提前将变更情况报中心备案。

绿色食品生产资料自批准之日起，三年有效，并实行年审制。希望第三年到期后继续推荐其产品的企业，须在有效期满前九十天内重新提出申请，未重新申请者，视为自动放弃被推荐的资格，原推荐证书过期作废，企业不得再在原被推荐产品上继续使用原包装标签。

未经中心认定推荐或认定推荐有效期已过或未通过年审的产品，任何单位或个人不得在其包装标签上或广告宣传中使用"绿色食品生产资料"、"中国绿色食品发展中心认定推荐"等字样或词语，擅自使用者，将追究其法律责任。

取得推荐产品资格的生产企业在推荐有效期内，应接受中心指定的检测单位对其被推荐的产品进行质量抽检。

绿色食品生产资料认定推荐工作由中心统一进行，任何单位、组织均不得以任何形式直接或变相进行绿色食品生产资料的认定、推荐活动。

《绿色食品生产资料认定推荐申请书》由中心统一制作印刷。

二、绿色食品生产资料在生产中的地位及作用

绿色食品的产生与发展是建立在保护环境和保持资源可持续利用并提高生命质量的前提下，从保护、改善生态环境入手，以开发无污染食品为突破口，改革传统食物生产方式和管理手段，实现农业和食品工业可持续发展，从而将保护环境、发展经济及增进人们健康紧密地结合起来，促成环境、资源、经济及社会发展的良性循环。绿色食品生产是按照相关标准对产品进行全程质量控制的生产方式，当其中某个环节发生问题时，整个生产系统就会遭到破坏。绿色食品生产资料在生产中的使用，主要是在产中阶段。当使用的生产资料不符合绿色食品生产资料相关标准时，首先绿色食品的生产就会造成环境的污染，破坏生态平衡，同时食品中也将含有超标的有害物质而影响人类的健康。其次，产前的环境监测等相关工作和努力就会丧失应有的价值，而后期的加工过程即使完全符合加工标准，也会因为原料的不合格而导致最终的产品不符合绿色食品的要求，成为不合格产品。

因此所用绿色食品生产资料与普通意义上的生产资料相比具有更高的要求。认证推荐绿色食品生产资料的核心问题是它对产品的安全、质量和环境的影响，绿色食品生产资料直接作用于绿色食品生产的全过程。符合生产绿色食

品标准要求的生产资料在绿色食品生产中具有重要的作用。

1. 保证绿色食品安全 安全是绿色食品的突出特点。影响绿色食品安全的因素除了生产加工过程中的诸多要素外，更重要的是生产资料的使用。绿色食品的安全性是通过严格执行《绿色食品肥料使用准则》、《绿色食品农药使用准则》、《绿色食品添加剂使用准则》、《绿色食品饲料和饲料添加剂使用准则》和《绿色食品兽药使用准则》等绿色食品生产资料使用准则来实现的。凡是经过认证推荐的绿色食品生产资料和允许使用的生产资料的基本特点是低毒、低残留、无"三致"，所以从源头上保证了绿色食品对安全的承诺。

2. 提高绿色食品品质 优质、营养是绿色食品的又一个突出特点。这是人们在食物基础效用得到满足后对食物效用提出的更高的要求，这也是绿色食品及同类产品得以发展的背景所在。绿色食品优质、营养品质的实现及不断提高，生产资料是重要的决定因素之一。食品质量的高低由食品质量特征指标和构成因素决定，一是营养价值，也称营养生理质量，包括能量、脂肪、碳水化合物、蛋白质、维生素、矿物质等；二是健康价值，也称卫生质量，主要考核食品有害物质和外来杂质的含量；三是实用性和可用性，也称为技术与物质质量，包括可贮藏性、可加工性、可加工出品率等；四是享受价值，也称情感质量，包括形态、颜色、气味、口味；五是心理价值，也称适感的、生态和社会的质量，主要是要求生产方式与生产过程有益于生态环境的改善与保持，有益于生产者的收入与健康。而生产资料的使用直接影响上述指标和因素，从这一意义上看，绿色食品的优质营养品质，必须要有符合绿色食品生产标准要求的生产资料做保证。

三、绿色食品生产资料的开发

（一）绿色食品生产资料开发的必要性

1. 农业环境问题给人类健康带来的危害，迫切要求绿色食品生产资料的开发和使用 在农业生产过程中造成的污染是农业环境污染中比较突出的问题。化学肥料、化学农药等现代商品投入物对环境、资源、食品以及人体健康产生的危害具有隐蔽性、累积性和长期性。

目前我国农业生产中肥料，尤其是化学肥料的施用量比较大，而化肥利用率一般只有30%左右，即70%进入了环境，污染了气、土、水，既浪费资源，又污染生态环境。从污染对象来分析，肥料尤其是化学肥料的施用对大气、水源和土壤都会产生污染。第一，对大气的污染，污染大气的成分主要是化学氮肥，由于施肥不当，造成氨的挥发，此外，反硝化作用、反硫化作用中产生氮氧化物（NO_x）、沼气、硫化氢等物质可影响大气环境，污染空气；第二，对水质的污染，土壤及施肥中的营养物质随水下渗、淋溶，进入地下水或农区水域，造成水质污染。特别是其中的硝态氮极易随水进入地下水，以及经过反硝化作用生成的亚硝酸离子和亚硝酸胺都是可致癌物质。同时，施肥中过量的氮和磷还会加速农区水库等水体的富营养化，造成水质变劣，藻类大量繁殖，使水体透明度和溶解度降低，不仅破坏生态平衡，而且还会破坏水产养殖以及农业供水。第三，对土壤的污染，化肥的污染主要来自于肥料中含有的重金属及其他毒性离子。煅烧矿物而生产的肥料往往含有砷、镉、铬、氟等有害元素。而垃圾、污泥、污水中混入的一些物质，如废电池中含有的汞、锌、锰金属有害元素；洗涤剂、塑料中含有多氯联苯、多元酚等有机污染成分。同时一些生活垃圾、粪便或植物的残体中含有对人体有害的病原体。以上这些物质一旦进入土壤，都会对土壤产生污染，进而对人类的健康与生存产生危害。

自 20 世纪 40 年代以来，随着现代化学工业的发展，农业上大量使用各种化学合成物质及农药，我国自 90 年代以来，农药的使用量每年高达 100 万 t，它一方面提高了农业生产率的土地利用率，另一方面也造成了大面积的环境污染。农药施用于农田后，其归宿有二：一是分解为无毒，无害的化合物；二是残存于环境之中。而我国现使用的农药，尤其是杀虫剂、杀鼠剂、除草剂等化学合成物质残效期一般都较长，能长期存在于环境之中。据研究，施于农田的农药能被吸收利用的最多只有 30%，有的甚至只有 10%～20%，落到地面的非靶区的为 40%～60%，飘浮于大气中的为 5%～30%，也就是说，进入环境中的农药高达 70%。进入环境的农药会随着气流和水流在各处环流，污染大气和水体，最终污染土壤，破坏生态环境，通过食物、饮用水进入生物和人体，从而对生物及人类的健康与生存产生危害。不科学合理地使用各种化学合成的有机农药，一方面会使一些病虫草害等对农药产生抗药性；另一方面会加剧农产品中农药的残留及环境污染，危害人类的健康。

所以，适用于绿色食品生产的生产资料，已经成为开发安全食品所必须采取的手段。

2. 提高绿色食品生产者竞争力的需要　绿色食品生产资料是发展绿色食品生产的物质技术基础。绿色食品生产实施从"土地到餐桌"的全程质量控制，包括产地检验、种植、养殖、加工、包装、贮运、销售等环节，都应严格按照绿色食品生产标准实施监控，防止污染。随着人们生活水平和环保意识的提高，市场对绿色食品需求的增长，生产者迫切要求为绿色食品生产开发提供既符合绿色食品生产标准又能促进绿色食品生产获得较高产量的生产资料，以提高其市场竞争力。

3. 绿色食品产业的形成，为开发绿色食品生产资料提供了广阔的空间
随着人们对安全食品认识的不断提高和需求的增大，绿色食品产业作为一个新兴的产业，具有广阔的发展空间和极大的发展潜力。现实表明，没有相应数量的绿色食品生产资料，就不可能生产出符合绿色食品质量要求和标准的绿色产品，要保证绿色食品产品的质量，推动绿色食品产业的健康发展，就必须解决好绿色食品生产资料的开发。目前，在绿色食品生产中，绿色食品生产资料开发认证相对滞后，满足不了绿色食品生产对生产资料的要求。因此，开发绿色食品生产资料有着巨大的发展空间和潜力。

（二）开发绿色食品生产资料的原则

1. 开发绿色食品生产的种苗　积极进行绿色食品种苗的育种和繁殖，加大优良品种的引进和筛选力度，为生产者提供优质、高产、抗病虫害、抗逆性强、适应性广的优良农作物、畜禽、水产新品种，充分利用品种自身的抗性基因抵御不良外界环境、生物等的影响，从而减少使用或不使用化学农药、兽药、渔药，防止污染，保障质量。

2. 开发绿色食品生产的肥料　绿色食品肥料要做到保护和促进作物的生长和品质的提高，不使作物产生和积累有害物质，不影响人体健康，对生态环境无不良影响。根据 A 级和 AA 级绿色食品肥料使用准则，重点是发展绿肥、沼肥、农家肥、饼肥和矿物质等肥料，同时开发应用科技含量高的微生物肥和允许使用的化学肥料，禁用硝态氮肥。

3. 开发适合绿色食品生产的农药　绿色食品生产的农作物病虫害防治应综合运用多种防治措施，创造有利于作物和各类天敌繁衍而不利于病虫草害滋生的环境条件，保持农业生态系统的平衡和生物多样性，减少病虫草危害。优先采用农业防治措施、物理机械防治措施和保护、利用天敌的生物防治等措施防治病虫草害。当病虫发作量达到防治指标而必须使用农药时，应遵 A 级和 AA 级绿色食品农药使用准则，开发、使用微生物农药、植物源农药、动物源农药、矿物源农药及允许使用的高效、低毒、低残留的化学农药。

4. 开发绿色食品生产的饲料及饲料添加剂　绿色食品饲料及其添加剂开发是指为了满足饲养动物的需要并提高产品安全性而开发的饲料和向饲料中添加的少量或微量物质。作为绿色食品饲料添加剂，除满足一般畜禽和水产品饲料添加剂需求外，特别要强调无毒害，禁止使用对人体健康有影响的化学合成添加剂。绿色食品生产饲料及其添加剂的开发应立足于纯天然的生长促进剂，应遵守《绿色食品饲料及饲料添加剂使用准则》。

5. **开发绿色食品生产的食品添加剂**　食品添加剂是指为改善食品品质和色、香、味以及防腐和加工工艺的需要加入食品中的化学合成或天然物质。作为食品添加剂使用的物质，最重要的是使用安全性，其后是工艺效果。作为绿色食品生产的食品添加剂，特别强调无毒害，禁止使用对人体健康有影响的化学合成添加剂。重点应以纯天然、对人体无任何毒副作用、符合《绿色食品食品添加剂使用准则》的食品添加剂为绿色食品添加剂的开发目标。

第二节　绿色食品肥料

一、绿色食品肥料的概念

肥料是指施入土壤或喷洒作物地上部分，能够直接或间接供给作物养分，增加作物产量，改善产品品质或能改变土壤性状，提高土壤肥力的物质。肥料是作物的粮食，是增产的物质基础，没有肥料就没有粮食的持续高产。因此，在生产中应不断增施肥料，保持和提高土壤肥力。

绿色食品肥料则是指符合《绿色食品肥料使用准则》中规定和要求的肥料。绿色食品肥料不但要能够增加作物产量，改善产品品质或改善土壤性状，提高土壤肥力，同时还应具有改善生态环境，减少能源消耗，减少环境污染，不造成使用对象产生和积累有害物质，不影响人体健康，保持农业可持续发展的功能。规定农家肥是绿色食品的主要养分来源。

二、绿色食品肥料使用准则

绿色食品肥料使用准则是对生产绿色食品过程中肥料投入的一个原则性规定，对允许、限制和禁止使用的肥料及其使用方法、使用剂量、使用次数等做出了明确规定。

根据绿色食品生产的特殊要求，参考国际有机农业的有关规定，结合我国国情和客观条件，制定了中华人民共和国农业行业标准——绿色食品肥料使用准则（NY/T 394—2000）。准则中规定了 AA 级绿色食品和 A 级绿色食品生产中允许使用的肥料种类、组成及使用准则。肥料使用必须满足作物对营养元素的需要，使足够数量的有机物质返回土壤，以保持或增加土壤肥力及土壤生物活性。所有有机或无机（矿质）肥料，尤其是富含氮的肥料应对环境和作物

（营养、味道、品质和植物抗性）不产生不良后果方可使用。

（一）AA 级绿色食品的肥料使用原则

（1）选用农家肥，包括堆肥、沤肥、厩肥、沼气肥、绿肥、作物秸秆肥、泥肥、饼肥等。

（2）AA 级绿色食品生产资料肥料类产品。

（3）在上述肥料不能满足 AA 级绿色食品生产需要的情况下，允许使用商品有机肥料、腐殖酸类肥料、微生物肥料、有机复合肥、无机（矿质）肥料、叶面肥料、有机无机肥（半有机肥）。

（4）禁止使用任何化学合成肥料。

（5）禁止使用城市垃圾和污泥、医院的粪便垃圾和含有害物质（如毒气、病原微生物、重金属等）的工业垃圾。

（6）各地可因地制宜采用秸秆还田、过腹还田、直接翻压还田、覆盖还田等形式。

（7）利用覆盖、翻压、堆沤等方式合理利用绿肥。绿肥应在盛花期翻压，翻埋深度为 15cm 左右，盖土要严，翻后耙匀。压青后 15～20 d 才能进行播种或移苗。

（8）腐熟的沼气液、残渣及人畜粪尿可用作追肥。严禁施用未腐熟的人粪尿。

（9）饼肥优先用于水果、蔬菜等，禁止施用未腐熟的饼肥。

（10）叶面肥料质量应符合 GB/T 17419 或 GB/T 17420 等标准中的技术要求。按使用说明稀释，在作物生长期内，喷施 2 次或 3 次。

（11）微生物肥料可用于拌种，也可作基肥和追肥使用。使用时应严格按照使用说明书的要求操作。微生物肥料中有效活菌的数量应符合 NY 227 中4.1 及 4.2 技术指标。

（12）选用无机（矿质）肥料中的煅烧磷酸盐等。

（二）A 级绿色食品的肥料使用原则

（1）选用农家肥，包括堆肥、沤肥、厩肥、沼气肥、绿肥、作物秸秆肥、泥肥、饼肥等。

（2）A 级绿色食品生产资料肥料类产品。

（3）在上述肥料种类不够满足生产需要时，允许化肥必须与有机肥配合施用，有机氮与无机氮之比不超过 1：1，例如，施优质厩肥 1 000kg 加尿素 10kg（厩肥作基肥、尿素可作基肥和追肥用）。对叶菜类最后一次追肥必须在收获前 30 d 进行。

（4）化肥也可与有机肥、复合微生物肥配合施用。厩肥 1 000 kg，加尿素 5～10 kg 或磷酸二铵 20 kg，复合微生物肥料 60 kg（厩肥作基肥，尿素、磷酸二铵和微生物肥料作基肥和追肥用）。最后一次追肥必须在收获前 30 d 进行。

（5）城市生活垃圾一定要经过无害化处理，质量达到 GB 8172 中 1.1 的技术要求才能使用。每年每 667 m² 农田限制用量，黏性土壤不超过 3 000 kg，砂性土壤不超过 2 000 kg。

（6）各地可因地制宜采用秸秆还田、过腹还田、直接翻压还田、覆盖还田等形式。还允许用少量氮素化肥调节碳氮比。

（7）其他使用原则，与 AA 级肥料使用原则中的第 7～12 条的要求相同。

（8）禁止使用硝态氮肥。

（三）其他规定

（1）生产绿色食品的农家肥料无论采用何种原料（包括人畜禽粪尿、秸秆、杂草、泥炭等）制作堆肥，必须高温发酵，以杀灭各种寄生虫卵和病原菌、杂草种子，使之达到无害化卫生标准。农家肥料，原则上就地生产就地使用。外来农家肥料应确认符合要求后才能使用。商品肥料及新型肥料必须通过国家有关部门的登记认证及生产许可、质量指标应达到国家有关标准的要求。

（2）因施肥造成土壤污染、水源污染，或影响农作物生长、农产品达不到卫生标准时，要停止施用该肥料，并向专门管理机构报告。用其生产的食品也不能继续使用绿色食品标志。

三、绿色食品肥料的种类

根据绿色食品肥料使用准则的规定，绿色食品肥料主要有以下种类。

（一）农家肥料

农家肥料是指就地取材、就地使用的各种有机肥料。它由含有大量生物物质、动植物残体、排泄物、生物废物等积制而成的，包括堆肥、沤肥、厩肥、沼气肥、绿肥、作物秸秆肥、泥肥、饼肥等。

（1）堆肥：以各类秸秆、落叶、湖草等为主要原料并与人畜粪便和少量泥土混合堆制经好气微生物分解而成的一类有机肥料（表 3 - 1）。

表 3-1 高温堆肥卫生标准

序 号	项 目	卫生标准及要求
1	堆肥温度	最高堆温达 50～55℃，持续 5～7d
2	蛔虫卵死亡率	95%～100%
3	粪大肠菌值	10^{-1}～10^{-2}个/L
4	苍蝇	有效地控制苍蝇滋生，肥堆周围没有活的蛆、蛹或新羽化的成蝇。

（2）沤肥：所用物料与堆肥基本相同，只是在淹水条件下，经微生物嫌气发酵而成一类有机肥料。

（3）厩肥：以猪、牛、马、羊、鸡、鸭等畜禽的粪尿为主与秸秆等垫料堆积并经微生物作用而成的一类有机肥料。

（4）沼气肥：在密封的沼气池中，有机物在嫌气条件下经微生物发酵制取沼气后的副产物。主要有沼液肥和沼渣肥两部分组成（表 3-2）。

表 3-2 沼气发酵肥卫生标准

序 号	项 目	卫生标准及要求
1	密封贮存期	30d 以上
2	高温沼气发酵温度	53±2℃持续 2d
3	寄生虫卵沉降率	95%以上
4	血吸虫卵和钩虫卵	在使用粪液中不得检出活的血吸虫卵和钩虫卵
5	粪大肠菌值	普通沼气发酵 10^{-4}个/L，高温沼气发酵 10^{-1}～10^{-2}个/L
6	蚊子、苍蝇	有效地控制蚊蝇滋生，粪液中、粪池的周围无活的蛆蛹或新羽化的成蝇。
7	沼气池残渣	经无害化处理后方可用作农肥

（5）绿肥：以新鲜植物体就地翻压、异地施用或经沤、堆后而成的肥料。主要分为豆科绿肥和非豆科绿肥两大类。

（6）作物秸秆肥：以麦秸、稻草、玉米秸、豆秸、油菜秸等直接还田的肥料。

（7）泥肥：以未经污染的河泥、塘泥、沟泥、港泥、湖泥等经嫌气微生物分解而成的肥料。

（8）饼肥：以各种含油分较多的种子经压榨去油后的残渣制成的肥料，如菜籽饼、棉籽饼、豆饼、芝麻饼、花生饼、蓖麻饼等。

（二）商品肥料

按国家法规规定，受国家肥料部门管理，以商品形式出售的肥料，包括商品有机肥、腐殖酸类肥、微生物肥、有机复合肥、无机(矿质)肥、叶面肥等。

（1）商品有机肥料：以大量动植物残体、排泄物及其他生物废物为原料，加工制成的商品肥料。

（2）腐殖酸类肥料：以含有腐殖酸类物质的泥炭（草炭）、褐煤、风化煤等经过加工制成含有植物营养成分的肥料。

（3）微生物肥料：以特定微生物菌种培养生产的含活的微生物制剂。根据微生物肥料对改善植物营养元素的不同，可分成五类：根瘤菌肥料、固氮菌肥料、磷细菌肥料、硅酸盐细菌肥料和复合微生物肥料。

（4）有机复合肥：经无害化处理后的畜禽粪便及其他生物废物加入适量的微量营养元素制成的肥料。

（5）无机（矿质）肥料：矿物经物理或化学工业方式制成，养分是无机盐形式的肥料。包括矿物钾肥和硫酸钾、矿物磷肥（磷矿粉）、煅烧磷酸盐（钙镁磷肥、脱氟磷肥）、石灰、石膏、硫磺等。

（6）叶面肥料：喷施于植物叶片并能被其吸收利用的肥料，叶面肥料中不得含有化学合成的生长调节剂。包括含微量元素的叶面肥和含植物生长辅助物质的叶面肥料等。

（7）有机无机肥（半有机肥）：有机肥料与无机肥料通过机械混合或化学反应而成的肥料。

（8）掺合肥：在有机肥、微生物肥、无机（矿质）肥、腐殖酸肥中按一定比例掺入化肥（硝态氮肥除外），并通过机械混合而成的肥料。

（三）其他肥料

其他肥料指不含有毒物质的食品、纺织工业的有机副产品，以及骨粉、骨胶废渣、氨基酸残渣、家禽家畜加工废料、糖厂废料等有机物料制成的肥料。

四、绿色食品生产与肥料使用的关系

肥料是农业生产的基础，没有足够的肥料，农作物难以达到优质高产，动物没有足够的饲料，人类也很难获得足够的优质农产品。但是在肥料使用的过程中，如果在肥料的种类选择、使用量或使用方法等方面采取的措施不当，则会破坏土壤结构、污染农作物。不但不利于农业的可持续发展，还会因为有害物质在食物中的大量积累而危害人类的身体健康。

（一）氮肥使用对人体可能产生的影响

氮是植物生长发育必不可少的主要营养元素之一。在作物的施肥中，氮素

化肥的施用量居其他各种肥料之首，若施用过量或不当，不但会降低作物产量，还会导致环境污染和植物体内硝酸盐的大量积累。硝酸盐本身毒性很小，对人畜无直接危害，但摄入体内的硝酸盐被还原为亚硝酸盐后，可直接使人畜中毒缺氧，引起正铁血红蛋症。它还能与胃肠道中的次级胺形成强致癌物质亚硝胺，诱发消化系统癌变。鉴于高量硝酸盐摄入的这一可能危险，世界各国对食品及饮水中 NO_3^- 含量都确定了最高限量标准。例如，世界健康保护组织规定食品中硝酸盐含量不得超过 700 mg/kg 鲜物重；欧洲共同体卫生机构提出饮水中 NO_3^- 最大限量为 50 mg/L；美国规定饮水中 NO_3^- 含量不得超过 10 mg/L。

1. 氮肥形态　目前氮肥的主要形态有尿素、硝酸铵、硫酸铵、氯化铵和碳酸氢铵等，土壤中的铵态氮在硝化细菌的作用下，会被氧化为硝态氮。即使是施用硝态氮以外的氮肥，作物也同样能从土壤中吸收大量的硝态氮并累积于体内。

2. 氮肥用量　氮肥施用量直接关系到可供作物吸收的氮素量，对植株体内硝酸盐的累积影响较大。为了减少蔬菜中硝酸盐的累积，同时又要获得高额产量，控制氮肥合适的施用量很有必要。在一定范围内，作物产量和 NO_3^- 含量均随氮肥用量的增加而增加。一般是随着氮肥施用量的增加，土壤中硝态氮的含量亦随之增加。而作物中的蔬菜属喜硝态氮作物，从土壤中吸收的硝态氮素相应增多。因此，累积于体内的 NO_3^- 也随之增加。

3. 施肥期和施肥方法　植物在不同生长发育阶段对氮素的需求是不同，一般来说，营养生长期对氮素需要量比生殖生长期大。所以，根据植物生长发育规律和对养分的吸收特点，在施肥时期和施肥方法上要尽量做到科学和合理，才能获得优良的产品和高额的产量。不同的施肥时期和施肥方法，对植物体内硝酸盐含量积累是不同的。

越靠近收获期追肥，NO_3^- 含量越高。这是因为植物体内的 NO_3^- 尚未还原成 NH_4^+ 和进一步合成氨基酸和蛋白质的缘故。在生产上，农民有施用大量氮肥催长叶菜，并且过早抢收的习惯，这只会导致蔬菜体内 NO_3^- 累积量过高。所以，追施氮肥的时间不宜太迟，要使氮素在植物体内有充分的转化时间。选择适宜时间采收，既可提高产量，又能减少 NO_3^- 残留。

基肥处理是在黄瓜移栽前把全部氮肥和磷、钾肥作基肥一次施入土中；"基肥+追肥"处理是全部磷、钾肥和一半氮肥用作基肥，另一半氮肥作追肥施用。肥料用作基肥比作追肥施用有降低 NO_3^- 含量的作用，而对产量无明显影响。

4. 氮肥使用对不同种类植物中硝酸盐含量的影响　不同种类植物中的硝

酸盐含量差别很大。一般来说，取食其叶、茎、根等营养器官或贮藏体的叶菜和根菜类蔬菜的硝酸盐含量高于取食其繁殖器官的花、果、瓜、豆类蔬菜。另外，同一植物的不同品种，即使在相同的栽培管理条件下，对硝酸盐的富集程度亦各异，说明各种蔬菜累积硝酸盐的多少受到植物体本身遗传因素的制约。

植物不同器官中的硝酸盐含量不同。一般情况是茎或根＞叶＞瓜（果），叶柄＞叶片，外叶＞内叶。这是因为根、茎和叶柄是植物吸收和输导养分和水分的器官，叶片是进行光合作用的同化器官，而瓜果等则是繁殖器官的缘故。说明植物各器官硝酸盐含量受其本身生理机能所制约。

作物在不同生长发育阶段，对土壤中氮素的吸收利用和转化强度也不同，有生长旺盛期硝酸盐含量高于生长后期或成熟期的趋势。

根据氮肥对不同种类植物中硝酸盐含量的积累不同这一规律，当我们以获取植物的营养器官（如根、茎、叶等）为栽培目标时，由于这些部位硝酸盐积累量高，在使用氮肥施则应尽量减少使用量或尽量提早使用，以避免硝酸盐的过高积累而影响人体健康。当我们以获取植物的生殖器官（如花、果实等）为栽培目标时，由于植物本身生理机能的因素，这些部位硝酸盐积累量相对较低，在保证硝酸盐含量不超标的情况下，可以使用比取食营养器官为目标的作物较高的氮肥使用量。

（二）有机肥使用对人体可能产生的影响

在作物的生长过程中氮是作物必须而且量大的元素之一，缺乏氮作物不能正常生长，但氮肥使用不当又会造成污染。而施用有机肥有利于改善土壤结构，增强土壤中微生物的活性，提高地力。有机肥为作物生长提供的氮素，被植物吸收之后，在作物体内也会和其他形态的氮肥一样，产生硝酸盐的积累。但两者的根本区别在于，人工合成的化学肥料成分单一，氮肥的含量较高，氮素的释放和被植物吸收的速度很快，进入植物体内之后被分解的速度较慢而使积累增加。有机肥能够给植物提供多种大量元素和微量元素，为植物提供平衡的养分，从而加快氮素的吸收利用。并且有机肥中的氮素释放速度均匀而缓慢，进入植物体内的氮素有较充分的时间转化，减少作物中硝酸盐含量、减少环境污染、促进农业可持续发展。在绿色食品的生产中，有机肥的使用具有更重要的作用。

人畜粪尿等有机肥，如果没有进行相应处理，也会对作物造成生物污染，进而危害人体健康。生物污染是指有机肥中含有的细菌、霉菌、病毒、寄生虫等，对人体有害或产生的有毒物质，危害人体健康的微生物。

在作物生长过程中，施用有机肥对作物的生长发育和保持作物品质十分重要。应用农畜废弃物制成的堆肥，人畜粪等都是常用的有机肥。作物施用堆肥、畜粪肥等有机肥主要用做基肥。在南方一种习惯性的施肥方式是将稀释的人畜粪尿直接用于蔬菜苗期及叶菜的追肥，这种方式很容易将人畜粪中所带的有害微生物粘附在蔬菜表面，当人们取食了这些带有病菌的蔬菜后，很容易生病。西方国家早已禁止人粪尿用于喷施蔬菜。另外，作物生长中需要大量用水，受到人畜粪便污染的灌溉水常携带了大量可直接引起人体疾病的微生物。

五、绿色食品肥料污染的预防措施

(一) 硝酸盐污染的预防

虽然粮食作物、瓜类、茄果类和豆类等属生殖器官，硝酸盐含量比大多数叶菜和根菜硝酸盐含量低。但是当作物中硝酸盐含量超过一定指标后，都会使作物品质降低，对人体产生危害，这是与绿色食品生产相矛盾的。因此，降低其硝酸盐含量显得尤为重要。

1. **创造一个良性循环的农业生态系统**　农业生态系统的养分循环主要有3个基本组成部分：植物、动物和土壤。植物通过光合作用从土壤中吸收养分并合成有机物质，即植株（根、茎、叶和果实），植物残体和动物取食植物后的排泄物进入土壤，在土壤微生物的分解下进行养分转换。绿色食品生产在发展种植业的同时，要有计划地按比例发展畜牧业、水产养殖业，综合利用资源，开发肥源，促进养分良性循环。

2. **经济、合理施用氮肥**　氮肥使用量的多少是影响作物中硝酸盐含量高低的决定性因素，硝酸盐含量随氮肥施用量的增加而增加。而单纯用控制氮肥用量以减少作物中硝酸盐的积累，获得高产是比较困难的。因此，在 A 级绿色食品生产过程中，根据肥料作基肥比作追肥施用有降低硝酸盐含量的效果，对生育期短的作物，提倡一次性作基肥施用；追肥时间一定要掌握在时期偏早，使氮素在植物体内有较充分的时间转化。这样，既可获得高产，又能降低硝酸盐的累积。有条件的地区应积极开展测土配方、植物营养诊断等现代科学技术指导施肥。

3. **以有机肥为主，尽可能使有机物质和养分还田**　有机肥料含有植物生长所需的氮、磷、钾、钙、镁、硫、铁等大量元素和各种微量元素。此外，还富含刺激植物生长的某些特殊物质，如维生素、生长素和抗生素等，是一种完全肥料。长期施用有机肥料，可增加土壤微生物的数量，提高土壤有机质的含量，改善土壤的物理、化学和生物学特征，增强土壤保水、保肥和通透性能，是改良土壤、培肥地力不可缺少的物质。因此，绿色食品生产应以有机肥为主。而且有机肥矿化速度缓慢，可供作物吸收的 $NO_3^- - N$ 不多，若配合施用少量的化肥，既可满足作物生长发育的需要，提高作物产量，又不会导致较多的 NO_3^- 在植株中积累。作物秸秆直接或过腹或与动物粪尿配合制成优质厩肥还田，种植绿肥直接翻压等可有效地增加土壤有机质含量，保水、保肥，改良土壤，提高土壤肥力。

4. 增施磷、钾肥 充足供给所需的磷、钾肥是限制作物积累硝酸盐的重要途径。土壤中磷不足就会抑制作物生长，间接地促使 NO_3^- 的积累，而增施磷肥就能降低作物 NO_3^- 含量。磷对作物硝酸盐含量的影响是多因素的，大多取决于土壤中磷的含量，磷与氮、钾的比例，以及作物的品种等。磷对作物体内硝酸盐含量有降低作用，可理解为由于植物对磷的吸收增加后，促进了糖类转化和呼吸作用，从而有利于各种有机酸的形成。这些酸又可成为氨的受体，最终合成氨基酸和蛋白质，从而促进氮代谢。

钾能诱导和提高硝酸还原酶的活性。植物从土壤中吸收 $NO_3^- - N$，在体内硝酸还原酶的作用下，在根部还原或通过木质部运送到地上部分进行同化，还原为铵态氮，在还原之前有 $NO_3^- - N$ 积累。随着硝酸还原酶活性的提高，$NO_3^- - N$ 的同化率也随之增加，因此，加速了由 $NO_3^- - N \rightarrow NH_4^+ - N \rightarrow$ 蛋白质的同化过程，从而降低了 NO_3^- 在体内的积累。

钾在降低作物体内 NO_3^- 的累积效果较为明显，主要是钾能促进作物体内蛋白质的合成，因蛋白质和核蛋白的合成，均需要 K^+ 作活化剂，氨基酸经活化后，由转移核糖核酸（tRNA）将活化氨基酸带到核糖体的信使核糖核酸（mRNA）上，然后合成多肽，故钾能促进蛋白质的合成，从而降低 NO_3^- 在体内的累积。

5. 喷施微量元素 根外喷施钼、锰和稀土微肥，对作物叶片硝酸还原酶有激活作用，可降低硝酸盐含量。

6. 充分发挥土壤中有益微生物的作用 进入土壤中的有机物质主要依靠土壤中的有益微生物种群的活动，分解成易被作物吸收利用的养分。因此要通过合理耕作、田间管理等措施，调节土壤中水分、空气、温度等，创造一个适合有益微生物种群繁殖、活动的环境，以增加土壤中的有效肥力。

7. 尽量控制和减少化学合成肥料 绿色食品生产要控制化学合成肥料的使用，AA 级绿色食品中除可使用微量元素和硫酸钾、煅烧磷酸盐外，不允许使用其他化学合成肥料。A 级绿色食品生产过程中，允许限量使用部分化学合成肥料，但禁止使用硝态氮肥。化肥施用时必须与有机肥按氮含量 1：1 的比例配合施用，最后使用时间必须在作物收获前 30 d 施用。

8. 培育和选用低硝酸含量的品种 同一作物不同品种之间硝酸盐含量相

差很大，这说明作物积累硝酸盐量的多少受其本身遗传因素的影响。因此，在控制和减少硝酸盐含量方面，可利用品种间生理特性的不同，选育出对硝酸盐富集力低的新品种。

（二）有机肥的无害化处理原则

有机肥无害化处理的原则，概括起来主要应包括以下 4 个方面：

（1）转化或去除有机肥中抑制作物生长的物质（高碳氮比、高含量的可溶性有机碳，高含量的铵离子等）。

（2）杀灭对作物生长虽无不利影响，但对食用作物的人、动物的健康构成威胁，或对环境卫生构成影响的物质，如致病性微生物等。

（3）经过处理的有机肥，其所携带的养分稳定，其中的部分养分成为作物易吸收状态，在施用当季能被作物利用。

（4）有机肥的处理过程还应对环境无害，没有二次污染。

农业生产中要求大量使用优质有机肥，而我国农村有着大量的有机质资源，如作物秸秆、人畜粪尿等。这些有机质资源如果不能很好的处理，不仅浪费资源，还会污染环境。目前，我国农业生产中使用的有机肥，大都是农民自制、自用。这种传统处理方式所获得的有机肥，性质和成分不稳定，不耐贮运，使用不便，不少还达不到无害化的要求，这样的有机肥无法在高要求和规模化的农业生产中大量使用。将现代养殖业、种植业产生的有机质资源以及城市生活垃圾中的有机质，通过专门的技术和设施来进行处理加工，使其成为一种性质稳定、耐贮运、使用方便、具有稳定养分含量的商品有机肥，是现代农业生产中迫切需要解决的问题。同时，有机肥的商品化可以促进有机肥成为农业生产资料而进入流通市场。有机肥的商品化又可使畜禽粪便和其他有机废弃物的处理由公益型转向产业型成为可能。因此，可以说商品有机肥生产是保护农村生态环境和生产无污染的优质农产品以及促进有机肥市场流通的要求。

六、绿色食品肥料的开发

1. **绿色食品生产肥料的开发原则**　无论 A 级绿色食品还是 AA 级绿色食品生产，肥料均要求以无害化处理的有机肥、生物有机肥和无机矿质肥料为主，生物菌肥、腐殖酸类、氨基酸类叶面肥作为绿色食品生产过程的必要补充。

2. **绿色食品生产肥料开发种类**

（1）有机肥料：是以大量生物物质、动植物残体、排泄物、生物废物等物质为原料，加工制成的商品肥料。

（2）腐殖酸类肥料：由泥炭（草炭）、褐煤、风化煤等制成的含腐殖酸类物质的肥料。

（3）微生物肥料：用特定微生物菌种培养生产具有活性的微生物制剂，包括各种类型根瘤菌肥料、固氮微生物肥料、分解磷化物微生物肥料、硅酸盐细菌肥料、复合微生物肥料。

（4）半有机肥料：由有机和无机物质混合制成的肥料。

（5）无机矿质肥料：由矿物处理制成，养分呈无机盐形式的肥料。

（6）叶面肥料：指喷施于植物叶片并能被其吸收利用的肥料，包括氨基酸叶面肥、微量元素叶面肥，该类产品中不得添加化学合成的植物生长调节剂。

3. 绿色食品生产肥料开发的重点

（1）有机肥料。绿色食品生产以施用有机肥料为主体，以达到培肥地力、建立良好生态循环、实现持续稳产为目的。有机肥缓慢而稳定地释放出植物生长所需的各种养分，植物获取充足、全面的养分而生长得健康茂盛，抗逆性增强。同时有机肥亦能改善土壤结构，创造一个排水良好、空气流通、保水保肥的土壤内部环境，使土壤中各种有益微生物更适合生存、繁殖。因此，以有机肥料为主的肥料开发是绿色食品生产的根本保证。

（2）绿肥。绿肥是专门种植用做肥料的作物，通常是一些生长迅速、容易腐烂的植物。绿肥同有机肥一样，可为植物提供全面的养分。绿肥可直接翻压作为有机肥，也可作为饲草通过过腹还田，逐步实现绿色食品生产过程中的封闭或半封闭的物质循环。根据绿色食品生产对肥料的要求，特别是AA级绿色食品的生产，绿肥作为有机肥料的补充更显重要。

绿肥还可活化土壤中的磷素，提高作物对磷肥的吸收和利用，减少无机磷肥的投入，降低生产成本。绿肥是绿色食品持续生产中扩大肥源的重要措施。

（3）叶面肥。作物在生长初期根系不发达，在后期根系逐渐衰老，或遇不利的气候条件时，对土壤中养分的吸收能力较弱；在生长非常旺盛的中期也会因为某一时间段内对某种元素需求量增大，通过根系吸收无法完全满足作物生长需要。因此对作物喷施叶面肥，及时补充营养可有效提高作物的抗逆性，增加作物产量，改善产品品质。叶面肥具有利用率高且用量少、见效快的特点，作为应急补充的一类肥源，对绿色食品的生产有着独特的作用。

而目前叶面肥在种类、成分、作用等方面都比较单一，不能完全适应绿色食品生产的要求，还有待于进一步开发。

（4）复混肥。复混肥包含复合肥料和混合肥料两大类，是指在氮、磷、钾3种养分中至少含有两种养分，并标明含量的由化学方法或掺混方法制成的肥料。它包括复合肥料、掺和肥料和有机无机复混肥料等商品肥料。这类肥料具有含有的养分种类多、功用强，既可同时满足作物对营养的多重需要，又能对作物的生长发育有多种促进作用的功效，要求肥料中有机氮与无机氮之比不能超过 1：1，外观及营养成分含量应达到《绿色食品肥料使用准则》中的标准。

目前，生物有机复混肥在绿色食品生产中使用的较多。它具有减少化肥用量，提高化肥利用率，改善作物品质，降低生产成本和保护生态环境的作用。同时具有有机肥的长效性、化肥的速效性和生物肥的增效性的特点，是一类具有发展前途的绿色食品肥料。

（5）微生物肥料。微生物肥料具有无毒、无害、不污染环境的特点，并有通过自身的作用为作物提供一定的营养，从而减少化肥的施用量，调节植物生长，减轻病虫害，增强抗逆性，改善作物品质，改良土壤，保护生态环境，有利于可持续发展。但从目前微生物肥料的开发和使用的情况来看，微生物肥料不论从品种，还是从应用上看，均没有达到绿色农业生产的要求。从发展可持续农业、有机农业、生态农业的角度出发，随着生物技术和高新技术的发展，微生物肥料有良好的生产、开发、应用前景。

第三节　绿色食品农药

一、绿色食品农药的概念

农药是指用于预防、消灭或者控制危害农业、林业的病、虫、草和其他有害生物以及有目的地调节植物、昆虫生长的化学合成或者来源于生物、其他天然物质的一种物质或者几种物质的混合物及其制剂。

农药是重要的农用化学物资，对于防治农作物病虫草等有害生物，保证农业丰产丰收起到了重要的作用。然而，农药又是有毒的化学物质，如果在生产中使用不当，不仅不能有效的防治病虫草的危害，而且还会污染环境，危害人类健康。自 20 世纪 40 年代有机氯合成农药问世以来，包括六六六、DDT 为代表的有机合成农药大量生产，由于杀虫效果明显，在世界各地广泛使用。但这些有机氯杀虫剂理化性质稳定，残留期长，加上每年广泛大量的使用，很快就成了农业环境和作物等的主要污染物，农作物受污染后，通过食物链污染其他的畜禽产品及水产品，并在人体的血液、肝脏和大脑等器官逐渐积累，严重损害人体健康。虽然 1981 年国家就明令禁止在作物上使用有机氯农药，但至今在部分农产品及土壤中仍能够检出，还有个别超标的样品。据不少省市抽样检测市场上出售的作物，其中有些农药残留量大大超过国家规定的标准。

目前，我国农民整体文化素质还较低，对绿色食品的认识不到位，对农药的种类选择、使用浓度、次数和安全间隔期掌握不当,认为毒性越高和用量越大防治病虫草害效果越好。剧毒农药,如甲拌磷(3911)、呋喃丹等在蔬菜上使用的现象时有发生,严重的威胁着人体健康。所以,化学合成农药已成为生产绿色食品所要控制的重要一类有污染的化学物质。

绿色食品农药则是指在绿色食品生产中符合 A 级和 AA 级《绿色食品农药使用准则》(NY/T 393—2000)中规定和要求的农药,如生物源农药、矿物源农药。绿色食品农药不但能够有效地控制病虫草等有害生物的危害,增加作物产量,改善产品品质,同时还具有保持生态环境,减少能源消耗,减少环境污染,不造成使用对象产生和积累有害物质,不影响人体健康,保持农业可持续发展的功能。

二、绿色食品农药使用准则

绿色食品农药使用准则是对生产绿色食品过程中农药使用的一个原则性规定,对允许、限制和禁止使用的农药及其使用方法、使用剂量、使用次数等作出了明确规定(表 3 - 3)。

表 3 - 3 生产绿色食品禁止使用的农药

种 类	农药名称	禁用作物	禁用原因
有机氯杀虫剂	滴滴涕、六六六、林丹、甲氧DDT、硫丹	所有作物	高残毒
有机氯杀螨剂	三氯杀螨醇	蔬菜、果树、茶叶	工业品中含有一定数量的滴滴涕
有机磷杀虫剂	甲拌磷、乙拌磷、久效磷、对硫磷、甲基对硫磷、甲胺磷、甲基异柳磷、治螟磷、氧化乐果、磷胺、地虫硫磷、灭克磷(益收宝)、水胺硫磷、氯唑磷、硫线磷、杀扑磷、特丁硫磷、克线丹、苯线磷、甲基硫环磷	所有作物	剧毒、高毒
氨基甲酸酯杀虫剂	涕灭威、克百威、灭多威、丁硫克百威、丙硫克百威	所有作物	高毒、剧毒或代谢物高毒
二甲基甲脒类杀虫杀螨剂	杀虫脒	所有作物	慢性毒性、致癌
拟除虫菊酯类杀虫剂	所有拟除虫菊酯类杀虫剂	水稻及其他水生作物	对水生生物毒性大
卤代烷类熏蒸杀虫剂	二溴乙烷、环氧乙烷、二溴氯丙烷、溴甲烷	所有作物	致癌、致畸、高毒

（续）

种 类	农药名称	禁用作物	禁用原因
阿维菌素		蔬菜、果树	高毒
克螨特		蔬菜、果树	慢性毒性
有机砷杀菌剂	甲基胂酸锌（稻脚青）、甲基胂酸钙胂（稻宁）、甲基胂酸铁铵（田安）、福美甲胂、福美胂	所有作物	高残毒
有机锡杀菌剂	三苯基醋酸锡（薯瘟锡）、三苯基氯化锡、三苯基羟基锡（毒菌锡）	所有作物	高残留、慢性毒性
有机汞杀菌剂	氯化乙基汞（西力生）、醋酸苯汞（赛力散）	所有作物	剧毒、高残毒
有机磷杀菌剂	稻瘟净、异稻瘟净	水稻	异臭
取代苯类杀菌剂	五氯硝基苯、稻瘟醇（五氯苯甲醇）	所有作物	致癌、高残留
2,4 - D 类化合物	除草剂或植物生长调节剂	所有作物	杂质致癌
二苯醚类除草剂	除草醚、草枯醚	所有作物	慢性毒性
植物生长调节剂	有机合成的植物生长调节剂	所有作物	
除草剂	各类除草剂	蔬菜生长期（可用于土壤处理与芽前处理）	

注：以上所列是目前禁止或限用的农药品种，该名单将随国家新出台的规定而修订。

　　根据绿色食品生产的特殊要求，参考国际有机农业的有关规定，结合我国国情和客观条件，制定了中华人民共和国农业行业标准——《绿色食品农药使用准则》。

　　准则中规定绿色食品生产应从作物—病虫草等整个生态系统出发，综合运用各种防治措施，创造不利于病虫草害滋生和有利于各类天敌繁衍的环境条件，保持农业生态系统的平衡和生物多样化，减少各类病虫草害所造成的损失。优先采用农业措施，通过选用抗病虫品种，非化学药剂种子处理，培育壮苗，加强栽培管理，中耕除草，秋季深翻晒土，清洁田园，轮作倒茬、间作套种等一系列措施起到防治病虫草害的作用。还应尽量利用灯光、色彩诱杀害虫，机械捕捉害虫，机械和人工除草等措施，防治病虫草害。特殊情况下，必须使用农药时，应遵守以下准则。

（一）生产 AA 级绿色食品的农药使用准则

（1）允许使用 AA 级绿色食品生产资料农药类产品。

（2）在 AA 级绿色食品生产资料农药类不能满足植保工作需要的情况下，允许使用以下农药及方法：

①中等毒性以下植物源杀虫剂、杀菌剂、拒避剂和增效剂。如除虫菊素、鱼藤根、烟草水、大蒜素、苦楝素、川楝素、印楝素、芝麻素等。

②释放寄生性捕食性天敌动物、昆虫、捕食螨、蜘蛛及昆虫病原线虫等。

③在害虫捕捉器中使用昆虫信息素及植物源引诱剂。

④使用矿物油和植物油制剂。

⑤使用矿物源农药中的硫制剂、铜制剂。

⑥经专门机构核准，允许有限度地使用活体微生物农药，如真菌制剂、细菌制剂、病毒制剂、放线菌、拮抗菌剂、昆虫病原线虫等。

⑦经专门机构核准，允许有限度地使用活体微生物农药，如真菌制剂、细菌制剂、病毒制剂、放线菌、拮抗菌剂、昆虫病原线虫、原虫等。

（3）禁止使用有机合成的化学杀虫剂、杀螨剂、杀菌剂、杀线虫剂、杀线虫剂、除草剂和植物生长调节剂。

（4）禁止使用生物源、矿物源农药中混配有机合成农药的各种制剂。

（5）严禁使用基因工程品种（产品）及制剂。

（二）生产 A 级绿色食品的农药使用准则

（1）允许使用 AA 级和 A 绿色食品生产农药类产品。

（2）在 AA 级和 A 级绿色食品生产资料农药类产品不能满足植保工作需要的情况下，允许使用以下农药及方法：

①中等毒性以下植物源农药、动物源农药和微生物源农药。

②在矿物源农药中允许使用硫制剂、铜制剂。

③有限度地使用部分有机合成农药，应按 GB 4285、GB 8321.1、GB 8321.2、GB 8321.3、GB 8321.4、GB 8321.6 的要求执行。

此外，还需严格执行以下规定：

a. 应选用上述标准中列出的低毒农药和中等毒性农药。

b. 严禁使用剧毒、高毒、高残留或具有三致毒性（致癌、致畸、致突变）的农药。

c. 每种有机合成农药（含 A 级绿色食品生产资料农药类的有机合成产品）在一种作物的生长期内只允许使用一次。

④严格按照 GB 4285—84（农药安全使用标准），GB 8321.1—87［农药合理使用准则（一）］，GB 8321.2—87［农药合理使用准则（二）］，GB 8321.3—89［农药合理使用准则（三）］，GB 8321.4—93［农药合理使用准则

（四）］，GB 8321.5—1997［农药合理使用准则（五）］，GB 8321.6—1999［农药合理使用准则（六）］的要求控制施药量与安全间隔期。

⑤有机合成农药在农产品中的最终残留应符合 GB 4285、GB 8321.1、GB 8321.2、GB 8321.3、GB 8321.4、GB 8321.5、GB 8321.6 的最高残留限量（MRL）要求。

（3）严禁使用高毒、高残留农药防治贮藏期病虫害。

（4）严禁使用基因工程品种（产品）及制剂。

对允许限量使用的农药除严格规定品种外，对使用量和使用时间作了详细的规定。对安全间隔期（种植业中最后一次用药距收获的时间，在养殖业中最后一次用药距屠宰、捕捞的时间称休药期）也作了明确的规定。为避免同种农药在作物体内的累积和害虫的抗药性，准则中还规定在 A 级绿色食品生产过程中，每种允许使用的有机合成农药在一种作物的生产期内只允许使用一次，确保环境和食品不受污染。

三、绿色食品农药的种类

根据绿色食品农药使用准则的规定，绿色食品农药主要有以下几种类型。

（一）生物源农药

生物源农药指直接利用生物活体或生物代谢过程中产生的具有生物活性的物质或从生物体提取的物质作为防治病虫草害的农药。

（1）微生物源农药：利用微生物及微生物的代谢产物来防治有害生物的农药。

①农用抗生素。

②活体微生物农药。

③真菌剂：苏云金杆菌，蜡质芽孢杆菌等。

④拮抗菌剂。

⑤昆虫病原线虫。

⑥微孢子。

⑦病毒：核多角体病毒。

（2）动物源农药：

①昆虫信息素（或昆虫外激素）：如性信息素。

②活体制剂：寄生性、捕食性的天敌动物。

（3）植物源农药：

①杀虫剂：除虫菊素、鱼藤酮、烟碱、植物油乳剂等。

②杀菌剂：大蒜素。

③拒避剂：印楝素、苦楝素、川楝素。

（二）矿物源农药

矿物源农药是有效成分起源于矿物的无机化合物和石油类农药，包括以下两种。

（1）无机杀螨杀菌剂。

①硫制剂：硫的悬浮剂、可湿性硫、石硫合剂等。

②铜制剂：硫酸铜、氢氧化铜、波尔多液等。

（2）矿物油乳剂。

（三）有机合成农药

有机合成农药是由人工研制合成，并由有机化学工业生产的商品化的一类农药，包括中等毒和低毒类杀虫杀螨剂、杀菌剂，可在 A 级绿色食品生产上限量使用的农药。

四、绿色食品生产与农药的关系

农药是农业生产稳产、高产、优质的重要保证。在农药使用的过程中，如果种类选择、用量或使用方法不当，则会破坏生态环境，造成害虫抗药性、农药残留、农作物和环境污染增加。不但不利于农业的可持续发展，还会造成有害物质在农作物中的大量积累而危害人类的身体健康。

由于农作物种类繁多，生长期长短不一，病虫草害发生也不尽相同，使用的化学农药也有很大的差异。特别是生长期较短的作物，病虫害发生相对较严重，用药次数多和用药量大，有些作物又需要分期采收，用药的安全间隔期较难控制。因而，掌握农药污染的规律和特点，对生产绿色食品是非常重要的一环。

（一）农药使用不当产生的危害性

1. **农药的种类**　我国的农药工业从无到有、从小到大取得了重大成就，大大减少了因病虫草的危害而导致的产量损失。1997 年我国登记农药制剂1 673个，其中，杀虫剂 884 个，占 52.84％；杀菌剂 406 个，占 24.26％；除草剂 242 个，占 14.46％；杀螨剂 58 个，占 3.46％；植物生长调节剂 53 个，占 3.16％。而用量最大的前 5 种杀虫剂：甲胺磷、敌敌畏、敌百虫、乐果和氧化乐果均属高毒农药或具有潜在的"三致"作用。这 5 种农药占全国杀虫剂用量的 56.7％，占农药总用量的 44.7％。显然，这种很不合理的农药品种结构有害于人体健康，不利于生态环境的保护，更不利于绿色食品生产的发展。

2. 农药进入农作物的途径

（1）从植物体表进入。如水溶性的农药，可从植物体表的水孔或直接经表皮细胞向内层组织渗透；挥发性较高的农药，可在农药汽化后经过植物体表的气孔直接侵入；脂溶性农药还能溶解于植物表皮的蜡质层而被固定下来。更多的是直接附着在植物产品器官上。

（2）从根部吸收。通常向作物喷施的农药，直接粘附在作物植株上的占10%～20%，其余的农药散落在土壤上，经蒸发、光解或微生物活动，一部分转化、分解；一部分在灌溉和降雨后，溶于水中，进入土层，而后被植物根系吸入体内。进入植物体内的农药，有的积累到产品器官内，直接污染农作物的食用部分，对人体产生直接危害；有的积累在其他非食用器官内，或污染食物链或继续存在在农业生产的环境中，这也不可避免地对人类产生潜在的威胁。

3. 农药的危害方式

农药及其在自然环境中的降解产物，污染大气、水体和土壤，破坏生态系统，引起人畜的急性或慢性中毒。农药的危害主要表现在以下几方面：

（1）农药在生产、运输、贮存和使用过程中对操作人员的毒性危害。

（2）释放于生态环境中对大气、水、土壤和生物的污染。

（3）残留在粮食、蔬菜和水果中的农药危害食用者的身体健康。

（4）通过受污染的食物链引起人畜中毒。

1985年7月，美国加州等地因食用的西瓜中含有超标的农药"涕灭威"而发生人员中毒事件。患者均表现为呕吐、腹泻、肌颤、心率缓慢等。严重症状包括意识丧失、癫痫样大发作、心律失常等。近年来，类似的农药污染食品引起的中毒事件在我国也频频出现。据有关部门统计，现在我国农作物农药残留量超过国家卫生标准的比例为22.15%，部分地区作物农药超标比例达到80%。

人们进食残留有农药的食物后，如果污染程度较轻，食入量较小时，中毒症状可能不明显，但往往有头痛、头昏、无力、恶心等一般性表现；当农药残留量高，进入体内的农药量较多时可出现明显的症状，如乏力、呕吐、腹泻、肌颤、心慌等表现。严重者可出现全身抽搐、昏迷、心力衰竭，甚至死亡。

农药中汞、砷、铅、镉等重金属元素是神经系统、呼吸系统、排泄系统产生癌变的重要因子；有机氯农药在人体脂肪中蓄积，诱导肝脏的酶类，是肝硬化肿大原因之一；习惯性头痛、头晕、乏力、多汗、抑郁、记忆力减退、脱发、体弱等很可能是受农药污染的农作物的慢性毒性作用，是引发各种癌症等疾病的潜在因素；长期食用受污染的食物，可能并不马上表现出症状，毒物在人体中富集，时间长了便会成为导致癌症、动脉硬化、心血管病、胎儿畸形、早衰等疾病的重要原因。

(二)农药使用的危险性评价

我国已登记的农药品种约1 600余种，而且每年还有许多新农药问世。绿色食品生产农药使用准则中对新农药的认定可能存在着滞后性，理解和掌握农药使用的危险性评价，对无公害、绿色食品农药的选择使用将有一定的帮助作用。

为减轻和避免这些危害，需通过评价选择适宜和安全的农药品种，这种选择不仅要遵循植保学的基本原则，也要符合环境毒理学和卫生毒理学的要求。

根据农药的污染规律并结合我国农药生产、使用和管理的实际情况，提出农药使用的危险性评价方法（Risk Assessment of Pesticide Application，简称 RAPA 方法）。

●评价对象是在农业生产中为防治病虫草害而排放于环境中的杀虫剂、杀菌剂、除草剂和植物生长调节剂。

●评价的保护对象主要是农药使用人员、农产品消费者和环境生物。

●评价的目的是为了确定每一种农药使用的危险性程度，或者是安全性程度，亦可通过评价反映某一地区、某一时期所使用的农药品种结构的合理性和所存在的问题。

●评价的原则：选择对人体健康、生物和环境因素的影响显著而重要的因素，或者有充分的代表性。

●主要的评价因素：单位农田面积农药一次用量、农药急性毒性、三致作用、慢性毒性、农药在环境中的消解速度、对鱼的毒性、对蜂的毒性和对人的眼睛和皮肤的刺激作用。

●评价参数的使用危险性分为五级：极危险、危险、较危险、较安全和安全。

1. 危险性评价

（1）农药用量。指单位农田面积一次施药的用量（有效物质用 D 表示），用量越小，防效越高，对环境因素和人体健康的影响也越小。对 205 种农药的统计结果，得出其分级标准如表 3 - 4 所示。

表 3 - 4　农药用量分级标准

分　级	极高用量	高用量	中用量	低用量	极低用量
用量 D（g/hm²）	5 892	1 783.5	540	163.5	49.5
等级	5	4	3	2	1

（2）农药急性毒性。以大白鼠经口 LD_{50} 为主要指标（表3-5），在农药手册中都可查到。

表3-5 急性毒性分级标准

分级	剧毒	高毒	中毒	低毒	微毒
经口 LD_{50} （mg/kg）	≤15	15～50	50～500	500～5 000	＞5 000
等级	≥4.5	4.5～4.0	4.0～3.0	3.0～2.0	＜2.0

（3）三致作用。"三致"为农药的致畸、致癌和致突变作用，这是化学物质和农药的重要毒性指标。参照美国、前苏联和国际癌症研究所的分级原则，初步确定其评价标准如表3-6所示。

表3-6 "三致"作用评价标准

分级	极危险	危险	较危险	较安全	安全
指标	对哺乳动物和人体都有"三致"作用	动物试验阳性，作用剂量在环境中存在	动物试验阳性，作用剂量在环境中一般存在	在植物和微生物试验中有阳性报道	无阳性试验结果
等级	5	4	3	2	1

对此分级说明：评价所收集的资料以人体和哺乳动物的实验结果为主，植物和微生物的试验结果为参考；极危险级农药指的是对人体和哺乳动物都有"三致"作用，它一般要符合3个条件，即动物试验为阳性、作用剂量范围在环境中存在和人群流行病调查为正相关、或人体实验为阳性。经评价属危险级的有2,4,5-涕、杀虫脒等6种农药，而危险级的有代森锌、氟乐灵、敌百虫、敌敌畏等19种农药。

（4）慢性毒性。以农药的 ADI 值，即人的每天允许摄入量为评价指标，其分级如表3-7所示。

表3-7 慢性毒性分级标准

分级	极危险	危险	较危险	较安全	安全
ADI（mg/kg）	≤0.000 3	＜0.001	≤0.01	≤0.1	＞0.1
等级	≥4.5	≥4.0	≥3.0	≥2.0	＜2.0

农药慢性毒性对人体的实际影响，即与农药的性质有关，也与农药的使用量有关。如果随意加大农药喷雾时的用量，对人体的危害也会加大。

（5）农药消解速度。农药在某一环境因素中的残留量，主要决定于农药用量、消解速度和消解时间。把农药在作物和土壤中的消解半衰期 $t_{0.5}$ 作为茎叶喷施农药和土壤施用农药的评价参数。$t_{0.5}$受农药性质影响外，还受施药对象和环境条件的影响，所以在引用$t_{0.5}$时有一定规定。作物上的$t_{0.5}$仅引自大田作物的田间试验结果，实验室实验、果树和设施作物均不采用；土壤$t_{0.5}$也引自田间试验，且有机质土和非作物生长期的试验结果亦不采用。$t_{0.5}$一般为多次试验结果的平均值。其分级如表3-8所示。

表3-8　农药消解速度分级标准

分　级	长残留	较长残留	中残留	较短残留	短残留
作物 $t_{0.5}$（d）	≥8	8～4	4～2	2～1	<1
土壤 $t_{0.5}$（d）	≥80	80～40	40～20	20～10	<10
等级	5	4	3	2	1

（6）对鱼的毒性。把农药对鱼的毒性作为农药对水生生物影响的一个指标，常以农药的LC_{50}表示，试验鱼种一般为鲤鱼，作用时间为48 h。把农药对鱼的毒性引入安全性评价体系，由农药使用场所——水稻生态系决定的。虽然农药不是直接作用于水体，但使用的结果必然有相当部分农药通过各种形式进入水体，且作用大小也受农药使用剂量的影响。其分级标准如表3-9所示。

表3-9　对鱼的毒性分级标准

分　级	极危险	危　险	有危险	较安全	安　全
LC_{50}（mg/L）	≤0.01	0.01～0.1	0.1～1.0	1.0～10	>10
等级	5	5～4	4～3	3～2	2～1

属危险级的农药不宜在水田和水面使用。

（7）对蜜蜂的毒性。把对蜜蜂的毒性作为农药对有益陆生生物危害的代表。其分级如表3-10所示。

表3-10　对蜜蜂的毒性分级标准

分　级	极危险	危　险	有危险	较安全	安　全
LD_{50}（μg/只）	≤0.2	0.2～2	2～10	10～100	>100
等级	5	4	3	2	1

（8）对人眼睛和皮肤的刺激。在生产实践中农药使用者对眼睛、皮肤的刺激作用是非常关心的，也是农药卫生毒理评价中的重要指标。其分级如表3-11所示。

表 3-11 对人眼睛和皮肤的刺激分级标准

分 级	极危险	危 险	有危险	较安全	安 全
标准	对眼睛、皮肤均有严重刺激	对眼睛、皮肤有严重刺激	对眼睛、皮肤有中等刺激	对眼睛、皮肤均有轻刺激	基本无刺激
等级	5	4	3	2	1

2. **附加评价参数** 某些农药具有的特殊性质对人体健康和生态环境带来显著影响。在评价中考虑的参数有农药饱和蒸气压、代谢产物的增毒作用、水生生物的农药浓缩系数和除草剂对后茬作物的敏感性。

挥发性是农药的重要性质之一，以一定温度下的饱和蒸气压表示，挥发性强的农药对施药人员和其他农田工作人员健康有影响。

增毒作用指的是一些农药在代谢过程中生成比母体更毒的新化合物，主要表现为氧化作用、环氧化作用，有的代谢产物具有三致性，或其三致性比母体强。

浓缩系数高的农药易在生物体中积累，并通过食物链进入人体（如鱼类）。

综合考虑农药用量，农药在土壤中的半衰期和对作物的敏感程度确定了土施农药和除草剂对后茬作物可能危害的评价方法，其危险性 1～5 级不等。

农药对家蚕的毒性，对天敌的危害等，在评价时可以酌情处理以作为附加评价参数。

在单项评价中应特别注意急性毒性和三致作用两项参数，当急性毒性≥4.5 和三致作用为 5 时，该农药不应使用；如急性毒性≥4 时为限制使用。

五、绿色食品生产农药污染的预防措施

绿色食品农药污染的预防是保证绿色食品安全生产的重要措施。

1. **实施病虫草综合防治，尽量减少化学合成农药用量** 根据植物保护综合防治原理，实施病虫草害综合防治时，首先严格按照植物检疫条例的规定开展植物检疫工作，将病虫草害拒之于门外；其次积极选用抗病虫品种，因地制宜，采用既能增产又能抑制病虫害发生的栽培措施；再次积极采用黑光灯、黄板等物理机械方法杀灭害虫，尽量保护、利用和引进病虫害的天敌。有条件时，可人工饲养和释放病虫害的天敌。当采取以上各种方法后，仍未能有效控制时，再考虑采用化学药剂防治。

2. **选择使用高效、低毒、低残留化学农药** 在实施化学防治时，应严格按照《绿色食品农药使用准则》中规定的在各种作物上使用的农药品种、剂型、药量或稀释倍数、施药方法、次数和安全间隔期等进行操作。优先使用低

毒的植物源、动物源和微生物源农药。禁止使用剧毒、高毒、长残留农药，对哺乳动物有致癌、致畸、致突变作用的农药。对这些规定须遵守而不能随意改动，更不能滥用农药品种、随意增加用量和药液浓度。对于新开发农药在绿色食品生产中的使用需持慎重态度，一律需经试验并得到有关部门认可。

3. 改善和提高农药使用技术　在进行病虫草综合防治和正确选择农药品种的前提下，提高农药使用技术是进行绿色食品生产，防治农药污染的又一重要环节。

在使用中应加强预测预报，在害虫最薄弱的环节施药，可减少农药用量；改进施药手段减少对天敌等有益生物的影响；在病虫害天敌繁殖的高峰期，避免用药。

4. 加强农药管理　加强农药管理是防治农药污染的又一重要环节。实践证明，不少农药严重污染事件和农药急性中毒事件是因管理不善和滥用农药引起的。做好农药管理工作能起到事半功倍的作用。2004 年，经国务院批准，农业部和国家发展改革委员会决定在 2004—2007 年分 3 个阶段完成对甲胺磷、对硫磷、甲基对硫磷、久效磷和硫胺共 5 种高毒农药的削减工作，2007 年 1 月 1 日起全国禁止在农业上使用这 5 种农药。这一决定的实施，将对我国绿色食品生产的发展起到积极的促进作用。对于生产绿色食品还需强调以下几个方面。

（1）强化植保服务体系，实施病虫草统一防治。建立健全的植物保护服务体系是进行病虫草害预测预报，实施"预防为主、综合防治"的植物保护工作方针和病虫草害统一防治的先决条件。健全的植保服务体系和专业的植保技术人员是实施病虫草综合防治和达到绿色食品要求的保障。

（2）加强植保、环保教育，提高可持续发展战略意识。人们越来越清楚地认识到经济可持续发展的重要性，21 世纪将是努力贯彻可持续发展战略的时代，农业的可持续发展也将得到认可和实施。可持续发展农业的重要内容之一是大力保护农村环境和农业环境。为此，需制定更严格的农药使用管理条例，逐步提高生物防治在综合防治中的作用，在农业生产中不使用高毒农药和具有潜在三致作用的农药，大幅度降低单位耕地面积农药用量和其急性毒性，为绿色食品生产创造良好的环境条件基础。

（3）建立农药残留监测制度。各国和联合国有关组织都提出了农药在食品和作物中的最高允许含量标准，中国绿色食品发展中心也对作物中农药残留量提出了相应要求。为保证绿色食品和无污染作物的质量，建立农药残留监测制度是必要的。为此需要一个具有权威性或具法律效力的监测机构，需要一套正确的分析方法和进行具体工作的监测队伍。

六、绿色食品农药的开发

(一) 绿色食品农药开发的原则

根据绿色食品发展的宗旨，绿色食品生产农药开发应该本着降低资源消耗、促进和保持优良的生态环境、具有较强的选择性、对人畜安全的原则，开发生物活性高、市场潜力大的农药。

(二) 绿色食品农药开发的种类

生物源农药是绿色食品农药开发的首选。生物源农药是一类生物制剂，它具有对人、畜、天敌安全；对植物不产生药害；选择性高，不破坏生态平衡；害虫不易产生抗药性；在阳光和土壤微生物的作用下易于分解，不污染生态环境，不污染农产品，没有残留；价格低廉，易于进行大规模工业化生产并且可以再生等诸多优点。生物源农药主要包括：微生物源农药、动物源农药和植物源农药。目前很多生物源农药在绿色食品生产中已经开始发挥重要作用，展示出了强大的生命力。但是生物源农药的潜力还有待进一步开发利用。

生物源农药一般有两重防治效果，即长期防治效果和短期防治效果。长期防治效果是利用某种生物对植物病原体、害虫、杂草的有益生物无或有极少的杀伤作用，通过被保护的有益生物长期制约植物的病原菌、害虫、杂草等有害生物的发生和危害，使它们长期地发挥作用，使农业生态环境保持局部平衡。短期防治效果是利用生物农药直接杀死和抑制害虫、植物病原菌和杂草等有害生物，将有害生物种群控制在经济阈值以下。这样，加上其他防治措施的密切配合，不但可以防治病虫草害，使绿色食品生产保质保量，而且使捕食性天敌有食料来源，使寄生性天敌有宿主。最终达到创造有利于作物生长和产量获得，有利于有益生物栖息繁衍，不利于有害生物生存的环境条件，从而获得最大的经济效益。

1. **微生物源农药**　微生物是存在于自然界中的一群形体微小、结构简单、肉眼看不见的、必须借助光学或电子显微镜才能观察到的微小生物。包括细菌、放线菌、真菌、病毒、立克次氏体、支原体、衣原体、原生动物以及藻类等，在这众多的微生物当中，虽然有很多是危害人、畜和农作物的有害生物，但其中也有很多是可被人类利用的有益生物。如细菌杀虫剂——苏云金杆菌、农用抗生素如农用链霉素、井冈霉素、春雷霉素和核多角体病毒等已大规模开发利用。在众多的可被利用的微生物中，这只是其中很少的一部分，还有很多有待于人们进一步开发和利用。了解和掌握微生物源农药的作用原理有助于我们开发和使用微生物农药。

(1) 细菌杀虫剂作用机理。昆虫病原细菌的作用机理是胃毒作用。昆虫摄入病原细菌后从口器进入消化道内，经前肠到中肠，被中肠细胞吸收后，通过肠壁进入体腔与血液接触，使之得败血症导致全身中毒死亡。如苏云金杆菌（BT），作用对象为鳞翅目22个科和鞘翅目拟步甲、象鼻虫及膜翅目叶蜂科等80多种具有咀嚼式口器的害虫。

(2) 真菌杀菌剂作用机理。昆虫病原真菌的感染途径不同于细菌及病毒等病原体，它们常以分生孢子附着于昆虫表皮，分生孢子吸水后萌发长出芽管或形成附着器，经表皮侵入昆虫体内，菌丝体在虫体内不断繁殖，并侵入各种器官吸取养分，造成血液淋巴的病理变化，组织解体，同时菌体的营养生长也引起昆虫肠道机械性阻塞，造成物理损害，最后导致昆虫死亡。如利用白僵菌防治松毛虫、玉米螟、大豆食心虫、高粱条螟、马铃薯甲虫、松叶毒蛾、稻苞虫、稻叶蝉、稻飞虱等；利用绿僵菌防治金龟子、象甲、金针虫、鳞翅目幼虫、椿象、蚜虫；利用虫霉菌防治同翅目、双翅目、鳞翅目、半翅目、膜翅目、脉翅目、缨翅目等害虫。

(3) 病毒杀虫剂作用机理。病毒是一类没有细胞构造的类物体，主要成分是核酸和蛋白质，昆虫病毒在寄主体外存在时不表现任何生命活动，不进行代谢、生长和繁殖，只有在适宜条件下才会侵染寄主，造成病变。昆虫病毒为专性寄生，病毒感染害虫后，核酸先射入寄主细胞，外壳留在外面，核酸在寄主细胞中不断利用寄主细胞中的蛋白质等物质，进行复制病毒粒子而繁殖，最终导致昆虫死亡。如核型多角体病毒（NPV）、颗粒体病毒（GV）和质型多角体病毒（CPV）。

(4) 微孢子杀虫剂作用机理。微孢子虫为原生动物，它是经寄主口或卵或皮肤感染的，经卵感染的幼虫，大多在幼虫期死亡；经口感染时，孢子在肠内萌发，穿透肠壁，寄生于脂肪组织、马氏管、肌肉及其他组织，并在其中繁殖，使寄主死亡。如利用行军虫微孢子虫和蝗虫微孢子虫防治鳞翅目、双翅目、鞘翅目、半翅目、膜翅目、直翅目。

(5) 农用抗生素作用机理。许多微生物，如放线菌、细菌等类群中的许多种类在自身生长繁殖的过程中，不断产生的代谢产物对其他微生物有很强的抑制和杀灭作用，从而达到防治有害生物的目的。如抑制病原菌能量产生的链霉素、土霉素和金霉素；干扰生物合成的灭瘟素；破坏细胞结构的多氧霉素、井冈霉素等。

这类农药种类繁多，化学结构各异，作用机制和防治对象也各不相同。

2. 动物源农药

（1）昆虫信息素（或昆虫外激素）。昆虫在生长发育过程中分泌的具有特殊功能的物质，这类物质直接影响昆虫的生理行为、生长发育。如性信息素、保幼激素、蜕皮激素等。人们利用昆虫自然分泌或人工合成的信息素，来调节和控制害虫，使其不能繁殖为害。这类农药也称为特异性农药，一般用量少，选择性强，对植物安全，对人畜无毒无害，不杀伤天敌，如产卵引诱剂、性引诱剂、几丁质合成抑制剂等。

（2）有益生物保护利用。主要是指寄生性、捕食性的天敌动物，也叫做天敌农药。自然界中的各种生物都是相互制约、相互依存的，没有哪一种害虫或益虫能够在自然环境中无限制的发展。当害虫大量发生的时候，其天敌昆虫的食物就变得丰富，天敌的繁殖能力就会增强，对害虫的控制作用就会加强；相反，随着害虫数量的降低，天敌昆虫的食物减少，死亡率就会增加。害虫和益虫就是这样在一定的比例内保持着动态平衡。

利用天敌昆虫防治害虫的资源丰富，选择性强，对人、畜及植物安全，不污染环境，一旦被驯化而建立种群，对病虫害有较长期的控制作用，是一种非常有发展前途的防治方法。

①保护利用自然界中的天敌昆虫。自然界中的天敌昆虫种类很多，但常因受到不良气候、生物及人为因素的影响，使其不能充分发挥其抑制害虫的作用。改善或创造有利于天敌昆虫生长的环境条件的措施：一是直接保护天敌，如对捕食蚜虫的瓢虫在其越冬时采取室内保护，降低越冬死亡率，翌年再释放到田间；二是应用农业技术措施促使天敌昆虫的增殖。可在农田或果园附近种植防护林，有意识地种植蜜源植物及其他有助于补充天敌昆虫生活需要的植物等；三是合理使用农药，避免化学药剂对天敌昆虫的杀伤作用。如选用对天敌昆虫影响较小的药剂和改进施药方法等。

②人工繁殖、释放天敌。如草蛉、赤眼蜂、丽蚜小蜂等天敌室内繁殖、田间成功释放以及用人工在瓢虫幼虫数量很大的麦田进行网捕，于傍晚释放到棉田等。

③外地天敌的引进。如我国引进澳洲瓢虫控制吹绵蚧取得了显著成效等。

3. 植物源农药

植物源农药主要是利用植物某些具有杀虫活性的部位提取其有效成分制成的杀虫剂，它是在对一些植物所具有杀虫活性有效成分研究的基础上发展起来的安全、经济杀虫剂，属植物生物化学物质。

（1）直接利用。在确定药效之后，对产生该物质的植物进行培育、繁殖，提取有效成分、制剂加工等直接的工业化商品化开发。我国资源丰富，可开发的野生资源较多。如苦参、茴蒿、狼毒、烟草等都是有希望通过这一开发形式、长久发展的植物源杀虫剂。

（2）人工合成途径相结合。在确定药效之后，将其化学结构作为先导化合物模型，用合成方法进行结构优化研究，以期开发出性能比天然物质更好的新农药。

①特异性植物源杀虫剂：指主要起抑制昆虫取食和生长发育等作用的植物源杀虫剂。现研制成功的楝树中的印楝素对蝗虫和粘虫有强烈拒食作用；川楝素对许多昆虫有较强的拒食作用。

②触杀性植物源杀虫剂：指对昆虫主要起触杀作用的植物源杀虫剂，如除虫菊、鱼藤、烟草、苦参等。

③胃毒性植物杀虫剂：如卫矛科的苦树皮，透骨草科的透骨草，毛茛科的绿藜芦。

植物源杀虫剂特点是能够就地取材，使用方便；对作物安全，一般不产生药害；易降解、残效期短，对环境和食物基本无污染；不同植物源杀虫剂，其有效成分、杀虫机制均不同，不易产生抗药性，可研制新一类杀虫剂。

我国幅员辽阔，地形和气候复杂多样，为各种植物的生长、繁衍提供了适宜场所。我国现有种子植物中有许多种植物具有杀虫、杀菌效果，可供植物农药开发和利用的前景广阔。

第四节　绿色食品饲料和饲料添加剂

一、绿色食品饲料和饲料添加剂的概念

饲料是畜牧业的物质基础。动物产品，如肉、奶、蛋、皮、毛以及役用动物的劳役等，都是动物采食饲料中的营养物质经体内转化而产生的。凡是能提供饲养动物所需养分，保证健康，促进生产和生长，并且在合理使用下不发生有害作用的可饲物质称为饲料。从广义上讲，能强化饲养效果的某些非营养物质，如某些添加剂，现今也划归饲料范围之内。

绿色食品饲料是遵循可持续发展原则，按照特定的产品标准，由绿色食品生产体系生产的无污染的安全、优质的营养型饲料。

饲料添加剂是指在饲料加工、制作、使用过程中添加的少量或者微量物质，包括营养性饲料添加剂、一般性饲料添加剂。营养性饲料添加剂是用于补充饲料营养不足的添加剂。一般饲料添加剂是为了保证或者改善饲料品质，促进饲养动物生产，保障饲养动物健康，提高饲料利用率而掺入饲料的少量或微量物质。

二、绿色食品饲料

能作为饲料的物质很多，他们的养分组成和营养价值各不相同，我国根据国际饲料分类原则和编码体系，结合中国传统分类方法将饲料分为八大类，即：

（1）粗饲料：是指天然水分含量在60％以下，干物质中粗纤维含量等于或高于18％的饲料，如庄稼秸秆等。

（2）青绿饲料：是指供给畜禽饲用的幼嫩青绿的植株、茎或叶片等，以富含叶绿素颜色青绿而得名，如天然牧草、叶菜类等。

（3）青贮饲料：是以新鲜的天然植物性饲料为原料，在厌氧条件下，经过以乳酸菌为主的微生物发酵后调制成的饲料，如玉米秸秆青贮饲料。

（4）能量饲料：能量饲料指在干物质（从饲料中扣除水分后的物质）中粗纤维（饲料经稀酸、稀碱处理，脱脂后的有机物的总称）低于18％，粗蛋白（饲料中含氮量乘以6.25）低于20％的饲料，包括谷物籽实类、糠麸类、淀粉质的块根、块茎、瓜果和其他类（糖蜜、油脂、乳清等）。

（5）蛋白质饲料：蛋白质饲料指在干物质中粗纤维低于18％，粗蛋白高于20％的饲料，包括豆类、油籽饼粕、鱼粉等。根据来源不同可分为植物蛋白质饲料、动物蛋白质饲料以及单细胞蛋白质饲料。

（6）矿物质饲料：是指天然生成的矿物质和工业合成的化合物饲料，如食盐、石灰粉、骨粉等。

（7）维生素饲料：是以提供动物各种维生素为目的的一类饲料，如维生素A、维生素B、维生素C、维生素D、维生素E、叶酸、烟酸等。

（8）添加剂饲料：是指在饲料加工、制作、使用过程中添加了少量或者微量物质。

一般情况下，饲料成本可占畜禽养殖生产总成本的60％～80％。因此，饲料是畜牧业生产的物质基础，也是畜禽生产环境的重要组成。饲料的性质与组合，在很大程度上影响着畜禽的生产力。合理利用饲料，是降低生产成本，提高畜禽生产率和畜牧业经济效益的一项重要措施。

从饲料的来源上来看，粗饲料、青绿饲料、青贮饲料和能量饲料在饲料中占有绝对大的比重，他们的来源主要是植物。畜禽生产与植物生产是自然界中物质循环的两个相关环节，植物利用太阳能合成营养物质，而畜禽则利用植物等的营养物质合成自身的组织并维持畜禽生长、繁殖和生产产品。绿色食品畜禽生产中，畜禽获取营养物质所需的植物饲料必须来自绿色食品产地的符合绿色食品标准的绿色农产品。

　　畜禽的种类、性别、年龄、体重、生理状态、生产目的的不同，畜禽对营养物质的需求量也不相同，天然饲料中的各种微量养分可能无法满足畜禽生产的需要，这时就需要在饲料中添加一些植物饲料以外的饲料，以维持畜禽机体的正常代谢，如蛋白质饲料、矿物质饲料、维生素饲料、添加剂饲料等。这些饲料中可能使用的化学合成物相对较多。因此，在绿色食品畜禽产品生产中，这些饲料及饲料添加剂必须符合《生产绿色食品的饲料添加剂使用准则》。

　　在畜禽饲养过程中，首先是维持畜禽本身的健康和必要生命活动的需要，其次是生产各种畜产品的营养需要。只有满足了维持需要，才有可能生产出一定数量和质量的畜产品。满足畜禽的营养需要，不仅要考虑营养物质的种类和数量，还要注意各种营养物质的比例。配合日粮时，首先应满足畜禽对能量、蛋白质、钙、磷、钠、氯和维生素 A、维生素 B、维生素 C、维生素 D、维生素 E 的需要，其余各项营养指标可根据条件加以考虑。

　　绿色食品畜禽饲养要根据不同饲养对象及同一饲养对象不同生长时期的营养需要，科学合理地搭配饲料。严格控制各种激素、抗生素、化学防腐剂等有害人体健康的物质进入畜产品，保证产品质量。

三、绿色食品饲料及饲料添加剂使用准则

　　绿色畜产品的生产首先以改善饲养环境、善待动物、加强饲养管理为主，按照饲养标准配制饲料，做到营养全面，各营养素间相互平衡。生产绿色食品的饲料原料选择是关键。这些原料本身的生产应当符合绿色食品的要求，产地的空气、水质、土壤环境质量必须符合生产绿色食品的要求，按绿色食品生产操作规程（包括肥料使用、农药使用等）生产，保证产品无污染、安全、优质、有营养。所使用的饲料和饲料添加剂等生产资料应符合《饲料卫生标准》、《饲料标签标准》及各种饲料原料标准、饲料产品标准和饲料添加剂标准的有关规定。所用饲料添加剂和添加剂预混合饲料应来自于有生产许可证的企业，并且具有企业、行业或国家标准，产品批准文号，进口饲料和饲料添加剂产品须有登记证及配套的质量检验手段。

（一）生产 A 级绿色食品的饲料使用准则

　　（1）优先使用绿色食品生产资料的饲料类产品。

　　（2）至少 90% 的饲料来源于已认定的绿色食品产品及其副产品，其他饲料原料可以是达到绿色食品标准的产品。

　　（3）禁止使用转基因方法生产的饲料原料。

（4）禁止使用以哺乳类动物为原料的动物性饲料产品（不包括乳及乳制品）饲喂反刍动物。

（5）禁止使用工业合成的油脂。

（6）禁止使用畜禽粪便。

（二）绿色食品的饲料添加剂使用准则

（1）优先使用符合绿色食品生产资料的饲料添加剂类产品。

（2）所选饲料添加剂必须是《允许使用的饲料添加剂品种目录》中所列的饲料添加剂和允许进口的饲料添加剂品种，但表 3 - 12 中所列的饲料添加剂除外。

（3）禁止使用任何药物性饲料添加剂。

（4）禁止使用激素类、安眠镇静类药品。

（5）营养性饲料添加剂的使用量应符合 NY/T 14、NY/T 33、NY/T 34、NY/T 65 中所规定的营养需要量及营养安全幅度。

表 3 - 12　生产 A 级绿色食品禁止使用的饲料添加剂

种　类	品　　种	备注
调味剂、香料	各种人工合成的调味剂和香料	
着色剂	各种人工合成的着色剂	
抗氧化剂	乙氧基喹啉、二丁基羟基甲苯（BHT），丁基羟基茴香醚（BHA）	
黏结剂、抗结剂和稳定剂	羟甲基纤维素纳、聚氧乙烯 20 山梨醇酐单油酸酯、聚丙烯酸树脂Ⅱ	
防腐剂	苯甲酸、苯甲酸钠	
非蛋白氮类	尿素、硫酸铵、液氮、磷酸氢二铵、磷酸二氢铵、缩二脲、异丁叉二脲、磷酸脲、羟甲基脲	反刍动物除外
其他	禁止使用转基因方法生产的饲料原料；禁止使用以哺乳类动物为原料的动物性饲料产品（不包括乳及乳制品）饲喂反刍动物；禁止使用工业合成的油脂（含重金属）；禁止使用任何药物性饲料添加剂；禁止使用激素类、安眠镇静类药品；禁止使用畜禽粪便（含有害微生物）	

复习思考题

1. 简述施肥对作物中硝酸盐含量的影响。

2. 人畜粪尿的不合理使用为什么会对作物产生污染？

3. 简述肥料污染的预防措施。

4. 为什么施用化学合成的氮肥会产生污染，而有机肥不易产生污染？

5. 为什么说，使用农药是目前绿色食品生产中的主要污染来源？

6. 农药的危险性主要从哪几个方面进行评价？

7. 论述如何预防农药的污染。

8. 畜禽养殖的饲料中为什么要使用饲料添加剂？

第四章 绿色食品生产技术基础

第一节 绿色食品的生产技术标准

绿色食品生产技术标准是指绿色食品种植、养殖和食品加工各个环节必须遵循的技术规范。

绿色食品生产技术标准是绿色食品标准体系的核心，它包括绿色食品生产资料使用准则和绿色食品生产技术操作规程两部分。

绿色食品生产资料使用准则是对生产绿色食品过程中物质投入的一个原则性规定，它包括生产绿色食品的农药、肥料、食品添加剂、饲料添加剂、兽药和水产养殖药的使用准则，对允许、限制和禁止使用的生产资料及其使用方法、使用剂量、使用次数和休药期等作出了明确规定。

绿色食品生产技术操作规程是以上述准则为依据，按作物种类、畜牧种类和不同农业区域的生产特性分别制定的，用于指导绿色食品生产活动，规范绿色食品生产技术的技术规定，包括农产品种植、畜牧饲养、水产养殖和食品加工等技术操作规程。

绿色食品生产技术标准的核心内容是在总结各地作物种植、畜禽饲养、水产养殖和食品加工等生产技术和经验的基础上，按照绿色食品生产资料使用准则要求，指导绿色食品生产者进行生产和加工活动。

第二节 绿色食品种植业生产技术

一、绿色食品种植业生产概念及要点

（一）绿色食品种植业生产概念

绿色食品种植业生产是指农业生产遵循可持续发展原则，按绿色食品种植业生产操作规程从事农作物的生产活动。

绿色食品种植业生产操作规程是以农业部颁布的各种绿色食品使用准则为

依据，结合不同农业区域的生长特性而分别制定，其主要内容有品种选育、耕作制度、施肥、植保、作物栽培等方面。目的是用于指导绿色食品种植业生产活动，规范绿色食品种植业生产的技术操作。绿色食品种植业生产基地的大气、土壤、水质等，必须经绿色食品管理部门指定的环境监测部门监测，符合《绿色食品产地环境质量标准》（NY/T 391—2000）、《绿色食品肥料使用准则》（NY/T 394—2000）、《绿色食品农药使用标准》（NY/T 393—2000）、《绿色食品添加剂使用标准》（NY/T 392—2000）。农产品标准采用《绿色食品标准》（NY/T 268—95 至 NY/T 292—95、NY/T 415—2000 至 NY/T 437—2000）的要求，其卫生品质要求高于国家现行标准。

（二）绿色食品种植业生产要点

1. **品种选择**　种子是重要的农业生产资料。由于绿色食品产品特定的标准及生产规程要求，限制速效性化肥和化学农药的应用，因此，不仅要求高产优质，而且要求抗性强，以减轻或避免病虫害的危害，也就能减少农药的施用和污染。因此，绿色食品种植业生产，首先要抓好品种工作。

（1）选择、应用品种时，在兼顾高产、优质的同时，要注意高光效和抗性强的品种的选用，以增强抗病虫和抗逆的能力，减少农药的施用和污染。

（2）在不断充实、更新品种的同时，要注意保存原有地方优良品种，保持遗传多样性。

（3）加速良种繁育，为扩大绿色食品再生产提供物质基础。

（4）绿色食品生产栽培的种子和种苗必须是无毒的，来自绿色食品生产系统，同时对当地土壤及气候条件有较强的适应性。

2. **耕作制度**

（1）轮作在绿色食品生产中的作用：

①减轻农作物的病、虫、草害。农作物的许多病虫对寄主有一定的选择性，一般在土壤中能栖息2～3年。因此，利用改变寄主来降低病虫危害，利用前茬作物根系分泌物抑制某些危害后作物的病菌，以减轻病害。还可以利用某些害虫有专食性或寡食性的特性，通过轮作取消其食物源，从而使虫害减轻。减轻伴生性杂草危害。

②调节土壤养分和水分的供应。通过合理轮作可以协调养分的利用，延缓地力的减退，充分发挥土壤肥力的潜力。利用对水分适应性不同的作物轮作，能充分且合理地利用全年自然降雨和土壤中贮积的水分。

③改善土壤物理化学性状。由于不同作物根系分布深浅不一，遗留于地中的茎秆、残茬、根系和落叶等补充土壤有机质和养分的数量和质量不同，从而

影响到土壤理化状况，而水旱轮作对改善稻田的土壤结构状况更有特殊意义。

　　绿色食品生产地在安排种植计划和地块时，就应将轮作计划列入其中。尽量采用轮作，减少连作，以充分利用轮作的优点，克服连作的弊端。

　　(2) 复种在绿色食品生产中的作用。充分利用农田时间和空间，科学合理地提高复种指数，实行种植集约化，而且有利于扩大土壤碳源的循环。一方面通过田间多茬作物根茬遗留的有机物，增多土壤的有益微生物群；另一方面通过作物秸秆"沤肥"、"过腹还田"等各种途径，直接、间接归还土壤，增大潜在的有机物输入量。即通过复种可扩大有机肥的肥源，促进农田有机物的分解循环，提高土壤肥力，从而可降低化肥及其他有关化学物质的施用量，减少环境遭受污染的程度。加速绿色食品产地的自身良性循环。

　　(3) 间套种在绿色食品生产中的作用。合理的间、套作与单作相比具有充分利用土地和太阳能、土壤中养分水分等自然资源的特性，能使它们转变为更多的作物产品。在人多地少的地区可充分利用多余劳力，扩大有机物质的来源，提高土地的生产力。

　　3. 肥料使用

　　(1) 肥料的作用：

　　①通过施肥能提高土壤肥力和改良土壤。增施有机肥，能增加土壤中有机质含量，改善土壤结构，通过施肥可以调整土壤 pH，保持作物生育和土壤微生物活动的适宜环境，还可以缓解土壤中不良因素，如酸壤或盐渍土的影响，改良土壤。土壤改良及土壤肥力的提高，为绿色食品作物生长创造了良好的环境。

　　②施肥是增加产量的基础和保证。通过培肥提高土壤生产力，平衡和改造农作物所必需的营养物质的供应状况，使作物生长健壮，获得好收成，提高单位面积产量。同时，通过施肥可以增强作物抗逆能力。

　　③通过合理的施肥可以改善农产品品质，促进绿色食品产品品质的进一步提高。

　　(2) 肥料的污染。不合理施肥不仅起不到应有的肥效，造成经济上浪费，更重要的是污染了环境，进而通过食物、饮水给人和畜禽带来潜在的危害。此外，有机肥由于管理不善或未经无害化处理，也会造成污染。

　　①对土壤的污染。肥料对土壤可能产生化学、生物、物理等方面的污染。化学污染主要来自肥料中含有的重金属及其他有毒离子。还有垃圾、污泥、污水中混杂的化学成分，如废电池中含有的汞、锌、锰；洗涤剂、塑料中含有的多氯联苯、多元酚有机污染成分。生物污染是各种有机垃圾、粪便或植株残体中，带有对植物和人体有害的病原体，还有的附着在产品上，被食用进入人

体。物理污染主要是施入土壤中的有机肥，尤其城市垃圾中带有未经清理的碎玻璃、旧金属、煤渣、破塑料及薄膜袋等会使土壤渣砾化，降低土壤保水、保肥能力，致使作物生长不良。

②对水质的污染。土壤中的营养物质可随水往下淋溶，进入地下水和农区水域，造成对水质的污染。其中主要是各种形态的氮素肥料大量施用，作物不能全部吸收利用，氮素肥料在土壤中，由于微生物等作用形成硝态氮，它不能为土壤吸附，最易随水进入地下水。而地下水在不少地方是供人、畜饮用的，硝态氮进入人、畜体内，在一定条件下还原成有害的亚硝酸盐和亚硝胺，影响其健康。施肥中过量的氮和磷还会加速农区水体富营养化，造成水质变劣，破坏生态平衡。

③对大气的污染。与大气污染有关的营养元素是氮。人类由于施肥不当，造成 NH_3 的挥发、反硝化过程中发生的氮氧化合物、沼气、恶臭等影响大气环境，污染空气。

④对食品造成污染。施肥不当还可能直接对食品造成生物和化学污染。生物污染是由于有机肥及人、畜粪尿带有致病菌造成的；化学污染则是过量氮素，使产品中硝酸盐含量增加而引起。

由上可见，施肥与绿色食品关系密切，直接影响到绿色食品产地的环境质量、绿色食品生产和产品的产量及质量，是绿色食品种植业生产中不容忽视的环节。

(3) 施肥技术：

①创造一个农业生态系统的良性养分循环条件。充分地开发和利用本地区域、本单位的有机肥源，合理循环使用有机物质。农业生态系统的养分循环有3 个基本组成部分，即植物、土壤和动物，应协调与统一三者的关系，创造条件，充分利用田间植物残余物、植株（绿肥、秸秆）、动物的粪尿、厩肥及土壤中有益微生物群进行养分转化，不断增加土壤中有机质含量，提高土壤肥力。所以，绿色食品种植业生产基地在发展种植业的同时，要有计划、按比例地发展畜禽、水产养殖业，综合利用资源，开发肥源，促进养分良性循环。

②经济、合理地施用肥料。绿色食品生产合理施肥就是要按绿色食品质量要求，根据气候、土壤条件以及作物生长状态，正确选用肥料种类、品种，确定施肥时间和方法，力求以较低的投入获得最佳的经济效益，通过土壤、植株营养诊断，科学地指导施肥。

③以有机肥料为主体，使有机物质和养分还田。有机肥料是全营养肥料，不仅含有作物所需的大量营养元素和有机质，还含有各种微量元素、氨基酸等；有机肥的吸附量大，被吸附的养分易被作物吸收利用，又不易流失；它还

具有改良土壤，提高土壤肥力，改善土壤保肥、保水和通透性能的作用。因此，绿色食品生产要以有机肥为基础。施用有机肥时，要经无害化处理，如高温堆制、沼气发酵、多次翻捣、过筛去杂物等，以减少有机肥可能出现的负面作用。

④充分发挥土壤中有益微生物在提高土壤肥力中的作用。土壤的有机物质常常要依靠土壤中有益微生物群的活动，分解成可供作物吸收的养分而被利用，因此，要通过耕作、栽培管理，如翻耕、灌水、中耕等措施，调节土壤中水分、空气、温度等状态，创造一个适合有益微生物群繁殖、活动的环境，以增加土肥中有效肥力。近年微生物肥料在我国已悄然兴起，绿色食品生产可有目的地施用不同种类的微生物肥料制品，以增加土壤中的有益微生物群，发挥其作用。

⑤严格按照绿色食品肥料使用准则要求，尽量控制和减少化学合成肥料，尤其各种氮素化肥的使用，必须使用时，也应与有机肥配合使用。禁止使用硝态氮肥。化肥施用时必须与有机肥按氮含量 1∶1 的比例配合施用，最后使用时间必须在作物收获前 30 d 施用。

4. 作物灌溉

（1）作物灌溉的原则：

①灌溉要保证绿色食品作物正常生长的需要。

②灌溉不得对绿色食品作物植株和环境造成污染或其他不良影响，在选择绿色食品生产地时，必须对水质进行检测。此外，灌溉水中的泥沙和过多的含盐量也会给绿色食品生产带来不良影响。

③应根据节水的原则，经济合理地利用水资源。

④要同时抓好灌溉和排水系统的建立。

（2）作物灌溉的措施：

①对灌溉水加强监测，并采取防污保护措施。绿色食品生产地必须按绿色食品农田灌溉水水质标准进行监测，并注意保护和维护水质。加强对产地水源，包括地下水的水质监控。

②总结和运用节水的耕作措施，并吸收先进的灌溉技术。目前，世界上开发的水资源中 70%～80% 用于农业灌溉，但是，农田灌溉水的利用率较低，发达国家的水利用率一般在 50% 左右，许多发展中国家仅为 25%，充分合理地利用有限的水资源，在水短缺的干旱、半干旱地区获得高产是当今世界农业关注的问题，也是绿色食品生产要认真对待的问题。

5. 植物保护技术

（1）绿色食品生产中植保工作的基本原则：

①要创造和建立有利作物生长、抑制病虫害的良好生态环境。

②预防为主、防重于治。

③以农业生态学为理论依据综合防治。

④优先使用生物防治技术和生物农药。

⑤必须进行化学防治时，要合理使用化学农药。

（2）综合防治的技术措施：

①植物检疫。植物检疫是植保工作的第一道防线，也是贯彻"预防为主，综合防治"植保方针的关键措施。绿色食品生产基地在引种和调运种苗中，必须依靠植检机构，根据《植物检疫法》的规定，做好植检工作。

②农业防治。通过农业栽培技术防治病虫害是古老而有效的方法，是综合防治的基础。农业防治包括以下几项措施。

a. 选用抗病虫的优良品种。

b. 改进和采用合理的耕作制度。

c. 加强田间管理，提高寄主作物的抗性。

③物理机械防治及其他防治新技术。利用物理因子或机械来防治病虫，包括从人工、简单器械到应用近代生物物理技术，如人工捕捉、诱集诱杀、高低温的利用、高频电、微波、激光等。

随着现代科学技术的发展，人们也在不断开拓新的防治技术途径，力求充实综合防治技术内容，提高综合防治技术水平。

④生物防治。生物防治是指以有益生物控制有害生物数量的方法，即利用天敌来防治病虫的方法，不对作物和环境造成污染，是综合防治中重要组成部分，绿色食品生产中应优先使用。

a. 保护天敌，使其自然繁殖或根据天敌特性，制定和采用特定的措施，以增加其繁殖。一般好的耕作措施往往能起到很好的保护利用天敌的效果。

b. 人工大量繁殖，释放天敌。这通常在通过保护自然界中的天敌后，仍不足以控制某些害虫数量处于经济受害水平以下时才使用。

c. 从外地引进天敌，改善和加强本地天敌组成，提高自然控制效能。多用来消灭新传入的病虫。

⑤药剂防治。要优先选用生物源和矿物源的农药，因为它们对作物的污染相对地少。由于绿色食品质量的特殊要求，整体上要遵循《生产绿色食品的农药使用准则》。

6. 作物产品收获　在绿色食品作物收获过程中应遵循以下原则。

（1）防止污染。与作物直接接触的工具不能对作物产品的物理化学性质产生影响，若采用机械收割时，则保证机械对生产基地的环境和产品不造成污染，更不应有污染物的渗漏事故发生。

（2）确定最佳采收期。

（3）减少浪费，节约成本。

（4）分批收获。不同品种、不同品质的作物分期、分批进行收获，可以保证绿色食品作物的质量。

二、绿色食品种植业优势种类生产技术规程

（一）A 级绿色食品水稻生产技术操作规程（黑龙江省）

1. **范围**　本标准规定了黑龙江省 A 级绿色食品水稻生产的生态环境条件、种子及其处理方法、育苗、插秧、本田管理、收获、加工、贮藏要求。

本标准适用于 A 级绿色食品水稻生产的产地环境条件、育苗技术、壮苗标准、育苗前的准备、种子及其处理、播种、秧田管理、收获、脱谷、贮藏。

2. **规范性引用文件**　下列文件中的条款通过本标准的引用而成为本标准的条款。凡是注日期的引用文件，其随后所有的修改单（不包括勘误的内容）或修订版均不适用于本标准，然而，鼓励根据本标准达成协议的各方研究是否可使用这些文件的，凡是不注日期的引用文件，其最新版本适用于本标准。

NY/T 391　绿色食品产地环境质量条件

NY/T 393　绿色食品农药使用准则

NY/T 394　绿色食品肥料使用准则

3. **产地环境条件**　产地环境条件应符合 NY/T 391 要求。

①大气：产地周围不得有大气污染源，上风口没有污染源；不得有有害气体排放，生产生活用的燃煤锅炉需要除尘除硫装置。

②土壤：产地土壤元素位于背景值正常区域，周围没有金属或非金属矿山，无农药残留污染，具有较高土壤肥力。

③灌溉水源：地表水、地下水水质清洁无污染；水域或水域上游没有对该产地构成污染威胁的污染源。

4. **育苗技术**

（1）壮苗标准：

①大苗壮苗标准：秧龄 35～40 d，叶龄 4.0～4.5 叶，苗高 17 cm 左右，16～18 条根，百苗干重 5 g 以上。

②中苗壮苗标准：秧龄 30～35 d，叶龄 3.5～4.0 叶，苗高 12～14 cm，根数 9～10 条，百苗干重 3 g 以上。

（2）育苗前准备：

①秧田地选择：选择无污染的地势平坦、背风向阳、排水良好、水源方便、土质疏松肥沃的地块做育苗田。秧田长期固定，连年培肥。纯水田地区，可采用高于田面 50cm 的高台育苗。

②秧本田比例：大苗 1：100～1：120，每公顷本田需秧田 80～100 m²；中苗 1：80～1：100，每公顷本田需育秧田 100～120 m²。

③苗床规格：采用大中棚育苗。中棚育苗床宽 5～6 m，床长 30～40 m，高 1.5 m；大棚育苗，床宽 6～7 m，床长 40～60 m，高 2.2 m，步行道宽 30～40 cm。

④整地做床：提倡秋施农肥，秋整地做床；春做床的早春浅耕 10～15 cm，清除根茬，打碎土块，整平床面。

⑤床土配制：每平方米施过筛经无害化处理农肥 10～15 kg，壮秧营养剂 0.125 kg，与备好的过筛床土混拌均匀，床土厚度 10 cm 左右，床土 pH4.5～5.5。

⑥浇足苗床底水：床土消毒前先浇足底水，施药消毒后使床土达到饱和状态。

⑦床土消毒：用清枯灵、立枯净、克枯星、病枯净等符合 NY/T 393 要求的农药进行床土消毒。

（3）种子及其处理：

①品种选择：根据当地积温等生态条件和绿色食品水稻对品种的要求，选用熟期适宜的优质、高产、抗逆性强的品种。第一、第二积温带选用主茎13～14 叶的品种；第三、第四积温带选用 10～12 叶的品种，保证霜前安全成熟。严防越区种植。

②种子质量：种子达二级以上标准，纯度不低于 98%，净度不低于 97%，发芽率不低于 90%，含水量不高于 15%。每 2 年更新 1 次。

③晒种：浸种前选晴天晒种 1～2 d，每天翻动 3～4 次。

④筛选：筛出草籽和杂质，提高种子净度。

⑤选种：用密度为 1.08（有芒）～1.1 t/m³（无芒）的盐水选种，用比重计测定密度。捞出秕谷，再用清水冲洗种子。

⑥浸种消毒：把选好的种子用 10% 施保克或 10% 浸种灵 5 000 倍液于室温下浸种。种子与药液比为 1：1.25，浸种 5～7 d，每天搅拌 1～2 次，浸种积温为 70～100℃。

⑦催芽：将浸泡好的种子，在温度 30～32℃ 条件下破胸。当种子有 80% 左右破胸时，将温度降到 25℃ 催长芽，要经常翻动。当芽长 1 cm 时，降温到

15～20℃，晾芽 6 h 左右播种。

（4）播种：

①播期：根据当地气候条件确定适宜播期，当平均日气温稳定通过 5～6℃时开始播种。黑龙江省第一、二积温带，4 月 10～25 日播种；第三、四积温带，4 月 15～28 日播种。

②播量：大苗每平方米播芽种 150～175 g，中苗每平方米播芽种 200～275 g，或按计划密度计算播芽量。

③覆土：播后压种，使种子三面入土，然后用过筛细土盖严种子，覆土厚度 0.5～1 cm。

④封闭除草：以人工除草为主，化学除草应使用高效、低毒、低残留除草剂，可用丁扑合剂毒土法封闭灭草，然后在床面平铺地膜，出苗后立即撒掉地膜。

（5）秧田管理：

①温度管理：播种至出苗期，密封保温；出苗至 1 叶 1 心期，开始通风炼苗。棚内温度不超过 28℃；秧苗 1.5～2.5 叶期，逐步增加通风量，棚温到 25℃，防止高温烧苗和秧苗徒长；秧苗 2.5～3.0 叶期，昼揭夜盖棚膜，棚温控制到 20℃；移栽前全揭膜，炼苗 3 d 以上，遇到低温时，增加覆盖物，及时保温。

②水分管理：秧苗 2 叶期前原则上保持土壤湿润。当早晨叶尖无水珠时补水，床面有积水要及时晾床；秧苗 2 叶期后，床土干旱时要早、晚浇水，每次浇足浇透；揭膜后可适当增加浇水次数，但不能灌水上床。

③苗床灭草：稗草出土后，可在水稻 1 叶 1 心期用敌稗进行茎叶处理，每公顷用 20％敌稗乳油 10～15L，对水 250 kg 均匀喷雾，喷药后立即盖膜。

④预防立枯病：秧苗 1 叶 1 心期时，应使用符合 NY/T 393 要求的农药。如用 35％清枯灵 10 g 兑水，喷雾 30 m² 苗床或 50％清枯灵 30 g 兑水后，喷雾 20 m² 苗床。病枯净 300 倍液，每平方米喷洒 2～3 kg 药液。

⑤苗床追肥：秧苗 2.5 叶龄期发现脱肥，应使用符合 NY/T 394 要求的肥料。如每平方米用硫酸铵 1.5～2.0 g，硫酸锌 0.25 g，稀释 100 倍液叶面喷肥。喷后及时用清水冲洗叶面。秧田可采用苗床施磷，起秧前 6 h 每平方米撒施磷酸二铵 150 g，或重过磷酸钙 250 g，追肥后喷清水洗苗。

⑥起秧：无隔离层旱育苗提倡用平板锹起秧，秧苗带土厚度 2 cm。

5. 本田耕整地及插秧技术

（1）本田耕整地：

①准备：整地前要清理和维修好灌排水渠，保证畅通。

②修建方条田：实行单排单灌，单池面积以 700～1 000 m² 为宜，减少池埂占地。

③耕翻地：实行秋翻地，土壤适宜含水量为 25％～30％，耕深 15～18cm；采用耕翻、旋耕、深松及耙耕相结合的方法。以翻一年，松旋二年的周期为宜。

④泡田：5 月上旬放水泡田，注意节约用水；井灌稻区要灌、停结合，苏达盐碱土稻区要大水泡田洗碱。

⑤整地：旱整地与水整地相结合，旋耕田只进行水整地。旱整地要旱耙、旱平、整平堑沟，结合泡田打好池埂；水整地要在插秧前 3～5 d 进行，整平耙细，做到池内高低不过寸，寸水不露泥，肥水不溢出。

（2）本田施肥：增施农家肥，少施化肥。N：P：K＝1：0.5：0.3～0.5，应使用符合 NY/T 394 要求的肥料。如可施非硝态氮肥，每公顷施腐熟有机肥 30 000 kg，结合旱耙施入；结合水整地，每公顷施磷酸二铵 75 kg，要求做到全层施肥。

（3）插秧：

①插秧时期：日平均气温稳定通过 12～13℃时开始插秧，高产插秧期为 5 月 15～25 日，不插 6 月秧。

②插秧规格：中等肥力土壤，行穴距为 30cm×13.3cm；高肥力土壤，行穴距为 30cm×16.5cm，每穴 2～3 棵基本苗。

③插秧质量：拉线插秧，做到行直、穴匀、棵准，不漂苗，插秧深度不超过 2 cm，插后查田补苗。

6. 本田管理

（1）追肥：插秧后到分蘖前，应使用符合 NY/T 394 要求的肥料。如每公顷施返青分蘖肥尿素 75 kg，7 月 15 日前后每公顷施穗肥尿素 15～22.5 kg。

（2）灌水与晒田：

①护苗水：插秧后返青前灌苗高 2/3 的水，扶苗护苗。

②分蘖水：有效分蘖期灌 3 cm 浅稳水，增温促蘖。苏达盐碱土区每 7～10 d 换 1 次水。并实行整个生育期浅水管理，9 月初撤水。

③晒田：有效分蘖中期前 3～5 d 排水晒田。晒田达到池面有裂缝，地面见白根，叶挺色淡，晒 5～7 d，晒后恢复正常水层。苏达盐碱土区和长势差的地块不宜晒田。

④护胎水：孕穗至抽穗前，灌 4～6 cm 活水。井灌稻区应实行间歇灌溉，遇到低温灌 10～15 cm 深水护胎。

⑤扬花灌浆水：抽穗扬花期，灌 5～7 cm 活水，灌浆到蜡熟期间歇灌水，

干干湿湿，以湿为主。

⑥黄熟初期开始排水，洼地可适当提早排水，漏水地可适当晚排。

（3）除草：以人工除草为主，6月末前中耕两遍，7月10日前人工除草1～2遍。化学除草为辅，水稻插秧后5～7d（返青后），每公顷用60%丁草胺1 000ml～1 200ml加10%草克星100～150g或农得时200～250g，毒土法施入。

（4）防治负泥虫：用人工扫除。

（5）防治稻瘟病：每公顷用春雷霉素或井冈霉素30～50g，对水1 000倍液叶喷；或用40%富士一号可湿性粉剂（收获前30 d，仅限用一次），每公顷用900～1 125g对水500～700倍液喷施。

（6）农药喷洒器械符合国家标准要求的器械，保证农药施用效果和使用安全。

7. 收获、脱谷、贮藏

（1）收获：

①收获时期：当90%稻株达到完熟即可收获。

②收获质量：做到单品种单种、单收、单管，割茬不高于2 cm，边收边捆小捆，码小码，搞好晾晒，降低水分。稻捆直径25～30cm。立即晾晒，基本晒干后再在池埂上堆大码，封好码尖，防止漏雨、雪，收获损失率不大于2%。

（2）脱谷。稻谷水分达到15%时脱谷，脱谷机转速550～600 r/min，脱谷损失率控制在3%以内，糙米率不大于0.1%，破碎率不大于0.5%，清洁率大于97%。

（3）贮藏。温度控制在16℃以下；稻谷水分14%～15%；空气湿度70%左右。

（二）A级绿色食品温室、大棚黄瓜生产技术操作规程（黑龙江省）

1. **范围** 本标准规定了黑龙江省A级绿色食品温室、大棚黄瓜生产的产地条件选择、种子及其处理、选茬整地、施肥、播种、棚室内管理、收获及产品质量等技术要求。

本标准适用于全省A级绿色食品温室、大棚黄瓜生产。

2. **规范性引用文件** 下列文件中的条款通过本标准的引用而成为本标准的条款。凡是注日期的引用文件，其随后所有的修改单（不包括勘误的内容）或修订版均不适用于本标准，然而，鼓励根据本标准达成协议的各方研究是否可使用这些文件的，凡是不注日期的引用文件，其最新版本适用于本标准。

　　NY/T 391　绿色食品产地环境质量条件

　　NY/T 393　绿色食品农药使用准则

　　NY/T 394　绿色食品肥料使用准则

　　3. 产地环境条件　产地环境条件应符合 NY/T 391 的要求。

　　土壤：土层深厚，结构疏松，腐殖质丰富的土壤。安排黄瓜茬口时，注意轮作和倒茬，特别注意避开上年用过高残留农药的地块。

　　4. 品种选择　根据市场需求，选择适应当地生态条件且经审定推广的优质、抗逆性强的高产品种。如春茬山东密刺、长春密刺、新泰密刺等，秋茬津研 4 号，津杂 2 号，夏丰等。

　　5. 春茬棚室栽培

　　(1) 育苗方式：温室内营养钵育苗。

　　(2) 播种期：根据当地生态条件，春茬日光节能温室 12 月上、中旬播种，大棚多层覆盖 2 月上旬播种。

　　(3) 播种方式：催芽、育苗移栽。

　　(4) 播种密度：根据计划密度计算播种量，每公顷播种量为 2.1～2.25 kg。

　　(5) 播种前准备：

　　①育苗盘：规格为 50cm×35cm×5cm 或（60～70cm）×40cm×5cm。育苗盘育籽苗用河沙。

　　②营养土的配制：60% 葱蒜茬土，40% 陈草炭土或腐熟有机肥混拌均匀，每立方米混合土再加 10 kg 腐熟大粪面或腐熟鸡粪，1 kg 的磷酸二铵。

　　③营养钵：高 8 cm，直径 8 cm，移苗前装入营养土备用。

　　④种子处理：播种前用 50℃ 热水烫种 10～15 min 消毒，待水温降到 25℃ 时，浸种 8～10 h，搓洗，清水投净。

　　⑤催芽：种子捞出后用干净毛巾或湿布包好，催芽保持 25～28℃，12 h 后种子已萌动，放置在 0～2℃ 的低温条件下锻炼一周，从而提高秧苗抗寒力。

　　(6) 播种：

　　①沙箱播种育子苗：用 80℃ 热水浇透水，待稍冷撒播，覆沙 1 cm，子叶展平嫁接。

　　②嫁接育苗：砧木黑籽南瓜，插接或靠接，嫁接后遮光保湿，成活后去掉覆盖物。

　　③架床或土壤电热线育苗。

　　(7) 苗期温度管理：苗期温度管理如表 4-1 所示：

表 4-1 苗期温度管理表

时期\n项目		温度				
		播后到出苗前	出苗后到嫁接前	嫁接后成活前	成苗期	定植前 7～10 d
白天		25～28℃	20～25℃	25～26℃	22～28℃	18～23℃
夜间	前半夜	18～20℃	16～18℃	16～18℃	15～17℃	10～12℃
	后半夜	16～18℃	12～14℃	12～14℃	12～15℃	7～10℃
土温		20～22℃	15～17℃	18～20℃	15～20℃	15℃

（8）苗期水分管理：缓苗后，苗床保持湿润，表土见干时喷水，湿度 60%～70%。阴天不浇水，晴天上午 10 点前浇水。

（9）壮苗指标：日历苗龄 45～50 d 左右，生理苗龄 4～5 片真叶展开，茎粗节间短，子叶肥厚，有 80% 以上现蕾。

6. 定植前的准备

（1）扣棚时间：大棚用抗老化膜在上年秋季封冻前扣棚。每公顷用 0.12 mm 厚的耐低温抗老化聚乙烯复合膜 2 250 kg，温室用日光温室专用膜。

（2）整地：及时整地，翻地晒土后施肥、起垄。垄宽大棚 50～60 cm，温室 80～100 cm。

（3）施基肥：肥料的使用应符合 NY/T 394 的要求，如结合整地将有机肥施入，每公顷施腐熟优质农家肥 75～90 t，施磷酸二铵 225～300 kg、钾肥 150 kg。

7. 定植

（1）定植安全期：当棚内最低气温稳定通过 10℃，10 cm 土温稳定通过 10℃时，选晴天上午定植。

（2）定植时间：根据当地生态条件，适期定植。大棚多层覆盖在 3 月下旬～4 月上、中旬。单层棚在 4 月下旬。温室在 1 月下旬～2 月上旬。

（3）定植方式与密度：垄作，株距 24～28 cm，大棚行距 50～60 cm。温室采用大垄双行，株距 24～28 cm，行距 80～100 cm。

（4）保温措施：大棚用多层覆盖，一般为 3～4 层，用地膜、棚膜、无纺布、草帘子等材料。

8. 棚室环境管理

（1）温度：缓苗期白天 24～30℃，夜间 12～15℃；生长期白天 20～25℃，夜间 12～17℃。缓苗后结合生态防治棚、室进行四段变温管理。

（2）生态防治与变温管理：分别如表 4-2、表 4-3 所示。

表 4-2　棚、室春茬喜湿性病害生态防治与四段变温管理

生态条件	时间带			
	上午 7～13 时	下午 13～18 时	上半夜 18～24 时	后半夜 24～7 时
温度,℃	28～32	20～25	13～15	11～13
空气相对湿度,%	60～70	80～90		

表 4-3　生态防治效果

对喜湿性病害	温度、湿度"双"限制	湿度"单"限制	温、湿度交替"单限制"	低温"单"限制
对黄瓜	最适光合成	16 时前适合光合成 17 时后适运输	继续适合光合产物运输	适宜抑制呼吸消耗

（3）变温管理与生态防治方法：上午温度不超过 30℃ 不放风。外界最低气温达 10℃ 以后，日落后放夜风，放夜风时间如表 4-4 所示：

表 4-4　不同温度下放夜风时间

外界最低气温,℃	日落后放风时间,h	参考季节
10	1	5 月上、中旬
11	2	5 月中旬
12	3	5 月下旬
13	昼夜放风	6 月上旬

（4）CO_2 施肥：定植后通风前 CO_2 气体施肥，需连续进行一个月，浓度 1 500～2 000 mg/kg。并配合肥水管理。

（5）追肥灌水：肥料的使用应符合 NY/T 394 的要求，如根瓜收获后进行第一次追肥，每公顷可用 0.1%～0.2% 的磷酸二氢钾根外追肥；结合灌水施大粪稀 15 t，结瓜期保持土壤湿润，最好采用大垄双行膜下滴灌技术。

（6）植株调整：定植后 10～15 d，用聚丙烯绳绑蔓，摘除病叶、老叶、卷须，以及雄花等。

（7）防病虫：农药的使用应符合 NY/T 393 的要求，如防霜霉病用 75% 百菌清粉尘剂 1.65～2.7 kg/hm²，角斑、炭疽病用中生菌素，白粉虱、蚜虫、红蜘蛛等用 2% 印楝素乳油 1 000～2 000 倍液。

（8）采收：达到商品成熟时及时采收，根瓜早收。做到单收、单运、单放。

9. 棚室秋季延后栽培

（1）品种选择：津杂 2 号，津研 4 号，夏丰。

（2）整地、消毒、施肥：前茬结束后立即清除残株，深翻 10～15 cm，日光消毒：灌透水，覆膜、闷棚日晒 2～3 d。每公顷施腐熟农家肥 30～45 m³，磷酸二铵 150 kg 等符合 NY/T 394 要求的肥料。

（3）播种方式：大棚 7 月上、中旬，温室 7 月下旬至 8 月上旬，直播，一穴 2 粒，温室采用大垄双行膜下滴灌技术，用银灰色反光地膜覆盖，驱蚜降低地温。

（4）定苗补苗：适时定苗、补苗，2 片真叶放开时定苗、补苗，每 667m² 不超过 3 400 株左右。

（5）温度管理：前期大通风，放底风，使棚内温度不超过 30℃。进入 9 月份防寒保温，夜间温度稳定在 10℃以上。

（6）湿度管理：适当控制浇水，进入 9 月份原则上不浇水。

（7）病虫害防治：

①防病：防病用药应符合 NY/T 393 的要求，如温室用 75％百菌清粉尘剂防治霜霉病 1.65～2.25 kg/hm²，温室 10 月中旬开始，注意防寒保温，用 DT 杀菌剂加农用链霉素防治细菌性角斑病。

②防虫：温室悬挂涂黄油的黄板诱杀蚜虫。

③农药喷洒器具：要采用符合国家标准要求的器械，保证农药施用效果和使用安全。

（8）采收与产品要求：

①8 月下旬到 9 月上旬为始收期，达到商品成熟时及时采收。大棚 10 月上旬、温室 11 月中下旬，棚、室内最低温度降到 5℃时拉秧。

②成熟适度：黄瓜商品成熟，种子未发育，果肉中未呈现木质脉经。

③新鲜脆嫩，果形好。质地脆嫩，不脱水，不皱缩。剖果后有汁液溢出，清香瓜味较浓。

④清洁：黄瓜外部无泥土或农药等外来物的污染。

⑤无异味：嗅或尝均有黄瓜固有的清香风味，无因栽培或运输污染所造成的不良气味。

⑥无冻害、冷害和机械伤。

（9）标志、包装：

①包装容器整洁、干燥、牢固、美观、无污染、无异味、无虫蛀、腐烂现象。

②包装上标明品名、规格、毛重、净含量、产地、生产者，采摘日期，包装日期。

③包装容器有醒目的绿色食品标志。

（10）运输、贮藏：

①运输：轻装、轻卸、无机械伤；运输器具清洁、卫生、无污染；运输时防冻、防雨、防晒、注意通风散热；运输适宜温度 10～13℃，空气相对湿度 80％～90％。

②贮藏：温度 12±1℃，空气相对湿度 90％～95％，库内堆码保证气流均匀畅通贮藏期 7～10 d。

第三节　绿色食品养殖业生产技术

一、绿色食品养殖业生产的概念及要点

（一）绿色食品畜禽养殖业生产的概念

1. **绿色食品畜禽养殖业生产的概念**　绿色食品畜禽养殖业生产是指农业生产遵循可持续发展原则，按绿色食品畜禽养殖业生产操作规程从事畜禽动物养殖的生产活动。

绿色食品畜禽养殖业生产操作规程是以农业部颁布的各种绿色食品使用准则为依据，结合不同农业区域的特点而分别制定，其主要内容有品种选择、饲料原料来源、饲料添加剂的使用、疾病防治、动物舍环境卫生、动物的饮食等方面。目的是用于指导绿色食品畜禽养殖业生产活动，规范绿色食品畜禽养殖业生产的技术操作。绿色食品畜禽养殖业生产必须经绿色食品管理部门指定的监测部门监测，符合绿色食品环境质量标准 NY/T 391—2000；绿色食品饲料及饲料添加剂使用准则 NY/T 471—2001；绿色食品兽药使用准则 NY/T 472—2001；绿色食品动物卫生准则 NY/T 473—2001。

2. **绿色食品畜禽养殖业生产要点**　为了使畜禽产品有较高的质量，确保安全、环保，做到没有化学农药、激素、抗生素等对人体健康有害物质的残留，在畜禽养殖过程中，必须严格按照畜禽生理学和动物生态学的原理及执行绿色食品生产操作规定的技术指标和操作规程进行管理和生产。限制或禁止使用化学合成物质及其他有毒、有害生产资料，保障畜禽产品安全，提高畜禽产品质量。

（1）畜禽品种选育。在畜禽品种选择上，要尽量选择适合当地条件的优良畜禽品种，除了有较快的生长速度外，还应考虑对疾病的抗御能力。畜禽品种的购入要经过检疫和消毒。禁止使用基因工程产生的品种。

（2）畜禽舍环境卫生。畜禽舍的环境卫生，不仅直接影响畜禽的健康生

长，而且还间接地影响到畜禽产品的品质。

①畜禽舍场地要求：

a. 地势、地形。要求地势干燥、向阳背风，地面平坦而稍有坡度，牧场场地应高出当地历史上最高的洪水线，地下水位则要在 2 m 以下。对于较大型的城郊畜禽场，应特别注意远离污染源（化工厂、造纸厂、制革厂、屠宰场等）。

b. 水源。水质必须符合《生活饮用水质标准》GB 5749—85，水量充足、水质良好、便于防护、取用方便。

c. 畜舍场地还要求地形开阔整齐，交通便利，并与主要公路干线保持200 m 的卫生间距。在设计建造畜舍时，既要考虑排除不良气候对家畜健康品质及生长性能的影响，又要使饲养效率充分发挥，取得最大的经济效益。

②畜禽舍的环境要求：

a. 温度。畜禽为恒温动物，在生产中要求舍温保持在适宜温度范围内，冬暖夏凉。

b. 湿度。畜禽舍空气中的湿度，不仅直接影响家畜健康和生产性能，而且严重影响畜禽舍保温效果。舍内相对湿度以 50%～70%为宜，最高不超过75%。

c. 通风换气。畜禽舍内空气要保持一定的流动速度，夏季要排除舍内的热量，帮助畜禽体散热，增加家畜禽舒适感。在冬季低温、畜禽舍密闭的条件下，要引进新鲜空气，使舍内温度、湿度、化学成分保持均匀一致，并要使水汽及污浊气体排出舍外，以改善畜禽舍空气环境质量。因此，夏季要求畜禽体周围气流速度保持为0.2～0.5 m/s，冬季则以 0.1～0.2 m/s 为宜，最高不超过 0.25 m/s。

d. 光照。不同的畜禽、不同的生长阶段，所要求的光照时间、光照强度不同。禽类对光敏感，直接影响其生长发育、生产性能和性活动，光照在环境因素中起决定性作用，在生产中通常用采光系数（窗户的有效采光面积与畜禽舍地面面积之比）衡量与设计畜禽舍的采光。各种畜禽舍的采光系数一般用1:x 表示（表 4-5）。

e. 空气。由于呼吸和有机物分解等，畜禽舍经常产生大量有害气体，必须及时排除。这些有害气体主要有氨气、硫化氢和二氧化碳。氨及硫化氢的浓度过高时，不仅影响畜禽健康及生产性能，而且直接影响畜禽产品的品质。畜禽舍中氨浓度不得超过 20 mg/L，鸡舍不得超过 15 mg/L。硫化氢毒性较大，舍内浓度不得超过 5 mg/L。二氧化碳一般不引起家畜中毒，但它表明空气的污浊程度，舍内浓度以 0.10%为限。

表 4-5　各种畜禽舍的采光系数

畜舍	采光系数	畜舍	采光系数
种猪舍	1：10～12	母马及幼驹厩	1：10
肥猪舍	1：12～15	役马厩	1：15
奶牛舍	1：12	成年绵羊舍	1：15～25
肉牛舍	1：16	羔羊舍	1：15～20
犊牛舍	1：10～14	成禽舍	1：10～12
种公马厩	1：10～12	雏鸡舍	1：7～9

（3）畜禽的饮食。绿色畜禽产品的生产首先以加强饲养管理为主，按照饲养标准配制日粮，饲料选择以新鲜、优质、无污染为原则，饲料配制做到营养全面，各营养素间相互平衡。所使用的饲料和饲料添加剂必须符合国家的有关管理规定、饲料卫生标准、各种饲料原料标准和饲料标签的有关规定。所用饲料添加剂和添加剂预混料必须具有生产批准文号，其生产企业必须有生产许可证。进口饲料和饲料添加剂必须具有进口许可证。

①绿色食品生产对饲料的规定：

a. 至少 80％的饲料来源于已批准的绿色食品饲料生产基地或产地，符合绿色食品产地环境技术条件；允许 20％以下的饲料来源于常规饲料。

b. 禁止使用鸡粪、牛粪或其他畜禽粪便。

c. 禁止使用转基因方法生产的饲料。

d. 禁止使用动物油脂、肉骨粉、骨粉。

e. 禁止使用工业合成的油脂。

②绿色食品对饲料添加剂的规定：

a. 优先使用绿色食品生产资料中的饲料添加剂产品。

b. 营养性饲料添加剂的使用量不能超过其营养需要量。

c. 禁止使用尿素等非蛋白氮类饲料添加剂。

d. 禁止使用激素、安眠镇静类饲料添加剂。

e. 禁止使用药物性饲料添加剂。

（4）畜禽的健康。绿色食品畜禽饲养使用药品应遵循以下原则：

①所用兽药要符合《绿色食品兽药使用准则》。

②以预防为主，建立严格的生物安全体系，优先使用绿色食品推荐兽药产品。

③允许使用消毒防腐剂对饲养环境等消毒，但不准对动物直接使用，不能使用酚类消毒剂。

④允许使用疫苗预防动物疾病，但是活疫苗应无外源病源污染，灭活苗的

佐剂未被动物吸收前，该动物产品不能作为绿色食品。

⑤允许使用《绿色食品兽药使用准则》规定的抗寄生虫药和抗菌药，使用中应注意：

a. 严格遵守规定的作用与用途、使用对象、使用途径、使用剂量、疗程和注意事项。

b. 停药期必须遵守《绿色食品兽药使用准则》规定的时间。

c. 产品中的兽药残留量应符合《动物性食品中兽药最高残留限量》规定。认证机构负责监督生产单位执行标准，并抽检产品中的兽药残留量。

⑥允许使用钙、磷、硒、钾等补充药，酸碱平衡药，体液补充药，电解质补充药，营养药，血容量补充药，抗贫血药，维生素类药，吸附药，泻药，润滑剂，酸化剂，局部止血药，收敛药和助消化药。

⑦建立并保持治疗记录（畜号、时间、症状、药物等）。

⑧禁止使用有致癌、致畸、致突变作用的兽药。

⑨禁止在饲料中添加兽药。

⑩禁止使用基因工程兽药，禁止使用作用于神经系统机能的兽药，如安眠镇静药、镇痛药、麻醉药等。

（5）其他技术条件：

①运输。车辆彻底清洗干净；运输时不得使用化学合成的镇静剂等。

②屠宰。宰前检验，定点屠宰，屠宰后要进行寄生虫检查等。

③管理。管理上要统一，做到统一饲料、统一防疫、统一兽药、统一指导、统一收购。

（二）绿色食品水产养殖业生产概念及要点

1. **绿色食品水产养殖业生产概念**　绿色食品水产养殖业生产是指农业生产遵循可持续发展原则，按绿色食品水产养殖业生产操作规程从事水产动物养殖的生产活动。

绿色食品水产养殖业生产操作规程是以农业部颁布的各种绿色食品使用准则为依据，结合不同农业区域的特点而分别制定，其主要内容有选择品种、养殖用水要求、鲜活饵料和人工配合饲料的原料要求、人工配合饲料的添加剂使用、疾病防治等方面。目的是用于指导绿色食品水产养殖业生产活动，规范绿色食品水产养殖业生产的技术操作。绿色食品水产养殖业生产必须经绿色食品管理部门指定的监测部门监测，符合《绿色食品产地环境质量标准》（NY/T 391—2000）、《绿色食品肥料使用准则》（NY/T 394—2000）、《绿色食品农药使用标准》（NY/T 393—2000）、《绿色食品饲料及饲料添加剂使用准则》

（NY/T 471—2001）、《绿色食品兽药使用准则》（NY/T 472—2001）、《绿色食品渔用药使用准则》（NY/T 755—2003）。

2. 绿色食品水产养殖业生产的要点

（1）绿色食品水产品养殖场区的选择。在水产养殖区域，由于受工业、居民生活等环境因素的影响，有许多区域易受到不同程度的污染，对水产品养殖造成严重威胁。因此，绿色水产品产地环境的优化选择技术是绿色水产品生产的前提。产地环境质量要求包括绿色水产品渔业用水质量、大气环境质量及渔业水域土壤环境质量等要求。

①水质和水量。绿色水产品对于养殖用水处理提出了更高要求。养殖场区域选择的首要条件是水质和水量。水质理化指标必须符合国家《渔业水质标准》（GB 11607—89），同时水源要充足，常年要有足够的流量，保证渔业用水的需要。

②养殖用水中的有毒物质，会对鱼类造成严重危害，在选址上应避开工矿、电厂、废弃的油井等工业污染和生活污染区。环境中，大气、水质和土壤等要求达到《绿色食品产地环境质量标准》。对于水温、水深和面积，应以因地制宜、因时制宜和因物制宜的原则，视饲养种类而定。

对养殖水体的净化是绿色水产品生产的关键，主要有换水、充气、离子交换、吸附、过滤等机械方法净化水质和络合、氧化还原、离子交换等化学方法及人为地在一种水体中培育有益生物及水生植物的生物方法等来净化水质。

③养殖水体的底泥中含有大量有机物和氮、磷、钾等营养物质，是鱼类的饵料，底泥具有保肥、供肥和调节水质的作用。但底泥如过多、过厚，则有机物质耗氧量大，将对鱼类生长发育造成危害。

④场址应选择日晒良好、通风良好、进排水良好的区域。鱼是冷血动物，体温的升降随其生活的水体温度的变化而变化。水温的急剧升降，鱼不易适应而致病乃至死亡。一般鱼苗下塘时，要鱼池水温与原生活水体水温相差不超过2℃。

⑤海水养殖区应建造在潮流畅通、潮差大、盐度相对稳定的区域，注意不得靠近河口，以防洪水期淡水冲击，盐度大幅度下降，导致鱼虾淡死，以及污染物直接进入养殖区，造成污染。

⑥养殖区要交通方便，将有利于水产品、种苗、饲料、成品的运输，也可使大量的水产品保质、保鲜和保活就地上市，有利于提高商品的价格，增加经济收入。

（2）绿色食品水产品品种的选择与选育。水产养殖要选择高产、高效、抗病以及适应当地生态条件的优良品种，同时，为了避免近亲繁殖，品种退化，应尽可能选用大江、大湖、大海的天然鱼苗作为养殖对象。但对绿色食品水产养殖人工育苗，应注意以下几个问题：

①亲本培育。亲本培育时，亲本池应建在水源良好，排灌方便，无旱涝之忧，阳光充足，环境安静，不受人为干扰的地方。亲本放养密度，雌雄比例恰当，投喂符合绿色食品生产要求的适口的饵料和营养全面的配合饲料，尽可能使其自行产卵、孵化。

②人工催产授精。给成熟鱼的亲本注射催产药物，人为控制亲本发情、产卵、受精的一种生产方式。常用的催产药物有促黄体生成素释放激素类似物、脑垂体提取液和绒毛膜促性腺激素。这些激素是 AA 级绿色食品生产中禁止使用的，在 A 级绿色食品生产中仅限于繁殖苗种，但注射过催产药物的亲本不能作为绿色食品的食用水产品出售。

③杂交制种。利用不同品种或地方种群之间的差异进行杂交，其子一代生长性能通常好于亲本。但必须养殖于人工能完全控制的水体中，其成体只供食用，不可留种。因为二代性状分离十分严重，丧失了杂种优势，也不可放养或流失于江、河、湖、沼中，以免污染自然种群的基因库。

（3）渔药使用准则。绿色水生动物增养殖过程中对病、虫、敌害生物的防治，坚持"全面预防，积极治疗"的方针，强调"防重于治，防治结合"的原则，提倡生态综合防治和使用生物制剂、中草药对病虫害进行防治；推广健康养殖技术，改善养殖水体生态环境，科学合理混养和密养，使用高效、低毒、低残留渔药；渔药的使用必须严格按照国务院、农业部有关规定，严禁使用未经取得生产许可证、批准文号、产品执行标准的渔药；禁止使用硝酸亚汞、孔雀石绿、五氯酚钠和氯霉素。外用泼洒药及内服药具体用法及用量应符合水产行业标准规定。

（4）饲料使用准则。饲料中使用的促生长剂、维生素、氨基酸、脱壳素、矿物质、抗氧化剂或防腐剂等添加剂种类及用量应符合有关国家法规和标准规定；饲料中不得添加国家禁止的药物（如己烯雌酚、哇乙醇）作为防治疾病或促进生长的目的。不得在饲料中添加未经农业部批准的用于饲料添加剂的兽药。

（5）农药使用准则。稻田养殖绿色水产品过程中，对病、虫、草、鼠等有害生物的防治，坚持预防为主、综合防治的原则，严格控制使用化学农药。应选用高效、低毒、低残留农药，主要有扑虱灵、甲胺磷、稻瘟灵、叶枯灵、多菌灵、井冈霉素，禁止使用除草剂及高毒、高残留、"三致"农药。稻田养殖使用农药前应提高稻田水位，采取分片、隔日喷雾的施药方法，尽量减少药液（粉）落入水中，如出现养殖对象中毒征兆，应及时换水抢救。

（6）肥料使用准则。养殖水体施用肥料是补充水体无机营养盐类，提高水体生产力的重要技术手段，但施用过量，又可造成养殖水体的水质恶化并污染环境，造成天然水体的富营养化。肥料的种类包括有机肥和无机肥。允许使用的有机肥料有堆肥、沤肥、厩肥、绿肥、沼气、发酵粪等；允许使用的无机肥料有尿素、硫酸铵、碳酸氢铵、氯化铵、重过磷酸钙、过磷酸钙、磷酸二铵、磷酸一铵、石灰、碳酸钙和一些复合无机肥料。

（7）绿色水产养殖中的病害防治：

①创造良好的水体环境，避免与减少病原体的侵入与环境污染：

a. 合理选择养殖场地。养殖必须考虑水源、水质、环境以及防病等条件，养殖池应建在无污染源及没有严重污染的地区，养殖规模应考虑养殖区的生态平衡。

b. 彻底清淤消毒。养殖池有机物和腐殖质要进行消毒、曝晒。

c. 控制海区及养殖池富营养化水平。首先是控制陆地污染源，禁止向海区排放"三废"，排污企业做到先治理后排放，沿海流域城乡逐步推行生活污水先治理后排放，使沿海环境污染的状况得到有效的控制；其次调整产业结构，控制养殖规模和多品种的综合生态养殖，改善养殖区的生态环境，有效控制疾病传播途径。

d. 重视养殖自身污染。养殖生产应因地制宜做好统一规划，尽量做到统一清淤消毒，对污染排放物做好消毒处理，提倡投喂新鲜及优质配饵，提高养殖者的养殖技术，实现鱼、虾、贝轮混养等综合养殖方式，避免养殖自身污染与净化养殖环境。

e. 良好的水质有稳定和维持养殖池生态平衡的作用。水体中保持一定数量浮游植物，能够有效地向水中提供氧气，吸收有机物转化的营养盐类，并能够提供养殖苗种基础饵料，有利于稳定水温、水质，促进养殖品种生长，同时可以减少养殖品种的互相吞食和生物的应激反应。目前改善水质的主要方法是施肥和添换水。

f. 光合细菌具有明显的净化水质和改良底质的作用。光合细菌能够吸收利用腐败细菌，分解沉积残饵和排泄物等有机物分解所产生的硫化氢等有害物质，并能与水中致病菌竞争营养盐、抑制病原生物生长，甚至彻底消灭致病细菌，从而达到防止养殖鱼、虾病害发生的目的。光合细菌还有丰富的营养物质，能够作为鱼虾饵料的添加剂。光合细菌用量为 $49.5 \sim 57.0$ L/hm^2（菌液含量为 40 亿个/L），用 $10 \sim 20$ 倍水稀释后泼洒，每天投喂 $2 \sim 3$ 次，直到养殖产品起捕。

②应用科学的养殖技术，综合防治病害：

a. 放养健康苗种，保持合理放养密度：第一，放早苗，培养健康苗种，以延长养殖时间，利于改善水质、避开发病时机；第二，苗种中间培育鱼、虾苗，提倡尼龙大棚暂养早苗，经过 20～30 d 的暂养，培育大规格鱼、虾苗种，准确计数放养到养殖池，提高养殖成活率并降低成本，有利于多茬养殖；第三，合理的放养密度，维护养殖池的生态平衡，以达到最佳经济效益。

b. 科学投喂优质饵料：第一，选择优质饵料，以防病从口入；第二，合理、科学的投饵方法。

c. 加强养殖管理："三分苗种，七分养"，养殖管理是提高经济效益、防止污染与疾病发生的关键所在，日常管理要做到"三勤"，即勤巡塘、勤检查、勤除害。对于疾病要及时监测。在养殖期间，适当使用消毒剂等药物改善养殖环境，预防疾病的发生。

二、绿色食品养殖业优势种类生产技术规程（黑龙江省）

（一）A 级绿色生猪饲养管理操作规程

1. 范围　本规程规定了黑龙江省 A 级绿色哺乳仔猪和断乳仔猪的培育方法、技术及绿色育肥猪的饲喂与管理技术。

本规程适用于符合绿色食品产地环境质量标准以及用绿色饲料饲喂的 A 级绿色生猪。

2. 定义本标准采用下列定义

（1）绿色食品：绿色食品是遵循可持续发展原则，按特定生产方式生产，经专门机构认定，许可使用绿色食品标志的无污染的安全、优质、营养类食品。

（2）A 级绿色食品：A 级绿色食品系指在生态环境质量符合规定标准的产地，生产过程中允许限量使用限定的化学合成物质，按特定的生产技术操作规程生产、加工、产品质量及包装经检测、检验符合特定标准，并经专门机构认定，许可使用 A 级绿色食品标志的产品。

3. 要求

（1）饲养地要求：饲养地大气、土壤及饲养用水均符合国家农业部暂行的《绿色食品产地环境质量标准》中的绿色食品大气标准，绿色食品土壤标准，绿色食品水质标准，并有一套保证措施，确保该区域今后的养殖过程中环境质量不下降。

（2）绿色哺乳仔猪的培育：

①母猪产前的防疫：

a. 猪瘟、猪丹毒、猪肺疫三联弱毒苗，每半年对母猪进行一次免疫，使用方法按说明。

b. 猪 O 型口蹄疫 BEI 灭活疫苗，冬初时对母猪进行免疫，用量 3 ml。

c. 猪细小病毒疫苗配种前 1 个月免疫 1 次，用法按说明。

d. K88、K99 基因工程苗妊娠母猪产前 21 d 皮下注射 1 头份。

②母猪产前的消毒工作：

a. 产房的消毒：对地面、墙壁、栏杆在母猪进入分娩舍前 7～10 d 用 50％百毒杀 1∶1 000 倍消毒。

b. 母猪清洗消毒：分娩前用 50％百毒杀 1∶3 000 倍清洗母猪全身。

③仔猪的消毒：

a. 仔猪出生后的消毒：仔猪出生后，接产人员一手握住仔猪前躯，一手用消毒好的毛巾擦干猪体和口鼻的黏液，使仔猪呼吸通畅。在脐带的近腹端 2～3 cm 处，涂上碘酒，用消毒剪刀剪断，剪断后用碘酒充分消毒。

b. 仔猪舍每隔一周用 50％百毒杀 1∶3 000 倍消毒。

④尽早多吃初乳、固定乳头：仔猪出生后，及时采取人工辅助的办法，使每个仔猪找到乳头，让出生仔猪在出生后尽早吃上初乳、多吃初乳。将出生时体重小而弱的仔猪固定在前 2～3 对乳头或中间乳头，体重大而强壮的固定在后面的乳头。人工辅助 2～3 d。

⑤保暖防压：设置一保育筐，垫上一层干草于猪舍一角，每隔 1～1.5 h 哺乳一次。4～5 d 即可放出仔猪。

⑥寄养与并窝：母猪无乳、死亡或仔猪超过乳头时，寄养与并窝是必不可少的，代哺母猪最好是分娩期不超过 3 d。混群时在仔猪身上涂抹猪尿，使之气味相同。

⑦补铁、早期补料：出生 2～4 d 的仔猪，肌注牲血素或富铁力（成分硫酸亚铁等）11 ml/头。仔猪 5～7 d 补料，自由采食。采用本公司生产的绿色补料饲喂。要定时定量，根据母猪乳汁情况、生长日龄适时调整喂量。

⑧充足清洁的饮水：仔猪一般生后 3 d 内补水，自由饮用，饮水要清洁、无污染，可用 50％百毒杀 1∶10 000 倍消毒。集约化猪场应采用自动饮水器，最好加上磁化头。

⑨预防腹泻：对圈舍 7 d 用 50％百毒杀 1∶3 000 倍消毒。饲料营养过剩时要饲 1～2 次。圈舍垫草定期消毒、干燥。

⑩免疫接种：仔猪 20 日龄猪瘟免化弱毒苗 1 ml/头肌注。

（3）绿色断乳仔猪的培育：

①仔猪断乳的方法：通常在仔猪 45～60 日龄采用一次断乳法。仔猪留原

圈饲养，母猪转圈，最初 3～5 d 母猪需赶回哺乳。第一天哺乳 3～4 次，第二天 2～3 次，第三天 1～2 次。

②全进全出的饲养方法：仔猪断奶后，立即转入仔猪保育舍，对分娩舍要彻底清扫消毒。

a. 仔猪舍的消毒：仔猪转培育舍，要对保育舍进行清扫，清水冲洗，50％百毒杀 1：1 000 倍喷雾消毒或火焰消毒。

b. 合理分群：一般采取原窝培育，即剔除个别发育不良个体，同窝放在一起饲养。一窝过多或过少，需重新分群，可按体重大小、强弱进行，同栏仔猪不应相差 1～2 kg，将各窝中的弱小仔猪合并成小群进行单窝饲养。

③饲喂方法：

a. 适当减少喂量：仔猪断乳后最初 7 d，可减少 20％～25％喂量，并给仔猪喂补料。

b. 不要突然变换饲料：仔猪断乳 15 d 再逐渐变换饲料，切忌突然。

④温度：春冬季断乳仔猪要防寒保温，温度应在 20℃以上。

⑤调教：猪舍内 3 个区：吃料区、睡觉区、排泄区要分好，通过训练使猪养成良好的习惯。防止强夺弱食，建立良好的秩序。

⑥防疫：仔猪及肥育猪防疫规程。

a. 猪瘟兔化弱毒苗，产后 20 d 1ml/头，断奶时 1 ml/头。

b. 猪丹毒弱毒冻干苗，断奶时皮下注射 1 ml/头。

c. 猪肺疫活疫苗，断奶时口服 1 头份。

d. 仔猪副伤寒弱毒冻干苗，断奶时口服 1 头份。

e. 口蹄疫 O 型灭活苗，每年冬初时小猪注 1 ml，25 kg 至 50 kg 注 2 ml，50 kg 以上注 3 ml。

f. 传染性胃肠炎和流行性腹泻二联苗，断奶猪 2 ml/头。

⑦驱虫、健胃、补硒和去势：

a. 驱虫：驱虫精（左咪唑），涂抹耳部每 10 kg 猪涂抹 1 ml。

b. 健胃：大黄苏打片，每 2.5 kg 猪饲喂 1 片。

c. 补硒：亚硒酸钠维生素 E 2 ml/头，一周后再注 2 ml/头。

d. 去势：手术去势法。

（4）绿色肥育猪的饲养管理技术：

①猪舍的消毒：

a. 有水泥地面及水泥内墙面猪舍消毒：打扫猪舍清除污物，用水冲洗，2％～3％火碱水刷洗，再用水冲洗，干燥备用。使用前用 50％百毒杀 1：1 000 倍喷雾消毒。

b. 无水泥地面猪舍消毒：打扫猪舍，清除污物，深翻一尺，边翻边洒生石灰踏实。50％百毒杀 1∶1 000 倍喷雾消毒。

②合理分群、防疫、驱虫、健胃、补硒和去势：对外购仔猪应先观察 7d，然后按前述方法进行操作。

③调教：按前述方法进行操作。

④饲喂方式：以哈慈黑龙江省望奎县绿色实业公司的全价绿色饲料限量饲喂，喂量为猪体重的 4％左右，可根据实际情况分 3～4 次饲喂，饮水方式为自由饮用。

⑤日常卫生管理：

a. 每天早晨、晚上清理一次圈舍，夏秋两季用清水冲洗一次。

b. 用具中水槽、料槽每天清洗一次，洗至手摸不黏滑。每 2～3 d 用 50％百毒杀 1∶1 000 倍消毒一次。其他用具，每天清洗，日光晒干，每 3～5 d 用 50％百毒杀 1∶1 000 倍清洗一次。

c. 饮水中加入 50％百毒杀 1∶1 000 倍消毒。

d. 猪体用 50％百毒杀 1∶3 000 倍消毒夏季每周一次，冬季每月一次。

e. 对污水、粪、尿用漂白粉消毒，以每千克污物 2～5 g 为宜，每户应有固定的倾倒污物和粪尿的坑池。

f. 严格控制生人进入猪舍，饲喂人员进入猪舍要换鞋。对猫、狗等动物严防进入猪舍，灭蚊蝇、老鼠。

⑥温湿度：肥育猪前期圈舍适宜温度为 20～23℃，后期为 15～20℃。夏天可采取圈前搭凉棚、栽树、注意通风、用水冲洗猪舍等方法防暑。在猪身上洒经过日光晒好的温水，洒时不要冲洗头部。并适当降低圈养头数。冬天可用塑料布封闭，内部多铺垫草，适当增加饲养密度，保持圈舍干燥。肥育猪圈舍内保持相对湿度在 50％～80％之间。

⑦气流：猪舍内气流以 0.1～0.2 m/s 为宜。在炎热的天气，圈舍的门要打开通风。冬天只留一个通风孔，防贼风。

⑧噪音：日常管理要安静，减少猪的紧迫感。避免换圈、混圈，防止咬架，不要鞭打脚踢。

⑨饲养密度：每头猪占地 0.8～1.0 m²，本地猪舍大小一般为 10 m²，夏天饲养 8～10 头，冬天为 12 头左右。

⑩疫病管理：

a. 发生疫病及时报告签约兽医，进行诊治。诊治不了，要及时上报公司技术部。

b. 发病猪要与健康猪及时隔离，对猪舍进行彻底消毒。

c. 使用器械要病健分开。

d. 发病猪舍内所使用的垫草、废弃物可燃的加以焚烧，不可燃者浸入火碱水中一夜后再丢弃。

e. 死猪最好是焚烧。若深埋，坑深应在 2 m 以上，洒上生石灰，远离人畜房舍及水源。

4. 监督体系

（1）组织机构：县里成立绿办，主管农业县级领导任主任，农业局、畜牧局、县绿办主管领导任成员，协调公司和各部门、各方面的关系。各乡镇或中心村设绿色生猪中心服务站，每村设专职签约兽医负责绿色生猪的疾病防治及技术指导。

（2）档案和物品管理：公司与饲养户建立了合同档案，签订了饲养合同。认真填写《饲料消耗统计表》、《绿色猪生产统计表》。

（3）重大问题举报制度：公司设立重大问题举报制度，旨在及时发现在使用饲料方面的违规行为和发生重大疫病。

（4）技术服务体系：公司通过开办电视专题讲座和现场指导相结合，建立一整套的技术服务体系，保证了绿色生猪生产的顺利进行。

（二）绿色鸡生产技术规程

1. 科学选择场址　应选择地势较高、容易排水的平坦或稍有向阳坡度的平地。土壤未被传染病或寄生虫病的病原体污染，透气透水性能良好，能保持场地干燥。水源充足、水质良好，并符合 GB 5749 要求。周围环境安静，远离闹市区和重工业区，提倡分散建场，不宜搞密集小区养殖。交通方便，电力充足。

建造鸡舍可根据养殖规模、经济实力等情况灵活搭建。其基本要求是：棚顶高度 2.5 m，两侧高度 1.2 m，设对流窗，棚顶向阳，侧设外开天窗，棚两头山墙设大窗或门，并安装排气扇。此设计可结合使用自然通风与机械通风，达到有效通风并降低成本的目的。棚顶采用复层覆盖技术：第 1 层选用无滴膜，第 2 层选用草苫子，第 3 层加碎麦秸、稻壳、稻草等保温隔热材料 5 cm 以上，第 4 层是普通塑料薄膜，最后覆盖一层草苫子，固定压实。

2. 严格选雏

（1）引进优质高产的肉种禽品种，选择适合当地生长条件的具有高生产性能、抗病力强、能生产出优质后代的种禽品种，净化种禽，防止疫病垂直传播。

（2）雏鸡须孵自 52～65 g 的种蛋，对过小或过大的种蛋孵出的雏鸡必须单独饲养，同一批雏鸡应来源于同一父母代鸡群；雏鸡羽毛良好，清洁而有光泽；脐部愈合良好，无感染、无肿胀、无残留黑线，肛门周围羽毛干爽；眼睛圆而明亮，站立姿势正常，行动机敏、活泼，握在手中挣扎有力，对瘸腿、歪头、眼睛有缺陷或交叉嘴的雏鸡要剔除；鸡爪光亮如蜡，不呈干燥脆弱状；雏鸡出壳时间为 21 d；对挑选好的雏鸡，准确清点数量。

3. 严格用药制度

(1) 采用环保型消毒剂，勿用毒性杀虫剂和毒性灭菌、防腐药物。

(2) 药品、添加剂的购入、分发使用及监督指导。须从正规大型规范厂家购入，并严格执行国家《饲料和饲料添加剂管理条例》和《兽药管理条例及其实施细则》。尽量减少用药。药品的分发、使用须由兽医开具处方，并监督指导使用，以改善体内环境，增加抵抗力。

(3) 兽用生物制品购入、分发、使用，必须符合国家《兽用生物制品管理办法》。

(4) 统一场房建设并利于消毒隔离，统一生物安全措施与卫生防疫制度。

4. 强化生物安全

鸡舍内外、场区周围要搞好环境卫生。舍内垫料不宜过脏、过湿，灰尘不宜过多，用具安置要有序，经常杀灭舍内外蚊蝇。场区内要保持经常性良好的卫生状况。场区门口和鸡舍门口要设有烧碱消毒池，进出场区或鸡舍要脚踩消毒水。饲养管理人员要穿工作服，鸡场限制外人参观，更不准运鸡车进入。

5. 规范饲养管理

(1) 根据各周龄鸡特点提供适宜的温度、湿度。

(2) 提供舍内良好的空气质量，充分做好通风管理，改善舍内小气候。

(3) 光照与限饲：根据肉鸡的生物钟、生长规律及其发病特点，制订科学光照程序与限饲程序，用不同养分饲喂不同生长发育阶段的肉鸡，以使日粮养分更接近肉鸡营养需要，并可提高饲料转化率。

6. 环保绿色生产

(1) 科学使用无公害的高效添加剂，如微生态制剂、酶制剂、寡糖、酸制剂、植物性添加剂、生物活性肽及高利用率的微量元素，调节肠道菌群平衡和提高消化率，促进生长，改善品质，降低废弃物排出，以减少兽药、抗生素、激素的使用，减少疾病发生。

(2) 垫料采用微生态制剂喷洒处理，以后每周处理一次，同时每周用硫酸氢钠撒一次，以改变垫料酸碱的环境，抑制有害菌滋生，提高机体抵抗力。

(3) 合理处理和利用生产中所产生的废弃物，固体粪便经无害化处理成复合有机肥，污水须经不少于 6 个月的封闭体系发酵后施放。

7. 使用绿色生产

（1）严把饲料原料关：要求生产基地生态环境优良，收购时要严格检测药残、重金属及霉菌毒素等。

（2）饲料配方科学：营养配比要据各种氨基酸的回肠消化率和磷的全消化率来决定，并注意添加合成氨基酸以降低饲料蛋白质水平，这样既符合家禽需要量，又可减少养分排泄。

（3）饲料加工、贮存和包装运输：包装和运输过程中严禁污染，饲料中严禁添加激素、抗生素、兽药等添加剂，并严格控制各项生产工艺及操作规程，严格控制饲料的营养与卫生品质，确保生产出安全、环保型绿色饲料。

（三）绿色食品鱼类生产技术规程

1. 绿色食品鱼类的饲养管理技术

（1）鱼类养殖池塘的清理与消毒。在成鱼放养之前，必须进行清理消毒。清除塘底沉积的许多残渣、污物和塘堤崩塌以及水流带入的污物，以防这些物质消耗水中的含氧量，分解产生有毒气体，使水质变劣，也带来病原体。

①池塘的清理：每年冬天捕完鱼后，排完塘水，挖去过多的塘泥（可保留15～20 cm厚），铲除杂草，修补塘堤，堵塞漏洞，修理好排注水口，安装拦鱼设备，并让阳光曝晒池塘。这样既可起到杀虫灭菌，杀死有害动物和野杂鱼，减少敌害和争食对象，又可促进塘底腐殖质的分解，增加营养和塘池的肥沃度，有利于改善池塘的水质。清出的淤泥，即可做肥料又可加深池塘的深度。晒干后的淤泥还可用于补堤。

②池塘的药物消毒：放鱼苗前7～15 d，用药物清塘。不能排干水的池塘，放养鱼种之前，要用生石灰、茶麸等进行消毒。

a. 生石灰消毒：水深1 m的池塘，每667 m² 用生石灰125～150 kg，装入木桶或小船舱中，加水溶化，全塘均匀泼洒。

b. 茶麸消毒：水深1 m的池塘，每667 m² 用茶麸35～40 g，打碎后，用水浸泡24 d，连渣带水，泼洒全塘。

c. 对排干晒塘后的池塘，进行药物清塘。绿色食品水产养殖清塘时禁止使用五氯酚钠、化学除草剂等有害化学药物。清塘而使用的药物的种类、使用方法和清塘效果，如表4-6所示。进行药物消毒，都要等药物毒性消失后，才能放养鱼种，以免鱼种中毒死亡。也可以在鱼种放养前，放一些小鱼，最好是鲢鱼，入塘试水，证明药物毒性确实消失后，再放鱼种。

表4-6　清塘药物的种类、使用方法和效果

种类	每667 m² 用量	使用方法	清塘效果	药效消失时间
生石灰	水深5～10 cm，50～70 kg；水深1 m，125～150 kg	将生石灰倒入池四周小坑内加水溶化，随即向全池泼洒，浅水池翌日使石灰浆与淤泥充分混合以提高药效	①杀死野杂鱼、蛙卵、蝌蚪、蚂蟥、蟹、水生昆虫及一些水生植物、寄生虫和病原菌 ②使池水呈微碱性 ③增加钙肥，促使淤泥释放氮、磷、钾养分 ④提高池水碱度、硬度，增加缓冲能力	7～10 d（深水池时间长些）
茶粕	水深15 cm，10～12 kg；水深1 m，40～50 kg	捣碎后用水浸泡一昼夜，连渣带水全池泼洒	杀死野杂鱼、蛙卵、蝌蚪、螺蛳、蚂蟥和部分水生昆虫，毒杀力较生石灰稍差	5～7 d
茶粕、生石灰混合	水深1 m，茶粕35 kg；生石灰45 kg	将浸泡后的茶粕倒入生石灰水内，搅匀后全池泼洒	兼有茶粕和生石灰两种药物的效果	7 d
漂白粉	水深5～10 cm，5～10 kg；水深1 m，13.5 kg	将漂白粉加水溶解后立即全池泼洒	杀死野杂鱼和其他敌害生物的效果与生石灰无异，但无改良水质和增加池水缓冲能力作用	4～5 d
巴豆	水深0.3 m，1.5 kg；水深1 m，3 kg	捣碎后装入坛内，用3%盐水浸泡，2～3 d后加水稀释全池泼洒	能杀死大部分野杂鱼，但不能杀灭蛙卵、蝌蚪、水生混虫、寄生虫、病原菌等	7 d

（2）绿色食品水产品鱼塘的施肥与投饵：

①施肥技术。池塘施肥是培育水质，增加水中营养物质，培育天然饵料，培养浮游生物、屑生性细菌，然后通过食物链满足各种食性养殖种类的饵料需要。施肥主要以有机肥为主，如人粪、畜粪、绿肥、混合堆肥、处理后的生活污水等，有机肥的腐屑、菌团成为养殖动物的饵料。绿色食品鱼类养殖允许使用的肥料种类及其使用方法应符合《生产绿色食品的肥料使用准则》的要求。施用的有机肥要腐熟、消毒、杀菌，禁止使用未经处理的生活污水。施基肥是在清塘后进行，施肥后水质会转化变好，浮游生物增加。但过了一段时间后，由于浮游生物的消耗，水中营养物质逐渐减少，水质变瘦。为此，必须追施肥料。施追肥，要按"适量"、"多次原则进行"，以保持塘水有一定肥度。施肥过量会引起水质恶化。导致塘水缺氧而泛塘死鱼。同时，施肥还要看天、看水、看鱼施用。为提高施肥效果，在施肥时应注意以下几个问题：

a. 接受施肥的水域，水质应呈中性弱碱性或硬度较高，否则施肥效果差，

应先用石灰进行处理。

b. 塘底质宜为壤土或砂壤土，沉积物不宜堆积过深，以 10 cm 左右为宜。

c. 因黏土或腐殖质悬浮过多而浑浊（致使透明度低于 30～40 cm）的水域，施肥效果不好，应先解决浑浊问题。

d. 水草过多的水域施肥（培育浮游植物）效果差，应先清除水草。

e. 施肥水域的水不能变化太快，交换一次的时间要在 3～4 周以上。

②供应营养丰富、数量充足的饵料。养鱼饵料的种类有青饲料、动物性饲料、精饲料、配合饲料等。青饲料适合于草鱼、团头鲂、鳊鱼等草食性鱼类摄食。青饲料主要有水草、浮萍、陆生嫩草、苏丹草、黑麦草以及农作物的玉米叶、蔬菜、瓜果类茎叶等。动物性饲料，适合以肉食性为主的斑鳢、胡子鲶等，动物性饲料主要有水生、陆生动物，如蚬、蚌、水蚯蚓、水蚕、轻虫和蚕蛹、鱼粉及肉类加工厂的副产品，如畜禽的废弃内脏等。精饲料主要有麦麸、花生麸、米糠、豆饼、酒糟、豆渣等。投饵要定质、定量、定位、定时进行投饵。

（3）常规管理：

①池塘养殖的常规管理是养殖成效和产量高低的关键。

a. 经常巡视池塘，观察水质变化和塘鱼是否浮头，及时注入新水和增氧。

b. 保持塘水的清洁卫生，如清除食物的残饵、草渣、铲除塘边杂草等，以减少鱼病。

c. 调节水质达到"肥、活、爽"。

d. 掌握塘水排灌，保持适当水位。

e. 定期检查塘鱼生长情况，做好养殖的各项记录。

②绿色食品鱼类捕捞、保鲜的要求。绿色食品鱼类的捕捞尽可能采用网捕、勾钓、人工捕捞。禁止使用电捕、药捕等破坏资源、污染水体，影响鱼类品质的捕捞方式和方法。

绿色食品鱼类尽量要保鲜、保活。在运输过程中，禁止使用对人类有害的化学防腐剂和保鲜保活剂，确保绿色食品鱼类不受污染。

2. 绿色食品鱼类养殖的病虫害防治

（1）鱼类的发病原因。鱼类生活在水环境中，鱼病发生与否，主要由环境因素、病原体和鱼体的抗病力等因素决定的。

①自然因素：

a. 养殖水体的水温：鱼是冷水动物，体温的升降随其生活的水体水温的变化而变化。水温急剧升降是致病及至死的主要原因。鱼苗下塘时要求鱼塘温度与原生活水体的水温相差不超过 2℃，鱼种不超过 4℃，不能温差过大。

b. 养殖水体的水质：水质监测可测定水体酸碱度（pH）、溶解氧、有机质、耗氧量、肥度、盐度、透明度、化学耗氧量等对养殖鱼类都有直接关系。要及时发现问题，及时采取防范措施。

c. 养殖水体的底质：要进行清塘、晒塘、整治和药物消毒工作，这是防病的重要环节。

②人为因素：放养密度不当，混养比例失调，养殖管理不善，捕捞机械性损伤等均可致病。

③生物因素：病毒、细菌、真菌、藻类、原生动物、线虫、棘头虫、绦虫、蛭类、钩介幼虫、甲壳动物等都可以使鱼类致病，称为鱼体病原体。另外，还有一些养殖鱼类的致害生物，如鼠、鸟、水蛇、蛙类、凶猛鱼类、水生昆虫、水螅、青泥苔、水网藻等，它们的存在对养殖鱼类都有不同程度的危害。

（2）鱼病的预防：

①抓好池塘的清淤、清池和药物清毒工作，这是防病的重要环节。

②实行苗种消毒，减少病原体的传播，控制放苗密度，掌握准确的投苗数量，为科学投饲管理打好基础。

③加强水质的监测和管理，坚持对养殖用水进行定期监测，包括水温、盐度、酸碱度、溶解氧、透明度、化学耗氧量、有害生物病原体等，发现问题及时采取防范措施。

④定期投喂药饵，提高养殖对象的抗病能力。

⑤改革养殖方式和方法，开展生态防病，如稻田养鱼、养蟹、养蛙，虾鱼、虾藻混养和放养光合细菌等，起到净化和改善水质的作用。

⑥加强疾病的检测工作，早发现早治疗，把好关，切断病原的传播途径，以防蔓延。

（3）鱼类的药物防治。对于绿色食品鱼类养殖来说，用药是最为敏感的问题。滥用化学合成药物就会改变绿色食品的本质属性，即使不得已而用药，也应严格按照《生产绿色食品的水产养殖用药准则》《无公害食品渔用药物准则》执行，禁止使用对人体和环境有害的化学物质、激素、抗生素，如孔雀绿、砷制剂、汞制剂、有机磷杀虫剂、有机氯杀虫剂、氯霉素、青霉素、四环素等。提倡使用中草药及其制剂，矿物源鱼药、动物源药物及其提取物、疫苗及活体微生物制剂。

第四节　绿色食品加工业生产技术

一、绿色食品的产品标准

绿色食品的产品标准是衡量绿色食品最终产品质量的指标尺度。它规定了食品的外观品质、营养品质和卫生品质等内容。绿色食品的突出特点是产品的卫生品质高于国家现行标准，而其他品质与普通食品的国家标准相同，具体表现在对农药残留和重金属的检测项目种类多、指标严，而且使用的主要原料必须是来自绿色食品产地的、按绿色食品生产技术操作规程生产出来的产品。绿色食品产品标准反映了绿色食品生产、管理和质量控制的先进水平，突出了绿色食品产品无污染、安全的卫生品质。

二、绿色食品加工原则

(一) 绿色食品加工开发的基本原则

1. 绿色食品加工开发的安全性原则　饮食是人类社会生存发展的第一需要。"病从口入"，饮食不卫生又是百病之源。食品中如含有可能损害或威胁人体健康的有毒、有害物质，将导致消费者急性或慢性中毒或感染疾病或产生危及消费者及其后代健康的隐患。安全是绿色食品的一个显著特点，它要求在绿色食品生产、加工、贮存、分配和制作全过程中确保绿色食品的安全可靠。绿色食品的安全性是对消费者在食物链的所有阶段的一种担保。因此，在绿色食品加工开发中应把食品安全放在首位。

2. 绿色食品加工开发的"三绿"原则

(1) 绿色技术。从环境上来讲，它是与环境保护技术相结合，是预防和治理环境污染的环保技术，包括清洁生产技术、治污技术、无公害化或少公害化技术；从生态学来讲，它是生态技术、生态农业、生态企业、生态工艺等协调发展的生物与环境结合的技术。从生态经济来讲，它是环保价值与经济价值的统一，并利用现代科技的全部潜力实现生态上安全与经济上繁荣两个项目，利用绿色技术生产出来的产品有利于人类公共的福利，有利于人类文明进步。

①末端治理技术的创新：指不改变现有工艺而直接附加于现有生产过程，但其绿色程度不高。

②绿色工艺创新：指生产过程中采用新的绿色工艺，降低对环境及产品的污染，降低污染程度越高，这种工艺的绿色程度越高，应用价值就越大。

③绿色产品创新：指在产品生命周期（设计、生产、销售、消费、报废）全过程都能预防和减少环境污染，包括产品更新、生产低废、生产少废、可回收的产品等内容。

(2) 绿色设计。绿色设计与传统设计不同，它包括概念设计、生产工艺设计、使用乃至废弃后的回收、重用及处理等内容。要从根本上防止污染、节约资源和能源，首先决定于设计，要在设计上就考虑不对环境、产品产生副作用或将其控制在最小范围之内或最终消除。

绿色设计分 4 个层次：

①目标层：指绿色设计的目标。

②内容层：指绿色产品的结构设计、环境性能设计、材料选择和资源性能设计。

③主要阶段层：指生产过程、使用过程、回收处理过程等产品生命周期各阶段。

④因素层：设计应考虑的主要因素有时间、成本、材料、能量和环境影响等。

（3）绿色加工。绿色加工的主要原则是强调采用能减轻对环境产生有害影响的加工过程。包括减少有害废弃物和排放物、降低能量消耗、提高材料利用率、增加操作安全性等。简言之，绿色加工中，在不牺牲质量、成本、可靠性、功能或能量利用率的前提下，减少加工活动对生态环境造成的影响。要实现绿色的加工的目标，要使用绿色能源，采用绿色加工流程，最终生产出绿色产品。在这个过程中必须考虑能源利用率、绿色材料、绿色加工工艺、设备、生产成本、环境影响等因素。

（二）绿色食品加工生产的基本原则

1. 节约能源，循环利用原料，尽可能实现废物资源化原则　绿色食品加工生产应本着节约能源，物质再利用的原则，多层次综合利用，反复循环再利用，既符合环境保护，又符合经济再生产原则。如以苹果为例，用苹果制果汁，制汁后剩余皮渣，采用固体发酵生产乙醇，余渣还可通过微生物发酵生产柠檬酸，再从剩下的发酵物中提取纤维素，生产粉状苹果纤维食品，作为固态食品的非营养性有机填充物。剩下的废物经厌气性细菌分解产生沼气。这种生产利用过程，既提高了经济效益，又减少废物，从而提高了社会价值和经济价值。

2. 加工生产过程中保持食品的天然营养性原则　绿色食品加工中，要采取一系列加工工艺，防止产品的营养流失、氧化、溶解，最大限度地保留其营养价值及食品天然的色、香、味。例如，加工果汁时，将其香味物质回收，并回归果汁中以保持原风味，对加工过程中，如维生素，易于破坏、失效，失去保健价值的原料，应采取特殊工艺，如贮藏保鲜、低温加工工艺、冷冻、冻干等，进行保质、保价。从而达到绿色食品具有"自然、优质、营养"的特点。

3. 加工生产过程中严控污染源原则

（1）原料：加工用的主要原料必须经过中心的认证，绿色食品或有机食品生产原料，辅料也尽量使用已认证的产品。

（2）企业：加工企业须经过认证机构和人员的考察，地理位置适宜，建筑布局合理，具有完善的供排系统，良好的卫生条件，严格的管理制度，以保证生产中免受外界污染。

（3）设备：加工设备选用对人体无害的材料制成，特别是与食品接触部位，必须对人体无害。

（4）工艺：工艺必须合理，不能发生交叉污染。选用天然添加剂及无害的洗涤液，尽量采用先进技术、工艺、物理加工方法，减少添加剂、洗涤液污染食品的机会。还可用物理、生物办法进行保鲜、冻干、冷冻、防腐，改善食品风味。

（5）贮运：使用安全的贮藏方法和容器，防止使用对人体有害的贮藏方法和容器，保持贮运后的品质。

（6）生产人员：生产人员必须具备生产绿色食品的知识和绿色食品的加工原则，素质好、责任心强，避免人为污染，以保证食品安全。

4. 绿色食品加工生产中不对环境造成污染与危害的原则 绿色食品加工企业实施清洁生产是最基本原则，它不仅避免使自己产品受到污染，而且还包括加工过程中不对环境造成污染与危害，这是可持续发展的最主要要求。如畜禽加工厂要求远离居民区，并有"三废"净化处理设备，加工后的废气、废水、废渣尽可能再生循环，多元、多级利用，对废物进行二次开发，使废物资源化，采用无废物生产先进工艺。同时，绿色食品加工生产企业产生的废气、废水和废渣必须经过无害化处理，才能排放，不能对环境造成污染。

三、绿色食品加工质量控制

（一）绿色食品加工的环境条件

1. 绿色食品加工企业的厂址、车间和仓库的要求

（1）厂址的选择：

①地势高燥。为防止地下水对建筑物墙基的浸泡和便于废水排放，厂址应处于地势较高，并具有一定坡度的地区。

②水资源丰富、水质良好。食品加工企业需要大量生产用水，建厂必须考虑水源水质及供水量。用于绿色食品生产的容器、设备的洗涤用水，必须符合国家饮用水标准。使用自备水源的企业，需对地下水丰水期和枯水期的水质、水量经过全面的检验分析，证明能满足生产需要后才能定址。

③土质良好，便于绿化。良好的土质适于植物生长，便于绿化，绿化植物

不仅可以美化环境，还可以吸收灰尘、减少噪声、分解污染物，形成防止污染的良好屏障。

④交通便利。为了方便食品原、辅料和食品产品的运输，加工企业应建在交通方便的地方，但为防止尘土飞扬造成污染，也要与公路有一定距离。

⑤防止环境对企业的污染。要选水源充足，交通方便、无有害气体、烟雾、灰尘、放射性物质及其他扩散性污染源的地区。要远离重工业区，必须在重工业区选址时，要根据污染范围设 500～1 000 m 防护带；要距畜牧场、医院、粪场及露天厕所等污染源 500 m 以外；在居民区选址，25 m 内不得有排放尘、毒作业场所及暴露垃圾堆、坑；企业应位于其他工厂或污染区全年主导风向的上风头，至少远离该污染源烟囱高度 50 倍以上。

⑥防止企业加工生产对环境和居民区污染。一些食品企业排放的污水、污物可能带来有致病菌或化学污染，污染居民区。因此，屠宰厂、禽类加工厂等单位一般远离居民区。其间可根据企业性质、规模大小，按《工业企业设计卫生标准的规定》执行，最好在 1 km 以上。其位置应位于居民区主导风向的下风和饮用水源的下游，同时应具备"三废"净化处理装置。

（2）车间和仓库环境：绿色食品企业应有与产品种类、产量、质量要求相适应的原料及原料处理、加工、包装、贮存场所及配套的辅助用房、锅炉房、化验室、容器洗消室、办公室和生活用房（食堂、更衣室、厕所等），锅炉房建在车间的下风口，厂内各车间应根据加工工序要求，按原料、半成品、制成品，保持连续性，避免原料和成品、清洁食品与污染物交叉污染，合理布设，并达到相应的卫生标准；厂内不得设置职工家属区，不得饲养家畜，不得有室外厕所。

2. 绿色食品加工企业的清洁生产与工厂的卫生管理要求 清洁生产是指既可满足人们的需要，又可合理使用自然资源和能源并保护环境的实用生产方法。其实质是一种物料和能耗最少的人类生产活动的规划和管理，将废物减量化、资源化和无害化或消灭于生产过程中。

对生产过程而言，清洁生产要求节约原材料和能源，淘汰有毒原材料并在全部排放物和废物离开生产过程以前减少它的数量和毒性；对产品而言，清洁生产策略旨在减少产品在整个生产周期过程（包括从原料提炼到产品的最终处置）中对人类和环境的影响；对服务而言，清洁生产要求将环境因素纳入设计和所提供的服务中。

绿色食品生产企业首先要达到清洁生产的要求，保证在获得最大经济效益的同时，使产品工艺、产品生产达到清洁化的无废工艺，以保证产品质量。为此应采取以下措施：

（1）建立卫生规范：工厂应根据本厂的实际情况及国家有关标准，制定卫生规范和实施细则，以便按规章严格管理。要求在工厂和车间配备经培训合格的专职卫生管理人员，按规定的权限和职责，监督全体工作人员对卫生规范的执行情况。

（2）地面、墙壁处理：为了便于卫生管理，清扫、消毒，房屋建筑在结构上，天花板应使用沙石灰或水泥预制件材料构成，要求防漏、防腐蚀、防霉、无毒并便于维修保养。车间内地面需用耐水、耐热、耐腐蚀的水磨石等硬质材料铺设，要求有一定的倾斜度，以便于冲刷、消毒，地面要有排水沟。车间墙壁要被覆一层光滑、浅色、不渗水、不吸水的材料，离地面 $1.5\sim2$ m 以下的部分要铺设瓷砖或其他材料的墙裙，上部用石灰水、无毒涂料或油漆涂刷，必须平整完好；并设有防止鼠、蝇及其他害虫侵入、隐匿的设施。

（3）车间、仓库内卫生：天花板、墙壁、地面无尘埃、无蚊蝇、无蜘蛛滋生，干燥、通风。仓库内物品堆放整齐，原料与成品，绿色食品与非绿色食品，在生产与贮存过程中，必须将二者严格区分开来。加工绿色食品的库房、运输车必须专用。

（4）卫生设备：

①通风换气设备。分自然通风与设备通风两种，必须保证足够的换气量，以驱除生产性废气、油烟及人体呼出的二氧化碳，保证空气新鲜。

②照明设备。分为自然照明与人工照明两种。自然照明要求采光门窗与地面的比例为 $1:5$；人工照明要有足够的照度，一般为 50 lx，检验操作台应达到 300 lx。

③防尘、防蝇、防鼠设备。食品必须在车间内制作，原料、成品必须加苫盖，生产车间需装有纱门、纱窗。在货物频繁出入口可安排风幕或防蝇道，车间外可设捕蝇笼或诱蝇剂等设备，车间门窗要严密。

④卫生通过设备。工业企业应设置生产卫生室，工人上班前在生产卫生室内完成个人卫生处理后再进入生产车间。生产卫生室内按每人 $0.3\sim0.4$ m² 设置，内部设有更衣柜和厕所，工人穿戴工作服、帽、口罩和工作鞋后先进入洗手消毒室，在双排多个、脚踏式水龙头洗手槽中用肥皂水洗手，并在槽端消毒池盆中浸泡消毒。冷饮、罐头、乳制品车间还应在车间入口处设置低于地面 10 cm、宽 1 m、长 2 m 的鞋消毒池。

⑤工具、容器洗刷、消毒设备。绿色食品企业必须有与产品数量、品种相应的工具、容器洗刷消毒车间，这是保证食品卫生质量的主要环节。消毒间内要有浸泡、刷洗、冲洗、消毒的设备，消毒后的工具、容器要有足够的贮存室，严禁露天存放。

⑥污水、垃圾和废弃物排放处理设备。食品企业生产、生活用水量很大，各种有机废弃物也很多，在建筑设计时，要考虑安装污水与废弃物处理设备，使排出的废气、废水符合国家有关环境保护规定的排放标准。为防止污水反溢，下水管道直径应大于 10 cm，辅管要有坡度。油脂含量高的沸水，管径应更粗一些，并要安装除油装置。

（二）绿色食品加工设备的要求

（1）用于绿色食品加工的设备材质应优先选择不锈钢、尼龙、玻璃、食品加工专用塑料等制造。食品工业中利用金属制造食品加工用具的品种日益增多，国家允许使用铁、不锈钢、铜等金属制造食品加工工具。铁、铜制品毒性小，但易被酸、碱、盐等食品腐蚀，且易生锈。不锈钢食具也存在铅、铬、镍溶出的问题。所以，要注意合理使用铁铜制品，并要严格执行不锈钢食具食品卫生标准和管理办法。

（2）食品加工过程中，使用表面镀锡的铁管、挂釉陶瓷器皿、搪瓷器皿、镀锡铜锅及焊接的薄铁皮盘等，都可能导致食品含铅量大大提高。特别是在接触 pH 较低的原料或添加剂时，铅更容易溶出，会对人体健康造成危害。镉和砷的危害主要来自电镀制品，砷在陶瓷制品中有一定含量，在酸性条件下易溶出。因此，在选择设备时，首先应考虑选用不锈钢材质的。在一些常温常压、pH 中性条件下使用的器皿、管道、阀门等，可采用玻璃、铝制品、聚乙烯或其他无毒的塑料制品代替。食盐对铝制品有强烈的腐蚀作用，使用时应特别注意。

（3）加工设备的轴承、枢纽部分所用润滑油部位应全封闭，并尽可能用食用油润滑。机械设备上的润滑剂严禁使用多氯联苯。

（4）食品加工设备布局要合理，符合工艺流程，便于操作，防止交叉污染。要设有观察口，并便于拆卸修理，管道转弯处要呈弧形以利冲洗消毒。

（5）生产绿色食品的设备应尽量专用，不能专用的应在批量加工绿色食品后再加工常规食品，加工后要对设备进行必要的清洗。

（三）绿色食品加工的过程要求

1. 绿色食品加工对原料的要求

（1）绿色食品加工原料的特殊要求。原料是发展食品工业的基础。现代先进的食品工业对原料的质量与来源提出了严格的要求。绿色食品加工的原料应有明确的原产地及生产企业或经销商的情况。相对固定和良好的原料基地，能够保证加工企业所需原料的质量和数量。有条件的绿色食品加工企业应逐步建立自己的原料基地。

绿色食品主要原料的来源必须来自绿色食品的生产基地，主要原料成分都应是已被认定的绿色食品。各绿色食品加工企业与原料生产基地之间，要有供销合同及每批原料都要有供售单据；生产绿色食品的辅料也必须符合有关卫生标准。如辅料的盐应有固定来源，并应出具按绿色食品标准检验的权威的检验报告；水作为加工中常见的原料，因其特殊性，不必经过认证，但也必须符合我国饮用水卫生标准，也需要进行检测，出具合格的检验报告。非主要原料若尚无被认证的产品，则可以使用经专门认证管理机构批准的有固定来源并经检验合格的原料。

绿色食品加工原料必须是品质适合人们食用、无霉变、无有毒物质、质量上乘，要用专用性较强的原料，如加工番茄酱的专用西红柿，要求其可溶性固形物含量高，红色素应达到 2 mg/kg，糖酸比适度等，果汁的加工质量决定性的因素是决定于原料品种成熟度、新鲜度；在绿色食品加工过程中因工艺和最终产品的不同，其原料的具体质量、技术指标要求也不同，但都应以生产出的食品具有最好的品质为原则。只有选择适合加工工艺品质的原料，才能保证绿色食品加工产品的质量。

绿色食品禁用辐射、微波和石油提炼物和不使用改变原料分子结构或会发生化学变化的处理方法，不能用不适合食用的原料加工食物。

如果加工过程需要加入添加剂时，其种类、数量、加入方法等必须符合《食品添加剂使用卫生标准》、《生产绿色食品的食品添加剂使用准则》的要求。不能使用国家明令禁止的色素、防腐剂、品质改良剂等添加剂。允许使用的一定要严格控制用量。禁止使用糖精及人工合成添加剂。

(2) 绿色食品加工原料成分的标注。绿色食品标签中必须明确标明原料各成分的确切含量，并可按成分不同采取以下方式标注：

① 加工品中最高级的成分占 50％以上时，可以由不同标准认证的混合物成分命名。例如：命名含 A、B 级成分的混合物，A 为最高级成分，必须含 50％以上的 A 级成分；命名含 A、B、C 级成分的混合物，A 为最高级成分，必须含 50％以上的 A 级成分；命名含 B、C 级成分的混合物，B 为最高级成分，必须含 50％以上的 B 级成分。

② 如果该混合物中最高级成分不足 50％，则要按含量高的低级成分命名。例如：含 B、C 级成分的混合物，B 级占 40％，C 级成分占 60％，则该混合物被称为 C 级成分。

2. 绿色食品加工工艺要求

(1) 绿色食品加工原料的预处理。为了保证加工品的风味和综合品质，必须认真对待加工前原料的预处理。下面以果蔬为例介绍加工原料的预处理方法：

①原料的选别与分级。首先是剔除不合乎加工要求的果蔬，包括未熟或过熟的，已腐烂或长霉的果蔬。还有混入果蔬原料内的砂石、虫卵和其他杂质；其次，将进厂的原料进行预先的选别和分级，有利于以后各项工艺过程的顺利进行。选别时，将进厂的原料进行粗选，剔除虫蛀、霉变和伤口大的果实，对残、次果和损伤不严重的则先进行修整后再应用。果蔬的分级包括按大小分级、按成熟度分级和按色泽分级等。

②原料的清洗。洗去果蔬表面附着的灰尘、泥沙和大量的微生物以及部分残留的化学农药，保证产品的清洁卫生，从而保证制品的质量。洗涤时常在水中加入盐酸、氢氧化钠等，既可除去表面污物，还可除去虫卵、降低耐热芽孢数量。果蔬的清洗方法可分为手工清洗和机械清洗两大类。

③果蔬的去皮。除叶菜类外，大部分果蔬外皮较粗糙、坚硬，虽有一定的营养成分，但口感不良，对加工制品有一定的不良影响。去皮时，只要求去掉不可食用或影响制品品质的部分，不可过度，否则会增加原料的消耗，且产品质量低下。果蔬去皮的方法主要有手工、机械、碱液、热力、酶法、冷冻、真空去皮方法等。

④原料的切分、破碎、去心、修整。体积较大的果蔬原料需要适当地切分。生产果酒、果蔬汁等制品，加工前需破碎，使之便于压榨或打浆，提高取汁效率。核果类加工前需去核、仁果类则需去心。有核的柑橘类果实制罐时需去种子。罐藏或果脯、蜜饯加工时，为了保持良好的外观形状，需对果块在装罐前进行修整。

⑤烫漂。将已切分的或经其他预处理的新鲜果蔬原料放入沸水或热蒸汽中进行短时间的热处理，钝化活性酶，防止酶褐变，软化或改进组织结构，稳定或改进色泽，除去部分辛辣味和其他不良风味，降低果蔬中的污染物和微生物数量。但是，烫漂同时要损失一部分营养成分，热水烫漂时，果蔬视不同的状态要损失相当的可溶性固形物。据报道，切片的胡萝卜用热水烫漂 1 min 即损失矿物质15％，整条的也要损失7％。另外，维生素C及其他维生素同样也受到一定损失。果蔬烫漂常用的方法有热水和蒸汽两种。

⑥工序间的护色。果蔬去皮和切分之后，与空气接触会迅速变成褐色，从而影响外观，也破坏了产品的风味和营养品质。在果蔬加工预处理中所用的方法主要有烫漂护色、食盐溶液护色、有机酸溶液护色、抽空护色等。

⑦半成品保藏。果蔬加工大多以新鲜果蔬为原料，由于同类果蔬的成熟期短，产量集中，一时加工不完，为了延长加工期限，满足周年生产，生产上除

采用果蔬贮藏方法对原料进行短期贮藏外，常需对原料进行一定程度的加工处理，以半成品的形式保藏起来，以待后续加工制成成品。目前常用的保藏方法有盐腌保藏、浆状半成品的大罐无菌保藏等。

（2）绿色食品加工工艺的特殊要求。根据绿色食品加工的原则，绿色食品加工工艺应采用先进的工艺，最大程度地保持食品的营养成分，加工过程不能造成再次污染，并不能对环境造成污染。

①绿色食品加工，要最大程度地保持食品原料的营养价值和色、香、味等品质。例如，牛奶的杀菌方法有巴氏杀菌（低温长时间）、高温瞬时杀菌，后者可较好地满足绿色食品加工原则的要求，是适宜采用的加工方式。

②绿色食品加工，严禁使用辐射技术和石油馏出物。目的是为了消除人们对射线残留的担心。有机物质的萃取，要采用超临界萃取技术，不能使用石油馏出物作为溶剂，以防有机溶剂的残留。

③绿色食品加工，不允许使用人工合成的食品添加剂，但可以使用天然的香料、防腐剂、抗氧化剂、发色剂等。不允许使用化学方法杀菌。

（3）食品加工新技术和工艺。食品往往含有大量的水分，极容易被微生物侵染而引起腐烂变质，同时由于某些食品（如果蔬）本身的生理变化很容易衰老而失去食用价值，因此，食品加工的目的就是采取一系列措施抑制或破坏微生物的活动，抑制食品中酶的活性，减少制品中各种生物化学变化，以最大限度地保存食品的风味和营养价值，延长供应期。

①传统的食品加工：

a. 干制、糖制：利用蒸发水分、加糖或加盐等方法，增加制品细胞的渗透压，使微生物难以存活，同时由于热处理杀死了食品原料细胞，从而防止了食品的腐败变质。最简单的干制方法是利用太阳的热量晒干或晾干果蔬，如干红枣、葡萄干、柿饼、萝卜干等，但此法得到制品的质量难以保证。现代干燥方法如电热干燥、红外线加热干燥、鼓风干燥、冷冻升华干燥等方法，可进一步提高加工品的质量，保存新鲜原料的风味。食品的糖制产品有果脯、果冻、果酱等。果脯是将原料经糖液熬制到一定浓度，使浓糖液充填到果蔬组织细胞中，烘干后即为成品。果酱是经过去皮、切块等整理的果蔬原料加糖熬制浓缩而成，使制品的可溶性固形物达65%～70%。有些果蔬含有丰富的果胶物质，在其浸出液中加入适量的糖，熬制、浓缩、冷却后可凝结成为光亮透明的果冻。

b. 腌制：利用食盐创造一个相对高的渗透溶液，抑制有害微生物的活动，利用有益微生物活动的生成物，以及各种配料来加强制品的保藏性。如酸菜、榨菜、咸菜等。

　　c. 罐藏：将食品封闭在一种容器中，通过加热杀菌后，维持密闭状态而得以长期保存的食品保藏方法。目前，许多水果、蔬菜、肉类、鱼类等都可以制成罐头的形式进行销售和保藏。

　　d. 速冻：采用各种办法加快热交换，使食品中的水分迅速结晶，食品在短时间内冻结。如速冻水饺、速冻蔬菜、速冻果品等。

　　e. 制汁：果蔬原汁是指未添加任何外来物质，直接从新鲜水果或蔬菜中用压榨或其他方法取得的汁液。以果汁或蔬菜汁为基料，加水、糖、酸或香料等调配而成的汁液。

　　f. 制酒：酒是以谷物、果实等为原料酿制而成的色、香、味俱佳的含醇饮料。

　　②现代食品加工新方法和工艺：

　　a. 生物技术：主要包括酶工程和发酵工程。酶工程是利用生物手段合成、降解或转化某些物质，从而使廉价原料转化成高附加值的食品，如酶法生产糊精、麦芽糖，酶法修饰植物蛋白，改良其营养价值和风味。此法还适用于果汁生产中分解果胶，提高出汁率等。发酵工程是利用微生物进行工业生产的生物技术，除传统食品外，在现代食品工业中还取得了许多新成就，例如，美国Kelco公司用微生物发酵法生产黄原胶等。因此，生物技术应用于绿色食品加工中，必将提高绿色食品的品质与产量。

　　b. 工程食品：就是用现代科学技术，从农副产品中提取有效成分，然后以此为原料，根据人体营养需要，重新组合，加工配制成新的食品；其特点是扩大食物资源，提高营养价值。

　　c. 膜分离技术：利用高分子材料制成的半透性膜对溶剂和溶质进行分离的先进技术。包括反渗透、超滤和电渗析。反渗透是借助于渗透膜在压力的作用下，进行水和溶于水中物质（无机盐、胶体物质）的分离，可用于牛奶、豆浆、酱油、果蔬汁的冷浓缩。超滤是利用人工合成膜，在一定压力下，对物质进行分离的一种技术，如植物蛋白的分离提取。电渗透是在外电场作用下，利用一种特殊的离子交换膜，对离子具有不同选择透过性而使溶液中阴阳离子与溶液分离。可用于海水淡化、水的纯化处理。

　　d. 超高压技术：将食品原料填充到塑料等柔软的容器中密封，然后放入到装有净水的高压容器中，给容器内部施加100~1 000 MPa的压力，杀死微生物。高压作用可以避免因加热引起的食品变色、变味，营养成分损失以及因冷冻而引起的组织破坏等缺陷。

　　e. 超临界萃取技术：就是利用在某些溶剂的临界温度和临界压力条件下去分离多组成的混合物。例如，二氧化碳超临界萃取沙棘油，其工艺过程无任何有害物质加入，完全符合绿色食品加工原则。

f. 冷杀菌技术：用非热的方法杀死微生物并可保持食品的营养和原有风味的技术。目前，主要应用的有电离场辐射杀菌、臭氧杀菌、超高压杀菌和酶制剂杀菌等方法。

g. 冷冻干燥：就是湿物料先冻结至冰点以下，使水分变成固态水，然后在较高的真空度上，将冰直接转化为蒸汽，使物料得到干燥。如加工得当，多数可长期保存，且原有物理、化学、生物及感官性质不变，食用时加水即可恢复到原有形状和结构。

h. 挤压膨化技术：食品在挤压机内达到高温高压后，突然降压而使食品经受压、剪、磨、热等作用，食品的品质和结构发生改变，如多孔、蓬松等。

总之，只有采取先进、科学、合理的绿色食品加工工艺才能最大限度地保留食品的自然属性、营养和原汁原味的口味，并避免受到二次污染。但先进的工艺必须符合绿色食品的加工原则及《绿色食品加工技术操作规程》，采取先进工艺的加工食品一般有较好的品质，产品标准达到或优于国家标准。例如，果汁饮料杀菌，国内多采用巴氏高温杀菌、添加防腐剂的方法，而国际食品法典委员会规定，果汁饮料应采用物理杀菌方法，禁用高温、化学及放射性杀菌，以达到高营养、好品味、无污染的高标准绿色食品。再如，利用二氧化碳超临界萃取技术生产植物油，即可解决有机溶剂残留问题。为了保留绿色食品的色、香、味，尽量避免破坏固有的营养、风味，在果汁浓缩时，对其香气成分采取回收，能够做到不必加香精就可以回复原味。而粮谷加工工艺的最佳标准，应为能保持最好的感官性状，高消化吸收率，同时又能最大限度地保留各种营养成分。果蔬加工的产品则既要有很强的适应性、营养丰富，还要最大限度地保留维生素、矿物质营养，为此，可以制成各种制品，如速冻品、干制品、罐制品、制汁、酿造、腌制品、粉制品等。绿色食品加工必须针对产品自身特点，采用适合的新技术、新工艺，提高绿色食品品质及加工率。同时，绿色食品加工中各项工艺参数指标、加工操作规程必须严格执行，以保证产品质量的稳定性。

四、绿色食品产品包装、贮运

(一) 绿色食品产品包装

绿色食品产品包装是为了在食品流通过程中，保护产品、方便贮运、促进销售，而采用容器、材料和辅助物的过程中施加一定的技术方法等操作活动。

1. 绿色食品包装的作用

（1）保护食品。食品从离开生产厂家到消费者手中，短的要数日，长的达数月，甚至一年以上的时间，要使食品能完好地到达消费者手中，必须进行食品包装。食品包装有防机械损伤、防潮、防污染及微生物、防爆光、防冷、防热等作用。

（2）提供方便。绿色食品包装为食品装卸、运输、贮藏、识别、零售和消费者提供方便。

（3）商业功能。通过食品包装装潢艺术，吸引、刺激消费者的消费心理，从而达到宣传、介绍和推销食品的目的。

2. 绿色食品包装的要求　绿色食品包装，要按农业部颁布的《绿色食品包装与标签标准》要求执行。

（1）绿色食品包装的基本要求：

①根据不同的绿色食品选择适当的包装材料、容器、形式和方法。

②包装的体积和质量应限制在最低水平，包装实行减量化。

③在技术条件许可与商品有关规定一致的情况下，应选择可重复使用的包装；若不能重复使用，包装材料应可回收利用；若不能回收利用，则包装废弃物可降解。

④纸类包装要求：

a. 可重复使用或回收利用或可降解；

b. 表面不允许涂蜡、上油；

c. 不允许涂塑料等防潮材料；

d. 纸箱连接应采取粘合方式，不允许用扁丝钉钉合；

e. 纸箱上所作标记必须用水溶性油墨，不允许用油溶性油墨。

⑤金属类包装应可重复使用或回收利用，不应使用对人体和环境造成危害的密封材料和内涂料。

⑥玻璃制品应可重复使用或回收利用。

⑦塑料制品要求：

a. 使用的包装材料应可重复作用、回收利用或可降解；

b. 在保护内装物完好无损的前提下，尽量采用单一材质的材料；

c. 使用的聚氯乙烯制品，其单体含量应符合 GB 9681 标准要求；

d. 使用的聚乙烯树脂或成型品，应符合相应的国家标准要求；

e. 不允许使用氟氯烃（CFS）的发泡聚苯乙烯（EPS）、聚氨酯（PUR）等产品。

⑧外包装上印刷标志的油墨或贴标签的黏着剂应无毒，且不应直接接触

食品。

⑨可重复使用或回收利用的包装，其废弃物的处理和利用按 GB/T 16716 的规定执行。

⑩包装环境条件良好，卫生安全；包装设备性能良好，不会对产品质量有影响；包装过程不对人员身体健康有害，不对环境造成污染。

（2）绿色食品包装的尺寸要求：

①绿色食品包装件尺寸应符合 GB/T 4892，GB/T 13201，GB/T 13757 的规定。

②绿色食品包装单元应符合 GB/T 15233 的规定。

③绿色食品包装用托盘应符合 GB/T 16470 的规定。

（3）绿色食品包装的标志与标签。绿色食品外包装上应印有绿色食品标志，并应有明显使用说明、重复使用、回收利用说明。标志的设计和标注方法按《中国绿色食品商标标志设计使用规范手册》的有关规定执行。

随着市场经济和商品的激烈竞争，标签已成为进行公平交易、商品竞争的内容。它具有引导或指导消费者选购商品、保护消费者的利益和健康、维护食品制造商的合法权益、促进销售的作用。绿色食品标签除应符合《食品标签通用标准》（GB/T 7718—1994）的规定外，若是特殊性营养食品，还应符合 GB/T 13432 的规定。

食品标签上必须注明以下基本内容：食品名称；配料表；净含量及固形物含量；制造者或经销者的名称和地址；日期标志（生产日期、保质期或保存期）和贮藏指南；产品类型；质量（品质）等级；产品标准号；特殊标注内容等。详见《食品标签通用标准》（GB/T 7718—1994）。

绿色食品标签必须使用防伪技术，它对绿色食品具有保护和监控作用；具有技术上的先进性、使用的专用性、价格的合理性、标签类型多样性的特点，可以满足不同的绿色食品产品的包装需要。在使用绿色食品标志防伪标签时应作到：

①许可使用绿色食品标志的产品必须加贴绿色食品标志防伪标签。

②绿色食品标志防伪标签只能使用在同一编号的绿色食品产品上，非绿色食品或与绿色食品防伪标签不一致的绿色食品不得使用该标签。

③绿色食品标志防伪标签应贴在食品标签或其包装正面的显著位置，不得掩盖原有绿色食品标志、编号等绿色食品整体形象。

④企业同一种产品贴用防伪标签的位置及外包装箱用的大型标签的位置应固定，不得随意变化。

（4）绿色食品包装的技术要求：

①糕点类的包装必须防潮、遮光和阻氧：常用包装材料为热封型高防潮的聚丙烯复合薄膜、高阻氧并能遮光的铝基复合薄膜或涂层玻璃纸。

②饮料的包装：

a. 金属罐：采用涂层马口铁板，内用环氧酚醛内涂料；对酸性较大的饮料，在环氧涂层上还涂敷乙烯基涂料；啤酒、矿泉水，多用铁罐和铝易拉罐；

b. 玻璃瓶：目前用涂层法和化学法制造，用来装矿泉水、清酒等；

c. 塑料容器：多采用延伸 PET，PVD 瓶等，可用于多种饮料的包装；

d. 纸容器：适于多种饮料的包装。

③茶叶的包装：茶叶含水量超过 5%，则维生素 C 含量急剧下降，色、香、味都会改变，高温下变质更快；含氧量高于 1%，则茶叶易变色、变味；茶叶中叶绿素见光分解，产生异味；茶叶极易吸收异味。因此，茶叶的包装要求防潮、阻氧、避光密封，保持茶叶的色香质量。

④糖果的包装：水果糖，用玻璃瓶、PVC 半硬片容器；乳脂糖，用彩色印刷薄膜、透明的聚丙烯薄膜。

⑤食品罐头的包装：罐头分为瓶装、罐装两种。金属罐材料，可用马口铁、无锡铁、黑铁皮和铝，由于各种食品对金属腐蚀性不同，可采用不同的内涂料来防护。

⑥调味品的包装：固体调味品要求高度防潮、阻氧、避光、保香，一般以瓶装较多；软包装用 PET/PE 或铝复合薄膜。液体调味品的包装，历来使用玻璃容器包装，聚酯瓶和聚氯乙烯瓶，也已广泛使用。

⑦腌渍菜的包装：腌渍菜的保存，主要是抑制酵母菌生长，可采用多种容器包装。

⑧乳品的包装：乳品的包装，采用高度阻氧、避光的材料，同时采用无菌包装 UHT 法超高温消毒、浓缩液－25℃冻结贮存及直空充氧等方法。

⑨食用油的包装：食用油的包装，除用玻璃容器外，现常用的有 PVC 聚氯乙烯容器。

⑩酒类的包装：酒的包装，仍以玻璃、陶瓷容器为主；小型复合纸容器也有一定的发展。

（二）绿色食品产品的贮运

食品的贮运是市场经济的客观需要，也是食品流通的重要环节。在绿色食品生产中，只有极少数的产品从生产领域到达消费者手中，绝大多数的绿色食品者要经过贮运这个阶段，因此，在食品贮运过程中，必须保证食品安全、无损害、无污染，完好地到达消费者手中。

1. **绿色食品产品的贮藏**　绿色食品产品的贮藏是依据食品贮藏原理和食品特性，选择适当的贮藏方法和较好的贮藏技术的过程。在贮藏期内，要通过科学的管理，最大限度地保持食品的原有品质，不带来二次污染，降低损耗，节省费用，促进食品流通，更好地满足人们对绿色食品的需求。

（1）绿色食品产品的贮藏原则：

①贮藏环境必须洁净卫生，不能对绿色食品产品产生污染。

②选择的贮藏方法不能使绿色食品品质发生变化、产生污染。如化学贮藏方法中，选用化学制剂需符合《绿色食品添加剂使用准则》。

③在贮藏中，绿色食品产品不能与非绿色食品混堆贮存。

④A 级与 AA 级绿色食品必须分开贮藏。

（2）绿色食品产品的贮藏技术规范：

①食品仓库在存放绿色食品前要进行严格的清扫和灭菌，周围环境必须清洁卫生，并远离污染源。禁止使用会对绿色食品产生污染或潜在污染的建筑材料与物品。严禁食品与化学合成物质接触。

②食品入库前应进行必要的检查，严禁与受到污染、变质以及标签、账号与货物不一致的食品混存。食品按照入库先后、生产日期、批号分别存放，禁止不同生产日期的产品混放。绿色食品与普通食品应分开贮藏。

③定期对贮藏室用物理或机械的方法消毒。不使用对绿色食品可能带来污染的物质消毒。管理和工作人员必须遵守卫生操作规定。所有的设备在工作和使用前均要进行灭菌。

④食品贮藏期限不能超过保质期，包装上应有明确的生产、贮藏日期。

⑤贮藏仓库必须与相应的装卸、搬运等设施相配套，防止产品在装卸、搬运等过程中受到损坏与污染。

⑥绿色食品在入仓堆放时，必须留出一定的墙距、柱距、货距与顶距，不允许直接放在地面上，保证贮藏的货物之间有足够的通风。禁止不同种类产品混放。

⑦建立严格的仓库管理情况记录档案，详细记载进入、搬出食品的种类、数量和时间。

⑧根据不同食品的贮藏要求，做好仓库管理，采取通风、密封、吸潮、降温等措施，并经常检测食品温度、湿度、水分以及虫害发生情况。

⑨仓库管理必须采用物理与机械的方法和措施，绿色食品的保质贮藏必须采用干燥、低温、密封与通风、低氧（充二氧化碳或氮气）、紫外光消毒等物理或机械方法，禁止使用人工合成化学物品以及有潜在危害的物品。

⑩保持绿色食品贮藏室的环境清洁，具有防鼠、防虫、防霉的措施，严禁

使用人工合成的杀虫剂。

2. 绿色食品产品的运输

（1）绿色食品的运输原则：

①绿色食品的运输，必须根据产品的类别、特点、包装要求、贮藏要求、运输距离及季节不同等，采用不同的运输手段。

②绿色食品在装运过程中，所用工具（容器及运输设备）必须洁净卫生，不能对绿色食品产生污染。

③绿色食品禁止和农药、化肥及其他化学制品等一起运输。

④在运输过程中，绿色食品不能与非绿色食品混堆，一起运输。

⑤绿色食品的 A 级和 AA 级产品，不得混堆一起运输。

（2）绿色食品的运输规范：

①必须根据绿色食品的类型、特性、运输季节、距离以及产品保质贮藏的要求选择不同的运输工具。

②用来运输食品的工具，包括车辆、轮船、飞机等，在装入绿色食品之前必须清洗干净，必要时进行灭菌消毒，必须用无污染的材料装运绿色食品。

③装运前必须进行食品质量检验，在食品、标签与账单三者相符合的情况下才能装运。

④装运过程中所用的工具应清洁卫生，不允许含有化学物品。禁止带入有污染或潜在污染的化学物品。

⑤运输包装必须符合绿色食品的包装规定，在运输包装的两端，应有明显的运输标志。内容包括始发站、到达站名称、品名、数量、重量、收货单位名称、发货单位名称以及绿色食品的标志。

⑥不同种类的绿色食品运输时必须严格分开，不允许性质相反和互相串味的食品混装。

⑦填写绿色食品运输单据时，要做到字迹清楚、内容准确、项目齐全。

⑧绿色食品装车（船、箱）前，应认真检查车（船、箱）体状况。对不清洁、不安全，装过化学品、危险品或者未按规定提供的车（船、箱），应及时提交有关部门处理，直到符合要求后才能使用。

⑨绿色食品的运输车辆应该做到专车专用。尤其是长途运输的粮食、蔬菜和鱼类必须有严格的管理措施。在无专车的情况下，必须采用密闭的包装容器。容易腐败的食品，如肉、鱼必须用专用密封冷藏车装运。运输活的有机禽畜和肉制品的车辆，应与其他车辆分开。

⑩绿色乳制品应在低温下或冷藏条件下运输，严禁与任何化学品或其他有害、有毒、有气味的物品混装运输。

复习思考题

1. 结合当地生产实际，谈一下绿色食品种植业生产技术要点。

2. 简答轮作、复种、间套作等种植制度在绿色食品作物生产中的作用。

3. 简答绿色食品作物生产中，植保工作的基本原则、病虫害综合防治的技术措施。

4. 结合当地生产实际，谈一下绿色食品畜禽养殖业生产技术要点。

5. 简述绿色食品畜禽养殖中，畜禽舍场地要求、环境要求、饲料要求。

6. 结合当地生产实际，谈一下绿色食品水产养殖业生产技术要点。

7. 简述绿色食品鱼类饲养管理技术要点。

8. 结合当地生产实际，谈一下绿色食品加工的技术要点。

9. 简述绿色食品加工生产的基本原则。

10. 应从哪几方面对绿色食品加工过程进行质量控制？

11. 如果你要加工绿色食品，在选择加工厂时，你会有什么要求？

12. 简述绿色食品加工设备的要求。

13. 简述绿色食品加工原料的选择要点。

第五章 绿色食品的产品质量检验

第一节 绿色食品产品质量检验概述

一、绿色食品产品质量检验类别

绿色食品产品质量检验工作，是由中心指定的食品检验部门，依据绿色食品卫生标准，对新申报绿色食品产品和正在使用绿色食品标志的产品进行检验，即申报检验（新申报绿色食品产品的检验）和抽样检验（正在使用绿色食品标志的产品的抽样检验）。

（一）申报检验

绿色食品的申报检验是指中心对新申请使用绿色食品标志的企业所申报的各类材料、原料生产基地环境质量监测和评价及各类相关资料审核合格的基础上，委托省级绿色食品质量检验部门，对申报使用绿色食品标志的产品进行质量检验。

申报检验是绿色食品认证工作的基础，也是绿色食品认证工作的重要组成部分。省级绿色食品委托管理机构接到中心对申报产品的抽样单后，将委派 2 名以上（含 2 名）绿色食品标志专职管理人员赴申报企业进行抽样（或由申报企业按规定取样后送至绿色食品定点食品检验中心）。抽样人员应持《绿色食品检查员证书》和《绿色食品产品抽样单》。抽样人员应配带随机抽样工具、封条，与被抽样单位当事人共同抽样。抽样结束时应如实填写《绿色食品产品抽样单》，双方签字，加盖公章。抽样单一式四联，被抽单位、绿色食品定点监测机构、中心认证处、抽样单位各持一联。抽样后，申报企业带上检验费、产品执行标准复印件、绿色食品抽样单、抽检样品送至绿色食品定点食品检测中心（以下简称检测中心）。检测中心依据绿色食品产品标准检验申报产品。检测中心于收到样品三周内出具检验报告，并将结果直接寄至中心标志管理处，不得直接交予企业。对于违反程序，无抽样单的产品，检测中心不予检验，否则，检验结果一律视为无效。中心对检验的产品进行终审，终审合格后，由申请企业与中心签订绿色食品标志许可使用合同，终审不合格者，当年不再受理其申请。

（二）抽样检验

1. **年度抽检**　年度抽检是指中心对已获得绿色食品标志使用权的产品采取的监督性抽查检验。年度抽检是企业年度检查工作的重要组成部分，所有获得绿色食品标志使用权的企业在标志使用的有效期内，必须接受产品抽检。年度抽检工作由中心制定抽检计划，委托相关绿色食品产品质量监测机构按计划实施，省、市、自治区委托管理机构予以配合。绿色食品年度抽检任务以年度抽检计划形式于每年 4 月上旬以前下达各检验机构。各检验机构对计划有异议，须于 4 月底以前向中心提出调整计划的请求。年度抽检的任务量根据中心掌握的产品质量情况而灵活安排，一般情况下，要达到有效使用绿色食品标志产品数量的 30%。各检验机构接到中心下达的检验任务后，根据抽检计划和产品周期适时派专人赴企业或市场上规范随机抽取样品，也可以委托相关委托管理机构协助进行，由绿色食品标志监管员抽样并寄送监测机构。在封样前，企业相关部门和有关人员要配合监测机构工作，并办理签字手续，确保样品的代表性。若在市场上随机取样，应确定样品的真实性。监测机构最迟应于企业使用绿色食品标志年度使用期满前 40 日完成抽检，并将检验报告分别送达中心、有关委托管理机构和企业。

各检验机构赴企业抽样的人员，按照中心的要求对企业生产情况进行调查。在抽样时如果发现倒闭、无故拒检或自行提出不再使用绿色食品标志的企业，须立即通报中心。中心及时通报有关绿色食品办公室取消该企业绿色食品标志的使用权，并予以公告。

各检验机构对检出不合格项目的产品，须立即通报中心，不得擅自通知企业重新送样检验；企业对检验报告如有异议，应于收到报告之日起（以当地邮局邮戳为准）15 日内向出具检验报告的检测机构提出复议申请，由中心安排仲裁检验。未在规定时限内提出异议的，视为认可检验结果。

产品抽检结论为食品标签、感官指标不合格，或产品理化指标中的部分非营养性指标不合格的，中心通知企业在一个月内进行整改，整改措施和复检不合格的取消其标志使用权。

产品抽检结论为卫生指标或理化指标中部分关键性营养指标不合格的，取消其绿色食品标志使用权。对于取消标志使用权的企业及产品，中心及时通知企业及相关委托管理机构，并予以公告。

已经取消绿色食品标志使用权的企业仍想使用绿色食品标志，须在取消绿色食品标志使用权公告一年后重新申报，并由中心派人考察合格后方可获得绿色食品标志使用权。

对抽样检验项目全部合格的，判定为"该批次产品所检项目合格"，有一项指标不合格的，即判为"该批次产品不合格"。凡企业拒绝抽检的，其产品视为不合格产品。抽样检验费用由下达抽样检验工作的部门承担，受检企业不再负责支付检验费用。但如果受检企业对检验部门出具的检验报告持有异议，要求检验机构复检的，如果复检结果没有实质性变化，则第二次检验工作视为委托检验，费用由申请复检的企业支付；如果确实是检验机构工作失误，费用则由检验机构负担。

2. **随机抽检** 中心和各省绿色食品管理机构根据市场信息掌握的绿色食品质量情况而随机进行的抽检办法及处理办法与年度抽检相同。

二、绿色食品产品质量主要检验机构

1. **绿色食品产品质量定点监测机构的委托** 绿色食品定点食品监测机构是中心按照行政区域的划分、绿色食品在全国各地的发展情况、各地食品监测机构的监测能力以及监测单位与中心的合作愿望等因素而由中心直接委托。委托的定点食品监测机构首先应已通过国家级计量认证；其次是该单位被定为行业检测单位，有跨地域检测的资格，检测报告要有权威性；该单位所在地区绿色食品事业发展较快，有必要建立定点食品监测机构；该单位对绿色食品有一定了解，有积极与绿色食品事业协作，为绿色食品发展贡献力量的要求。

2. **绿色食品产品质量定点监测机构的职能** 按照绿色食品产品标准对新申报产品进行监督检验；根据中心的抽检计划，对获得绿色食品标志使用权的产品进行年度抽检；根据中心的安排，对检验结果提出仲裁要求的产品进行复检；根据中心的布置，专题研究绿色食品质量控制有关问题；有计划引进、翻译国际上有关标准，研究和制订我国绿色食品的有关产品标准。

3. **监测机构** 中心在全国共委托几十家绿色食品定点食品监测机构（表5-1）。随着我国绿色食品市场的变化，绿色食品定点食品监测机构将有所增减。

表 5-1 绿色食品定点食品监测机构

序号	监测中心名称	地 址	传 真
1	农业部蔬菜品质监督检验测试中心（北京）	北京中关村南大街 12 号中国农科院蔬菜所	010—68919532
2	农业部畜禽产品质量监督检验测试中心	北京市朝阳区麦子店街 20 号楼	010—64194681

（续）

序号	监测中心名称	地　址	传　真
3	农业部乳品质量监督检验测试中心	天津市南开区士英路 18 号	022—23416617
4	农业部食品质量监督检验测试中心（佳木斯）	佳木斯市安庆街 382 号	0454—8359147
5	内蒙古自治区产品质量检验所（国家乳制品及肉类产品质量监督检验中心）	呼和浩特市乌兰察布西路 281 号	0471—4967254
6	大连市产品质量监督检验所	大连市沙河口区万岁街68 - 2 号	0411—84603289
7	绿色食品中科院沈阳食品监测中心	沈阳市文化路 72 号	024—83970389
8	国家农业深加工产品质量监督检验中心	长春市卫星路 20 号	0431—5374707
9	农业部谷物及制品质量监督检验测试中心（哈尔滨）	哈尔滨市南岗区学府路 368 号	0451—86617548
10	农业部动物及动物产品卫生质量监督检验测试中心	山东省青岛市南京路 369 号	0532—85621583
11	农业部食品质量监督检验测试中心（济南）	济南市桑园路 28 号	0531—8960397
12	农业部食品质量监督检验测试中心（武汉）	武昌市南湖瑶苑 3 号	027—87389465
13	农业部食品质量监督检验测试中心（成都）	成都市东静居寺 20 号	028—84791119
14	农业部农产品质量监督检验测试中心（郑州）	郑州市农业路 1 号	0371—665724245
15	农业部食品质量监督检验测试中心（上海）	上海市闸北区万荣路 467 号	021—36030444
16	农业部畜禽产品质量安全监督检验测试中心（南京）	南京市草场门大街 124 号	025—86263656
17	农业部农产品质量安全监督检验测试中心（南京）	南京市草场门大街 124 号	025—86229784
18	农业部蔬菜品质监督检验测试中心（广州）	广州市天河区五山路省农科院大丰基地	020—38765880
19	农业部食品质量监督检验测试中心（湛江）	广东省湛江市霞山人民大道南 48 号	0759—2228505
20	农业部热带农产品质量监督检验测试中心	海南省海口市城西区学院路两院测试中心	0898—66895004
21	福建省分析测试中心	福州市北环中路 61 号	0591—87814856

（续）

序号	监测中心名称	地　　址	传　　真
22	农业部茶叶质量监督检验测试中心	浙江省杭州市云栖路 1 号	0571－86652004
23	农业部稻米及制品质量监督检验测试中心	浙江省杭州市体育场路 359 号	0571－63370380
24	农业部农产品质量安全监督检验测试中心（合肥）	合肥市樊洼路 18 号	0551－2626918
25	农业部蔬菜品质监督检验测试中心（重庆）	重庆市巴南区走马一村	023－62558001
26	农业部肉及肉制品质量监督检验测试中心	南昌莲塘省农科院内	0791－7090291
27	农业部亚热带果品蔬菜质量监督检验测试中心	广西南宁市邕武路 22 号	0771－3348607
28	农业部农产品质量监督检验测试中心（昆明）	昆明市教场东路省农科院质量标准与检测技术研究所	0871－5140403
29	贵阳市农产品质量安全监督检验测试中心	贵阳市三桥黄花街 50 号	0851－4857565
30	农业部食品质量监督检验测试中心（石河子）	新疆石河子市农垦科学院鸟伊 221 号	0993－2553527

三、绿色食品产品质量检验项目

各绿色食品定点食品监测机构，依据中心及省绿色食品管理机构下发的每年对绿色食品抽检验定内容及项目，进行检测。通常规定的检验项目有：

1. 豆制品

（1）豆制粉：蛋白质、脂肪、硝酸盐、微生物、亚硝酸盐、黄曲霉毒素 B_1 等。

（2）发酵性豆制品：黄曲霉毒素 B_1、防腐剂（苯甲酸）、微生物、铅和砷等。

（3）非发酵性豆制品：食品添加剂（SO_2，H_2O_2，甲酸，苯甲酸）、微生物、铅和砷等。

2. 粮食类 水分、黄曲霉毒素 B_1、敌敌畏、乐果、对硫磷、杀螟硫磷、马拉硫磷、甲拌磷、铅、镉、砷、汞和氟等。

3. 乳制品

（1）液态奶：

①普通液态奶：蛋白质、脂肪、铅、硝酸盐、亚硝酸盐、黄曲霉毒素

M_1、抗生素和微生物等。

②花色奶：蛋白质、脂肪、铅、硝酸盐、亚硝酸盐、黄曲霉毒素 M_1、甜味剂（甜蜜素，糖精钠，安塞蜜）、人工合成色素、防腐剂（山梨酸，苯甲酸）和微生物等。

③强化奶：在普通奶检验项目基础上加测营养强化物质分析。

（2）酸牛奶：脂肪、蛋白质、人工合成色素、甜味剂（甜蜜素，糖精钠，安塞蜜）、铅、苯甲酸和微生物等。

（3）乳粉：

①普通乳粉（加糖与不加糖）：脂肪、蛋白质、铅、硝酸盐、亚硝酸盐、黄曲霉毒素 M_1、抗生素和微生物等。

②配方乳粉：蛋白质、脂肪、硝酸盐、亚硝酸盐、黄曲霉毒素 M_1、抗生素、微生物、维生素 A、维生素 D、维生素 B、维生素 B_1、维生素 B_2、胡萝卜素、牛磺酸、Ca、P、Ca/P 和烟酸等。

（4）炼乳：蛋白质、脂肪、硝酸盐、亚硝酸盐、乳糖结晶颗粒、铅、黄曲霉毒素 M_1、抗生素和微生物等。

（5）含乳饮料：蛋白质、甜味剂（甜蜜素，糖精钠，安塞蜜）、人工合成色素、防腐剂（山梨酸，苯甲酸）、铅和微生物等。

（6）奶油：酸度、脂肪、硝酸盐、亚硝酸盐、黄曲霉毒素 M_1、微生物等。

4. 调味品

（1）酱油：氨基酸态氮、黄曲霉毒素 B_1、三氯丙醇、苯甲酸、菌落总数、大肠菌群、致病菌、砷和铅等。

（2）醋：醋酸、游离矿酸、黄曲霉毒素 B_1、苯甲酸、菌落总数、大肠菌群、致病菌、砷和铅等。

（3）食用盐：氯化钠、水分、水不溶物、碘酸钾（加碘盐）、亚铁氰化钾、铅和砷等。

5. 食用油　浸出油溶剂残留量、黄曲霉毒素 B_1、苯并（a）芘、酸价、加热试验、过氧化值、羰基价、砷和汞等。

6. 茶叶　甲胺磷、乙酰甲胺磷、乐果、氧化乐果、敌敌畏、杀螟硫磷、喹硫磷、三氯杀螨醇、氰戊菊酯、溴氰菊酯、联苯菊酯、氯氰菊酯、铅和铜等。

7. 饮料　苯甲酸钠、山梨酸钠、糖精钠、着色剂（视产品添加的着色剂种类而定）、铅、砷、细菌总数、大肠菌群和致病菌（沙门氏菌）；主要营养成分，视不同种类饮料由各质检机构选定 1～2 项。

8. **蜜饯** Pb、SO_2、防腐剂（山梨酸，苯甲酸）、人工合成色素、甜味剂（甜蜜素，糖精钠，安赛蜜）、大肠菌群、致病菌、霉菌计数等。

9. **白砂糖** 蔗糖分、还原糖、不溶于水杂质、SO_2、菌落总数、大肠菌群、致病菌、铜、砷和铅等。

10. **酒类**

（1）白酒：酒精度、总酸、总酯、固形物、乙酸乙酯（浓香型为乙酸乙酯）、甲醇、杂醇油、铅和锰等。

（2）啤酒：酒精度、原麦汁浓度、总酸、黄曲霉毒素 B_1、硝酸根、游离二氧化硫、山梨酸、甲醛、双乙酸、细菌总数、大肠菌群等。

（3）葡萄酒：干浸出物、酒精度、总酸、总糖、总二氧化硫、山梨酸、细菌总数、大肠菌群、砷和铅等。

11. **蔬菜、水果类** 甲胺磷、乙酰甲胺磷、乐果、氧化乐果、敌敌畏、毒死蜱、克百威、氯氰菊酯、氰戊菊酯、溴氰菊酯、百菌清、铅和镉等。

12. **酱菜** 苯甲酸钠、山梨酸钠、细菌总数、大肠菌数、致病菌、亚硝酸盐、铅、砷、镉、汞和氟等。

13. **方便食品** 黄曲霉毒素 B_1、苯甲酸、菌落总数、大肠菌群、致病菌、砷和铅等。

14. **畜产品类**

（1）蛋及蛋制品：铅、砷、汞、菌落总数、大肠菌群、致病菌、金霉素、土霉素和磺胺类（自选 3～4 种）。

（2）鲜肉：挥发性盐基氮、汞、四环素、金霉素、土霉素和磺胺类（自选 3～4 种）；猪肉加测盐酸克伦特罗、口蹄疫、猪瘟、禽流感、布氏杆菌病。

（3）肉制品（肉松、肉脯、肉干）：水分、亚硝酸盐、菌落总数、大肠菌群和致病菌等。

（4）水产品：铅、砷、汞、菌落总数、大肠菌群、致病菌、金霉素、氯霉素和磺胺类（自选 3～4 种）。

根据这些检验项目，各绿色食品定点监测机构就要按国标或行标进行全面检验，对以上未涉及的抽检产品，各质检机构须自行确定检验项目并报中心同意后实施检验。

四、绿色食品产品质量抽样

（一）抽样要求及方法

抽样是绿色食品产品分析中非常重要的一环。由于被检食品种类差异大、加工及贮藏条件不同，其成分及其含量有相当大的差异；同一分析对象，不同部位的成分和含量也可能有较大差异。所以，采用正确的采样技术采集样品尤为重要，否则，即使以后的样品处理、检验等一系列环节非常精密、准确，其检验的结果亦毫无价值，甚至做出错误的结论。

1. **抽样要求**　抽样过程中应遵循两个原则：一是采集的样品要均匀，具有代表性，能反映全部被检食品的组成、质量及卫生状况；二是采样中避免成分逸散或引入杂质，应保持原有的理化指标。因此，在抽样时应根据国家标准《利用随机数骰子进行随机抽样的方法》（GB 10111—1988）进行。抽样的总体数应包括所有出厂检验合格或交收检验合格的欲进入流通市场的产品，而非特制或特备的样品。另外，抽取的样品应在保质期内。

2. **抽样方法**　抽样有随机抽样和代表性取样两种方法。具体的抽样方法因食品的品种、包装、分析对象的性质和检测项目不同，其要求也不同。

（1）液体物料。液体、半流体食品，如植物油、鲜乳、酒类或其他饮料，若用大桶或大罐包装或散装的，应先充分混合后，分取，缩减到所需数量。样品分别放入 3 个干净的容器中。

（2）较浓稠的半固体物料。如果酱、稀奶油等，开启包装后，用采样器从各包装的上、中、下 3 层分别取样，再混合分取，缩减到所需数量。

（3）均匀固体物料。粮食及粉状固体食品自每批食品的上、中、下 3 层中的不同部位，分别采取部分样品混合后按四分法对角取样。再进行几次混合，最后取有代表性样品。

（4）组成不均的固体物料。肉类、水产品可按分析项目的要求分别从不同部位取样，经混合后代表该只动物情况，或从多只动物的同一部位取样，混合后代表某一部位的样品。果蔬类体积较小的，如山楂、葡萄等，随机取若干个整体，切碎混匀，缩分到所需数量。体积较大的，如西瓜、苹果、萝卜等，采取纵分缩剖的原则，即按成熟度及个体大小的组成比例，选取若干个体，对每个个体按生长轴纵剖分 4 份或 8 份，取对角线 2 份，切碎混匀，缩分到所需数量。体积蓬松的叶菜类，如菠菜、小白菜等，由多个包装（一筐、一捆）分别抽取一定数量，混合后捣碎、混匀、分取，缩减到所需数量。

（5）同类多品种产品的抽样：

①抽样个数的确定：1～5 个的同类产品，抽 1 个样；若超过 5 个，则每增加 1～5 个，多抽 1 个样。

②主、辅原料（不包括水）相同，加工工艺相同的同类产品。如果商品名称相同，商标名称不同的同类产品，随机抽一个样，并做所抽样品的全项目

分析。

③商品名称不同的同类产品。如系列大米、系列红茶、系列绿茶等，按1~5个的同类产品，抽1个样；若超过5个，则每增加1~5个，多抽1个样。做所抽样品的全项目分析。

④主、原辅原料（不包括水）相同，形态加工工艺不同的同类产品，如不同等级的小麦粉、不同加工精度的玉米、不同形态加工工艺的白糖等，确定抽样个数后（同上），并按国际的要求随机抽样，做所抽样品的全项目分析。

⑤主原料（不包括水）相同，加工工艺相同，调味辅料不同且其总含量不超过原料总量5%的同类产品，如不同滋味的泡菜、豆腐干、牛肉干、锅巴、冰淇淋等，确定抽样个数后（同上），做所抽样品的全项目分析。

⑥主原料（不包括水）相同，加工工艺相同，营养强化辅料不同的同类产品，如加入不同营养强化剂的巴氏杀菌乳、灭菌乳或乳粉等，确定抽样个数后（同上），并按国际的要求随机抽样，做所抽样品的全项目分析。其他同类产品各抽250 g，做营养强化项目分析。

3. 抽样的注意事项

(1) 采样必须注意生产日期、批号、代表性和均匀性（掺伪食品和食物中毒样品除外）。取样数量应考虑分析项目的要求、分析方法的要求及被检物的均匀程度3个因素。样品应一式三份，分别供检验、复验及备查或仲裁使用。每份样品数量一般不少于0.5 kg。

(2) 一切采样器具、包装等都应清洁，不应将任何有害物质带入样品中。供微生物检验用的样品，应严格遵守无菌操作规程。

(3) 在食品厂、仓库或商店采样时，应了解食品的生产批号、生产日期、厂方检验记录及现场卫生情况，同时注意食品的运输、保存条件、外观、包装容器等情况。要认真填写采样记录，无采样记录的样品不得接受检验。

(4) 感官不合格的产品不必进行理化检验，直接判为不合格产品。

(5) 采样后应认真填写采样记录单，内容包括：样品名称、规格型号、等级、批号（或生产班次）、采样地点、日期、采样方法、数量、检验目的和项目、生产厂家及详细通讯地址等内容，最后应签上采样者姓名。装样品的容器上要贴牢标签。

(6) 罐头、瓶装食品或其他小包装食品，应根据批号随机取样，同一批号取样件数，250 g以上的包装不得少于6件，250 g以下的包装不得少于10件。

（二）产品抽样单的基本样式

绿色食品检验样品抽样单如表5-2所示。

表 5-2 绿色食品产品抽样单

被抽样单位	名 称		法定代表人（负责人）			职 务	
	地 址		邮 编			电 话	
申报产品名称					生产企业检验合格与其产品批量		
抽检产品名称							
产品执行标准							
出厂批号				商 标			
生产日期				型号规格			
保质期				包装方式			
样品情况	抽样标准号			抽样地点			
	抽样方法			样品数量及单位			
封样运样情况	包装方式			封 条 数 量			
	运样单位						
	抽样单位抽样人（签名）				被抽样单位当事人（签名）		
	（章） 年 月 日				（章） 年 月 日		
备注							

第二节 绿色食品产品质量检验的主要内容及程序

一、绿色食品产品质量检验的主要内容

由于食品成分的复杂性，因此，对于不同种类的食品，其分析检验的项目也各不相同。另外，某些种类的食品还有特定的分析项目，这使得食品检验的范围十分广泛。绿色食品产品标准与普通食品的国家标准相比，体现在检验项目种类多、指标严，而且有些还增加了检验项目。根据绿色食品产品标准规定的外观品质、营养品质、卫生品质、食品添加剂等的要求，绿色食品检验主要包括以下内容。

（一）感官检验

绿色食品的感官检验是通过人的味觉、嗅觉、触觉和视觉对食品的色泽、风味、气味、滋味和组织状态、硬度等外部特征进行评价的方法。感官指标

（如外形、色泽、风味、气味、滋味、软、硬、弹性、韧性、黏、滑、干燥、浑浊度等），往往能体现绿色食品的品质和质量，当绿色食品的质量发生变化时，某些感官指标也发生变化。因此，通过感官检验可判断绿色食品的质量及其变化。绿色食品感官品质包括外形、色泽、滋味、气味、口感、质地等，其要求高于同类非绿色食品。例如，绿色食品全脂乳粉感官评分标准（表5-3）均达到国家标准（GB 5410—1999）的特级标准（表5-4）。再如，国家大豆油标准（GB 1535—1986）无"透明度"这项感官指标（表5-5），而绿色食品大豆油标准（NY/T 286—1995）增加了"透明度"指标（表5-6）。

表5-3 绿色食品全脂乳粉感官指标（GB 5410—1999）

项　目	要　求
色泽	呈均匀一致的乳黄色
气味、滋味	具有纯正的乳香味
组织状态	干燥、均匀的粉末
冲调性	经搅拌可迅速溶解于水中，不结块

表5-4 全脂乳粉感官指标（GB 5410—1999）

项目	级　别　要　求		
	特　级	一　级	二　级
色泽	全部呈浅黄色，均匀一致	黄色特殊或带浅白色	色泽不正常
组织状态	干燥粉末，无结块现象	结块易松散或有少量硬粒，有焦粉粒或小黑点	贮藏时间较长，凝块较结实；有肉眼可见杂质或异物
滋味和气味	具有消毒牛乳的纯香味，无其他异味；或滋、气味稍淡，无异味	有过度消毒的滋味和气味；滋、气味平淡无乳香味；有轻微不清洁、不新鲜的滋、气味	有焦粉味、饲料味、脂肪氧化味和其他异味
冲调性	湿润下沉块，冲调后完全无团块，杯底无沉淀物	冲调后有少量团块	冲调后团块较多

表5-5 国家大豆油标准（GB 1535—1986）

项　目	等　级　要　求	
	一　级	二　级
色泽（罗维朋比色计1英寸槽）	≤黄70红4	≤黄70红6
气味、滋味	具有大豆油固有的气味和滋味，无异味	具有大豆油固有的气味和滋味，无异味
酸价，mgKOH/g	≤1.0	≤4.0
水分及挥发物，%	≤0.10	≤0.20
杂质	≤0.10	≤0.20
加热试验（280℃）	油色不得变深，无析出物	油色允许变深，但不得变黑，允许有微量析出物
含皂量，%	≤0.03	≤一

表5-6 **绿色食品大豆油标准** (NY/T 286—1995)

项 目	要 求
色泽（罗维朋比色槽25.4mm）	Y70 R4.0
透明度	澄清、透明、无任何悬浮物
气味、滋味	具有大豆油固有的气味和滋味、无异味

（二）营养成分的分析

食品是供给人体能量，构成人体组织和调节人体内部产生的各种生理过程所需要的原料，食品必须含有人体所需的营养成分，如水分、灰分、矿物元素、脂肪、碳水化合物、蛋白质与氨基酸、有机酸、维生素等。不同的食品所含营养成分的种类和含量各不相同，在天然食品中，能够同时提供各种营养成分的品种较少，人们必须根据人体对营养的要求，进行合理搭配，以获得较全面的营养。绿色食品对食品的优质、营养特性有较高的要求，蛋白质、脂肪、糖类、维生素等指标不低于国标要求，例如，普通食用玉米质量指标按GB 1353—1999（表5-7）要求分为3个等级，而绿色食用玉米质量要求的各项指标应符合GB 1353—1999中一等玉米的质量要求（表5-8），对营养品质的分析评价，是绿色食品产品检验工作的重要内容。

表5-7 **国家食用玉米质量指标** (GB 1353—1999)

等级	粗蛋白（干基），%	粗脂肪（干基），%	赖氨酸（干基），%	肪酸值（KOH），mg/100g	水分，%	杂质，%	不完善粒,%	
							总量	其中：生霉粒
一	≥11.0	≥5.0	≥0.35					
二	≥10.0	≥4.0	≥0.30	≤40	≤14.0	≤1.0	≤5.0	0
三	≥9.0	≥3.0	≥0.25					

表5-8 **绿色食品食用玉米质量指标** (GB 1353—1999)

等级	粗蛋白（干基），%	粗脂肪（干基），%	赖氨酸（干基），%	肪酸值（KOH），mg/100g	水分，%	杂质，%	不完善粒,%	
							总量	其中：生霉粒
要求	≥11.0	≥5.0	≥0.35	≤40	≤14.0	≤1.0	≤5.0	0

（三）食品添加剂的分析

在绿色食品生产中，为了改善食品的感官形状，或为了改善食品原来的品质，提高产品的耐贮藏性和稳定性，保持和提高产品的营养价值，或因加工工艺需要，常加入一些辅助材料——食品添加剂。由于目前所使用的食品添加剂多为化学合成物质，某些食品添加剂对人体具有一定的毒性（如亚硝酸钠），所以国家对食品添加剂的使用范围及用量作了严格的规定（GB 2760—1996）。另外，国家绿色食品管理机构出台了《生产绿色食品禁止使用的食品添加剂种类》，并对在绿色食品生产过程中允许使用的食品添加剂的种类和数量作了严格规定。为了监督在绿色食品产品生产中合理地使用食品添加剂，必须对绿色食品中使用的添加剂种类及使用数量进行检验。

（四）卫生品质的分析

由于在绿色食品产品的生产或贮藏过程中常引起细菌、霉菌及其毒素的污染；或者由于不合理地使用农药造成农作物的污染，以及不合理地使用兽药造成动物的污染，所以，必须对绿色食品的卫生品质进行分析。绿色食品的卫生标准在检验项目方面要严于普通同类食品卫生标准。例如，绿色食品粮食类产品的卫生标准检验项目有：磷化物、氰化物、二硫化碳、氯化物、氟化物、黄曲霉毒素 B_1、七氯、艾氏剂、狄氏剂、六六六、DDT、敌敌畏、乐果、马拉硫磷、对硫磷、杀螟硫磷、倍硫磷、砷、汞、镉共 20 项指标；而常规粮食类产品的卫生检验项目有马拉硫磷、磷化物、氰化物、二硫化碳、氯化物、砷、汞、六六六、DDT、黄曲霉毒素 B_1 共 10 项指标。再如，绿色食品全脂加糖乳粉的卫生标准检验项目有铅、铜、汞、砷、锌、硒、硝酸盐、亚硝酸盐、六六六、DDT、黄曲霉素、抗生素、细菌总数、大肠菌群、致病菌共 15 项指标；而常规乳粉的卫生检验一般有细菌、大肠菌群和致病菌 3 项指标。

绿色食品卫生标准一般分为细菌、有害重金属、农药残留和兽药残留等几部分。其中，农药残留、兽药残留和重金属等污染指标与国外先进标准或国际标准接轨。如在绿色食品检验工作中对大多数产品都需进行有机氯和有机磷农药残留的检验。农药残留指标通过检验对硫磷、六六六、DDT、杀螟硫磷、倍硫磷、敌敌畏、乐果、马拉硫磷、二氧化硫等物质的含量来衡量；对于其他农药种类的检验，可根据产品的品种作具体的要求。绿色食品卫生标准中菌落总数、大肠菌群、致病菌、粪便大肠杆菌、霉菌等微生物污染指标通过检验大肠杆菌和致病菌来衡量。另外，有些产品的卫生标准中还包括黄曲霉毒素和溶剂残留量等。特别是在粮油及其制品（如花生、花生油、玉米、大米等）中，易产生黄曲霉毒素。由于食品的生产或贮藏环节不当而引起的微生物污染物中，危害最大的是黄曲霉毒素。黄曲霉毒素属剧毒物质，其毒性比氰化钾还高，也是目前最强的化学致癌物质。其中黄曲霉毒素 B_1 的毒性和致癌性最强，故各国对其在食品中的含量都有严格限制。在多数绿色食品产品的标准中都对卫生标准作了严格规定，表 5 - 9、表 5 - 10、表 5 - 11、表 5 - 12 分别列出了绿色食品玉米、大米、大豆、白菜类蔬菜的卫生要求。

表 5-9　绿色食品玉米的卫生要求

项　目	指　标
磷化物（以 PH_3 计），mg/kg	不得检出
氰化物（以 HCN 计），mg/kg	不得检出
氯化物，mg/kg	不得检出
二硫化碳（以 CS_2 计），mg/kg	不得检出
敌敌畏，mg/kg	≤0.05
乐果，mg/kg	≤0.02
马拉硫磷，mg/kg	≤1.5
对硫磷，mg/kg	不得检出
甲拌磷，mg/kg	不得检出
杀螟硫磷，mg/kg	≤1.0
倍硫磷，mg/kg	不得检出
六六六，mg/kg	≤0.05
DDT，mg/kg	≤0.05
黄曲霉毒素 B_1，μg/kg	≤10
砷（以 As 计），mg/kg	≤0.4
汞（以 Hg 计），mg/kg	≤0.01
铅（以 Pb 计），mg/kg	≤0.2
镉（以 Cd 计），mg/kg	≤0.1
氟（以 F 计），g/kg	≤1.0

注：其他农药使用方式及限量应符合 NY/T 393 的规定。

表 5-10　绿色食品大米的卫生要求

项　目	指　标
磷化物（以 PH_3 计），mg/kg	不得检出
氰化物（以 HCN 计），mg/kg	不得检出
氯化物，mg/kg	不得检出
二硫化碳（以 CS_2 计），mg/kg	不得检出
敌敌畏，mg/kg	≤0.05
乐果，mg/kg	≤0.02
马拉硫磷，mg/kg	≤1.5
对硫磷，mg/kg	不得检出
甲拌磷，mg/kg	不得检出
杀螟硫磷，mg/kg	≤1.0
倍硫磷，mg/kg	不得检出
六六六，mg/kg	≤0.05
DDT，mg/kg	≤0.05
黄曲霉毒素 B_1，μg/kg	≤5.0
砷（以 As 计），mg/kg	≤0.4
汞（以 Hg 计），mg/kg	≤0.01
铅（以 Pb 计），mg/kg	≤0.2

（续）

项　目	指　标
镉（以 Cd 计），mg/kg	≤0.1
氟（以 F 计），g/kg	≤1.0
杀双虫，mg/kg	≤0.1
三环唑，mg/kg	≤1.0

注：其他农药使用方式及限量应符合 NY/T 393 的规定。

表 5 - 11　绿色食品大豆的卫生要求

项　目	指　标
磷化物（以 PH_3 计），mg/kg	≤0.04
氰化物（以 HCN 计），mg/kg	≤0.2
氯化物，mg/kg	≤0.2
二硫化碳（以 CS_2 计），mg/kg	≤1.0
敌敌畏，mg/kg	≤0.05
乐果，mg/kg	≤0.02
马拉硫磷，mg/kg	≤0.1
杀螟硫磷，mg/kg	≤0.2
倍硫磷，mg/kg	≤0.02
六六六，mg/kg	≤0.05
DDT，mg/kg	≤0.05
黄曲霉毒素 B_1，μg/kg	≤5
砷（以 As 计），mg/kg	≤0.1
汞（以 Hg 计），mg/kg	≤0.01
氟（以 F 计），g/kg	≤0.8

注：其他农药使用方式及限量应符合 GB 8321、GB 4285 及相关标准规定。

表 5 - 12　绿色食品白菜类蔬菜的卫生要求

项　目	指　标
砷（以 As 计），mg/kg	≤0.2
汞（以 Hg 计），mg/kg	≤0.01
铅（以 Pb 计），mg/kg	≤0.1
镉（以 Cd 计），mg/kg	≤0.05
氟（以 F 计），g/kg	≤0.5
敌敌畏，mg/kg	≤0.1
乐果，mg/kg	≤0.5
马拉硫磷，mg/kg	不得检出
乙酰甲胺磷，mg/kg	≤0.02
杀螟硫磷，mg/kg	≤0.2
毒死蜱，mg/kg	≤0.05
敌百虫，mg/kg	≤0.1

（续）

项　目	指　标
喹硫磷，mg/kg	≤0.1
氯氰菊酯，mg/kg	≤0.1
溴氰菊酯，mg/kg	≤0.5

（五）其他有害物质的分析

绿色食品在生产、加工、包装、运输、贮存和销售等各个环节中，常被污染或产生某些对人体有害的物质。所以，为保证绿色食品的安全性，必须对其中的有害物质进行监督检验。

（1）有害元素。这是由于工业三废、生产设备、包装材料等产生的有害元素，如砷、镉、汞、铅、铜、铬、锡、锌、硒等，在绿色食品产品质量检验时必须对这些有害元素加以分析。

（2）食品加工中形成的有害物质。在一些绿色食品加工的过程中，由于生产设备不先进或没有按照绿色食品加工技术操作规程进行生产，所形成的有害物质对人体危害极大。如在腌制、发酵等加工过程中，可形成亚硝胺；在烧烤、烟熏等加工中，可形成 3,4 - 苯并芘、二苯并蒽等。

（3）来自包装材料的有害物质。由于使用了质量不符合卫生标准要求的包装材料，就有可能对食品造成污染。如聚氯乙烯、印刷油膜中的多氯联苯、荧光增白剂等。

二、绿色食品产品质量检验的程序

（1）中心对全国绿色食品抽样工作实施统一监督管理，省级绿色食品办公室负责本区域内绿色食品抽样工作的实施。

省级绿色食品委托管理机构收到中心下发绿色食品产品质量抽检计划、项目、判定依据、相关要求及抽样单后，认真填抽样单，并由省级绿色食品办公室委派绿色食品检查员进行抽样。如果是申报检验，将委派 2 名以上（含 2 名）绿色食品标志专职管理人员赴申报企业进行抽样（或由申报企业按规定取样后送至绿色食品定点食品检验中心）。如果是抽样检验，省绿色食品管理机构或绿色食品定点的质量监督检验机构，按照绿色食品检验工作抽样规范要求，到绿色食品生产企业或该企业提供的供货地点抽取检验样品；或接受受检企业提供的具有代表性的受检产品作为检验样品。绿色食品定点的质量监督检验部门负责收样，并安排检验。

（2）抽样人员应持《绿色食品检查员证书》和《绿色食品产品抽样单》，

以及配带随机抽样工具、封条，与被抽样单位当事人共同抽样。抽样结束时应如实填写《绿色食品产品抽样单》，双方签字，加盖公章。抽样单一式四联，被抽单位、绿色食品定点监测机构、中心认证处、抽样单位各持一联。

（3）样品一般应在申请人的产品成品库中抽取。抽取的产品应已经出厂检验合格或交收检验合格。抽取的样品应立即装箱，贴上抽样单位封条。被抽样单位应在2个工作日内将样品寄、送绿色食品定点监测机构。抽样人员根据现场检查和国内外贸易的需要，有权提出执行标准规定项目以外的加测项目。

（4）如果抽样人员少于2人的、抽样人员无《绿色食品检查员证书》的、提供的抽样产品与申请认证产品名称或规格不符的、产品未经被抽样单位出厂检验合格或交收检验合格的，不能进行抽样。

（5）根据检验项目要求进行样品制备，制成相应的待测试样，同时将复检及备检样品妥善保管。按采样规程采取的样品往往数量较多、颗粒大、组成不均匀，必须对样品进行粉碎、混匀、缩分，以代表全部样品的成分。

（6）样品送交检验室按照规定检验方法检验，并根据检验结果提交检验报告。

（7）检验报告经三级审核（化验室具体化验员填写原始化验单为一级审核、化验室负责人填写质量审核单为二级审核、质检中心技术负责人填写质量审核单为三级审核）后，由检验中心负责人签批后报有关部门及受检企业。

（8）受检企业如对检验结果持有异议，可在接到检验报告一个月内，向检验中心或绿色食品主管部门提出复检申请。

第三节 绿色食品产品质量检验的主要方法

一、绿色食品产品质量检验原则

（1）检验方法中所采用的名词及单位制，必须符合国家规定的标准及法定计量单位。如温度以摄氏度表示，符号为℃，压力单位为帕斯卡，符号为Pa。

（2）实验中所用的玻璃量器、玻璃器皿须经彻底洗净后才可使用。检验中所用的滴定管、移液管、容量瓶、刻度吸管、比色管等玻璃量器均应按国家有关规定及规程进行检定校正后使用，所量取体积的准确度应符合国家标准对该体积玻璃量器的准确度要求。

（3）检验方法所使用的马弗炉、恒温干燥箱、恒温水浴锅等控温设备均应按国家有关规定及规程进行测试和校正。

（4）实验中所用的天平、酸度计、分光光度计、色谱仪等测量仪器均应按国家有关规定及规程进行测试和校正。

（5）检验方法中所使用的水，在没有注明其他要求时，系指其纯度能满足分析要求的蒸馏水或去离子水。

（6）配制溶液时所使用的试剂和溶剂的纯度应符合分析项目的要求。应根据分析任务、分析方法、对分析结果准确度的要求等选用不同等级的化学试剂。一般试剂和提取用溶剂，可用化学纯（CR）；配制微量物质的标准溶液时，试剂纯度应在分析纯（AR）以上；标定标准溶液所用的基准物质，应选用优级纯（GR）；若试剂空白值较高或对测定发生干扰时，则需用纯度级别更高的试剂，或将试剂纯化处理后再用。

（7）数据的计算和取值，应遵循有效数字法则及数字修约规则（四舍、六入、五留双规则）。

（8）检验时必须做平行试验。

（9）检验结果表示方法，要按照相应标准的规定执行。检验结果的表示方法，应与食品卫生标准的表示方法一致。如每百克样品中所含被测物质的毫克数表示为 mg/100g（毫克百分含量），每千克（或每升）样品中所含被测物质的毫克数，表示为 mg/kg 或 mg/L，每千克（或每升）样品中所含被测物质的微克数表示为 μg/kg 或 μg/L。

（10）一般样品在检验结束后应保留一个月，以备需要时复查，保留期限从检验报告单签发日起计算。易变质食品不予保留。保留样品应加封存放在适当的地方，并尽可能保持其原状。

二、绿色食品产品质量检验的主要方法

以绿色食品产品标准为核心的感官品质、营养成分品质、卫生品质等进行检验所采用的具体检验方法有许多，而且对某一项的检验所采用的方法也不是单一的。比如，李斯特氏菌的检测方法有冷增菌法、常温培养法、免疫学检测法和分子生物学法等；抗生素残留的检验方法有 MIT 法、TTC 法、ELISA 法和放射免疫测定法等；农药残留检验方法大致可分为生物测定法、化学分析法、兼生物及化学的免疫分析法和生化检验法以及仪器分析法（分光光度法、质谱法、原子吸收光谱法、薄层层析法、气相色谱法、液相色谱法、同位素标记法、核色质联用法等）。

在绿色食品实际检验工作中所采用的检验方法，应严格按照相关产品质量标准中所列出的检验方法执行。对产品质量中未列出检验方法的项目，要按照国家标准、行业标准或参考适宜的国际标准执行。在国家标准测定方法中同一检验项目如有两个或两个以上检验方法时，检验中心根据不同的条件选择使

用，但以第一法为仲裁法。绿色食品中常见项目检验方法如表 5 - 13 所示。

表 5 - 13　绿色食品中常见项目检验方法

检测项目	标准编号	标准名称
菌落总数	GB 4789.2—1994	食品卫生微生物学检验　菌落总数测定
大肠菌群测定	GB 4789.3—1994	食品卫生微生物学检验　大肠菌群测定
沙门氏菌检验	GB 4789.4—1994	食品卫生微生物学检验　沙门氏菌检验
志贺氏菌检验	GB 4789.5—1994	食品卫生微生物学检验　志贺氏菌检验
溶血性链球菌检验	GB 4789.11—1994	食品卫生微生物学检验　溶血性链球菌检验
霉菌和酵母计数	GB 4789.15—1994	食品卫生微生物学检验　霉菌和酵母计数
乳与乳制品检验	GB 4789.18—1994	食品卫生微生物学检验　乳与乳制品检验
金黄色葡萄球菌检验	GB 4789.10—1994	食品卫生微生物学检验　金黄色葡萄球菌检验
水分	GB 5099.3—1985	食品中水分的测定方法
蛋白质	GB 5009.5—1985	食品中蛋白质的测定方法
炼乳	GB 5009.6—1985	全脂无糖炼乳检验方法
砷	GB 5009.11—1996	食品中总砷的测定方法
铜	GB 5009.13—1996	食品中铜的测定方法
铅	GB 5009.12—1996	食品中铅的测定方法
锌	GB 5009.14—1996	食品中锌的测定方法
氟	GB/T 5009.18—1996	食品中氟的测定方法
镉	GB/T 5009.15—1996	食品中镉的测定方法
锡	GB/T 5009.16—1996	食品中锡的测定方法
汞	GB/T 5009.17—1996	食品中汞的测定方法
六六六，DDT	GB/T 5009.19—1996	食品中六六六、滴滴涕残留量的测定方法
有机磷农药	GB/T 5009.20—1996	食品中有机磷农药残留量的测定方法
$AFTB_1$	GB/T 5009.22—1996	食品中黄曲霉毒素 B_1 的测定方法
$AFTB_1$，M_1	GB/T 5009.24—1996	食品中黄曲霉毒素 M_1 与 B_1 的测定方法
苯并（a）芘	GB/T 5009.27—1996	食品中苯并（a）芘的测定方法
亚硝酸盐与硝酸盐	GB/T 5009.33—1996	食品中亚硝酸盐与硝酸盐的测定方法
粮食中卫生标准要求项目	GB/T 5009.36—1996	粮食中卫生标准的分析方法
牛乳检验项目	GB 5409—1985	牛乳检验方法
植物油卫生标准项目	GB 5009.37—1996	食用植物油卫生标准的分析方法
乳粉中硝酸盐及亚硝酸盐	GB/T 5413.32—1997	乳粉、硝酸盐、亚硝酸盐的测定
水果、蔬菜中维生素 C	GB 6195—1986	水果、蔬菜维生素 C 含量测定法（2，6 - 二氯靛酚滴定法）
钾、钠	GB 12397—1990	食物中钾、钠的测定方法
铁、镁、锰	GB 12396—1990	食物中铁、镁、锰的测定方法
钙	GB 12398—1990	食物中钙的测定方法
硒	GB 12399—1990	食品中硒的测定方法
总酸	GB 12456—1990	食品中总酸的测定方法
氯化钠	GB 12457—1990	食品中氯化钠的测定方法

三、绿色食品产品检验报告

绿色食品产品质量检验报告是绿色食品产品质量监督检验工作的最终成

果。对新申请使用绿色食品标志的产品来讲，它是判定该产品是否符合绿色食品标准的最重要的依据，不论对保证绿色食品产品的质量和信誉，还是对申报企业能否成功申报来讲，都具有十分重要的意义；对抽检工作来讲，它是判定某一绿色食品生产企业所生产的绿色食品产品是否能够始终保证产品质量，从而间接推断该生产加工企业的质量管理水平是否符合生产绿色食品要求的重要依据。绿色食品产品质量检验部门出具的绿色食品产品质量检验报告，应严格按照国家产品质量监督检验工作的要求执行。检验报告要包括受检单位及产品名称、检验类别（申报或抽检）、检验产品数量、代表产品总量、产品等级、产品质量标准、检验标准、产品来源等各种相关信息，并最终明确判定该产品是否符合相关产品质量标准的要求。下面以农业部谷物及制品质量监督检验测试中心（哈尔滨）为例介绍绿色食品产品质量检验报告的基本格式如表 5-14 所示。

表 5-14　食品产品检验报告基本格式

<p align="center">**检 验 报 告**</p> <p align="center">产品名称</p><p align="center">受检单位</p><p>检验类别＿＿＿＿＿＿绿色食品申报（或抽检）</p> <p>农业部谷物及制品质量监督检验测试中心（哈尔滨）</p>
<p align="center">**注 意 事 项**</p><p>报告无"检验报告专用章"或检验单位公章无效。</p><p>复制报告未重新加盖"检验报告专用章"或检验单位公章无效。</p><p>报告无制表、审核、批准人签章无效。</p><p>报告涂改、骑缝不完整无效。</p><p>对检验报告若有异议，应于收到报告之日起十五日内向检验单位提出，逾期不予受理。</p><p>一般情况，委托检验仅对来样负责。</p><p>未经本中心同意，本报告不得用于商业宣传做广告。</p><p>本中心对所出具的报告负法律责任。</p><p>地址：黑龙江省哈尔滨市南岗区学府路 368 号</p><p>电话：0451—86664921　　传真：0451—86664921</p><p>开户银行：哈市农行西桥支行　邮政编码：150086</p><p>银行账号：</p>

（续）

農业部谷物及制品质量监督检验测试中心（哈尔滨）
检验报告

No. 共 2 页第 1 页

产品名称		型号规格	
样品编号		商　标	
受检单位		检验类别	绿色食品申报或抽样
生产单位		样品等级	
抽样地点		送样日期	
样品数量		送样者	
抽样基数		原编号或生产日期	
检验依据		检验项目	
所用主要仪器		实验环境条件	
检验结论		签发日期　　年　　月　　日	
备注			

批准：　　　　　　审核：　　　　　　　　　　制表：

農业部谷物及制品质量监督检验测试中心（哈尔滨）
检验报告

No.

共 2 页第 2 页

检验项目	单位	标准要求	检验结果	方法检出限	单项判定

复习思考题

1. 申报检验与抽样申报检验有何异同？

2. 绿色食品产品质量检验主要有哪些内容？

3. 绿色食品卫生标准和普通食品卫生标准在检验项目方面有什么区别？举例说明。

4. 根据你的了解，谈谈你所在区域绿色食品产品质量检验情况？

5. 结合实际情况，谈谈如何加强我国绿色食品质量检验工作？

第六章　绿色食品标志管理及认证

第一节　绿色食品标志管理

一、绿色食品标志管理概述

（一）绿色食品标志管理的性质

1. 绿色食品标志管理是一种质量管理　所谓管理，泛指人类协调共同生产活动中各要素关系的过程。美国管理学家 H. 孔茨认为"管理就是创造一种环境，使置身于其中的人们能在集体中一道工作，以完成预定的使命和目标。"绿色食品标志管理，是针对绿色食品工程的特征而采取的一种管理手段，其对象是全部的绿色食品和绿色食品生产企业；其目的是为绿色食品的生产者确定一个特定的生产环境（包括生产规范等），以及为绿色食品流通创造一个良好的市场环境（包括法律规则等）；其结果是维护这类特殊商品的生产、流通、消费秩序，保证绿色食品应有的质量。因此，绿色食品的标志管理，实际上是针对绿色食品的质量管理。

2. 绿色食品标志管理是一种认证性质的管理　认证主要来自买方对卖方产品质量放心的客观需求。1991 年 5 月，国务院发布的《中华人民共和国产品质量认证管理条例》，对产品质量认证的概念作了如下表述："产品质量认证是根据产品标准和相应技术要求，经认证机构确认，并通过颁发认证证书和认证标志来证明某一产品符合相对标准和相应技术要求的活动"。

由于绿色食品标志管理的对象是绿色食品，绿色食品认定和标志许可使用的依据是绿色食品标准，绿色食品标志管理机构——中国绿色食品发展中心是独立处于绿色食品生产企业和采购企业之外的第三方公正地位，绿色食品标志管理的方式是认定合格的绿色食品——颁发绿色食品证书和绿色食品标志，并予以登记注册和公告，所以说绿色食品标志管理是一种质量认证性质的管理。

3. 绿色食品标志管理是一种质量证明商标的管理　绿色食品是经中心在

国家工商行政管理局商标局注册的质量证明商标，用以证明无污染的安全、优质营养食品。和其他商标一样，绿色食品标志具有商标所有的通性：专用性、限定性和保护地域性，受法律保护。

证明商标又称保护商标，是由对某种商品或服务具有检测和监督能力的组织所控制，而由其以外的人使用在商品或服务上，用以证明该商品或服务的原产地、原料、制造方法、质量、精确度或其他特定品质的商品商标或服务商标。与一般商标相比，证明商标具有以下几个特点：

（1）证明商标表明商品或服务具有某种特定品质，而一般商标表明商品或服务出自某一经营者。

（2）证明商标的注册人必须是依法成立、具有法人资格、对商品或服务的特定品质具有监控能力，而一般商标的注册申请人只须是依法登记的经营者。

（3）证明商标的注册人不能在自己经营的商品或服务上使用该证明商标，一般商标的注册人可以在自己经营的商品或服务上使用自己的注册商标。

（4）证明商标经公告后的使用人，可作为利害关系人参与侵权诉讼，一般商标的被许可人不能参与侵权诉讼。

（二）绿色食品标志管理的目的

绿色食品标志管理的最终目的，是充分保证绿色食品的质量可靠、绿色食品事业的健康发展。鉴于绿色食品标志管理具有产品质量管理、产品质量合格认证、产品质量证明商标这3个特点，因此，其作用于这3个层面上的目的是有区别的。

对绿色食品的质量管理而言，绿色食品生产者通过对产品及产品原料产地的生态环境、产品的生产、加工过程以及产品的运输、贮存、包装等过程质量体系的建立，进而使用绿色食品标志，一方面可以更好地了解自己的产品质量，且在被"追究质量责任"时能够提出足够的证据为自己辩护，另一方面可以自信地向买方宣传自己的产品。

对绿色食品的质量认证而言，处于第三方公正地位的认证者给被认证者颁发绿色食品标志，证明认证者完成了认证过程，且被认证的产品符合认证标准，同时也是对自己权威性认证水平的一种承诺。

对绿色食品质量证明商标而言，由商标的持有人帮助消费者将绿色食品与普通食品作以形象上的区分，同时以法律的形式向消费者保证绿色食品具有无污染、安全、优质、营养等品质，既能取得消费者的信赖，又能对消费者的消费行为进行引导。

（三）绿色食品实施标志管理的作用

从标志这一形式的基本特点出发可以发现，实施标志管理最显而易见的作用是，标志本身的标记作用或区别作用，即通过绿色食品标志把绿色食品和普通食品区别开来。然而，仅仅采取标志管理是远远不够的。从绿色食品涉及农业发展方向和人民生活质量来考虑，实施绿色食品标志管理，有以下作用：

1. **通过标志管理，广泛传播绿色食品概念**　"绿色食品"标志作为质量商标注册之后，即纳入法制管理。从此意义上讲，这是标志管理极其重要的目的之一。为此，必须强化绿色食品事业法制管理的特点，加强绿色食品标志的宣传。

2. **通过标志管理，实施品牌战略**　由于绿色食品标志是证明商标，从而使绿色食品拥有了国际竞争的天然利器。通过标志管理，不断完善绿色食品的质量体系，提高绿色食品企业的生产水平、技术水平、管理水平和营销水平，增加产品的附加值和市场竞争能力；学会运用商标开拓市场、占领市场，是绿色食品企业实施品牌战略的有效途径。当然，要形成名牌，必须经过一个长期的积累过程。绿色食品标志作为商标，它是知识产权，要靠全体绿色食品企业在培养名牌的过程中共同创造、积累和利用。

3. **通过标志管理，连接生产者、管理者和监督者的责任**　由于标志代表着市场利益和消费者的价值尺度，所以对一个使用绿色食品标志的企业而言，它在保证其产品符合基本要求的同时，还要对消费者和认证者承担双重的责任。生产企业使用这枚标志的同时，就等于向标志的所有者和消费者做出质量方面的承诺。因此，它必须自觉接受有关方面的管理和监督。标志的所有者在许可企业使用这枚标志的同时，也拥有了在一定条件下撤销许可的权利，他有责任对使用者进行管理和监督；消费者在接受标有这枚标志的商品时，自然成为接受企业质量承诺的对象，他也有责任对企业进行监督。另外，标志的所有者在许可企业使用这枚标志的过程中，是否坚持标准，是否公正、公平，以及在许可企业使用标志之后，是否管理有利，也要受国家有关部门和广大消费者的监督。这种监督的依据，不能脱离标志的权利关系。因此，标志既是生产、管理、监督三方发生联系的纽带，也是衡量三方责任的尺度，是处理责任者的有力手段。

4. **通过绿色食品标志管理，促进绿色食品与国际接轨**　目前各国同类食品由于被支持的理论学说的差异，使各自在对同类食品的命名上不尽一致，认证标准和贸易条件也存在差异，这很大程度地影响了相互间的交流。尽管国际有机农业运动联盟在此问题上已做了相当大的努力，至今仍未从根本上使问题得到圆满解决。我国绿色食品于20世纪90年代初开始实行，由于更多地注重与中国的具体国情相结合，因此在许多方面并不照搬外国的做法，而是尽可能多地保留自己的特色。然而，这并不影响绿色食品突破东西方人的思维方式、习惯及文化背景而走向世界，原因在于我们既强调民族特色，又注重与国际惯例接轨，即在质量管理上与国际保持一致，在达到要求的组织方式上充分考虑国情。

首先，我们实施标志管理，使绿色食品的认定过程完全符合国际质量认证程序，注重企业的质量体系建设；其次，实施标志管理，使绿色食品的认证标准与国际准则一致，从而保证了绿色食品与国际同类食品在衡量尺度上的一致性；再次，实施标志管理，使每个认证后的绿色食品都标着特有的标志进入市场，便于国际贸易。对于进口方的经销商和消费者而言，也许只要看到产品上贴有熟悉的认证标志，便买得安心、吃得放心。所以，认证标志几乎是产品跨国流通的特别护照。

5. **通过标志管理，体现绿色食品的效益**　通过绿色食品标志管理，给企业带来了显而易见的效益。直接效益是使用标志的产品价格提升，间接效益是使用标志的产品销量增加。由于消费者接受了标志所证明的商品的品质和价值，使得使用绿色食品标志的产品价格提升，且易被消费者接受。而保护生态环境这一无形的价值，消费者接受的程度，取决于标志在人们心目中的信任度。同样的道理，尽管绿色食品价格不变，但在目前假冒伪劣产品还较多的形势下，消费者购买带有绿色食品标志的产品，多了一份安全保障。因此，产品销售量增加，也间接的增加了企业效益。

6. **通过标志管理，保护消费者的利益**　消费者对商品有个消费选择的过程。绿色食品通过实施标志管理，使进入市场的产品都按一定规范使用绿色食品标志，并采取了相应的防伪技术措施，从而使消费者能够方便地选择购买，不至于因误购不符合标准的劣质产品上当受骗，导致身心受到损害，生命安全受到威胁。当然，标志的导购效果必须依赖于消费者对国家质量认证制度、证明商标注册制度的认识和理解，因此，对管理部门而言，一方面要认真把握绿色食品质量，另一方面要大力宣传绿色食品知识。

（四）绿色食品标志管理的原则

1. **自愿参与原则**　自愿参与，就是指一切从事与绿色食品工作有关的单位和人员，无论是生产企业还是检查机构，或者是监督检验部门，均须出于自愿的目的参与相应的工作，而不是为了完成某方面的任务或在某种命令的驱使下行事。

2. **质量认证和商标管理相结合原则** 绿色食品标志管理,包含着绿色食品产品的认证和认证后使用标志的管理两部分内容。在现代质量认证制度建立近100年的时期内,各国认证组织已逐步完善和总结出一套详尽的质量认证体系,并以 ISO/IEC 守则的形式指导世界各国认证制度的建立。1991 年 9 月,我国也颁布了《中华人民共和国产品质量认证管理条例》,第二年又颁布了《中华人民共和国产品质量认证管理条例实施办法》,标志着我国的产品质量认证制度日渐成熟。产品质量认证从可能影响产品质量的各个环节进行反复验证,以求得出与客观事实最相符的结论。分析检验验证产品是否完全达到标准要求;质量体系检查验证企业是否具备持续、稳定地生产符合标准要求产品的能力;监督检验和监督检查则分别验证获得认证之后的产品是否符合标准以及企业是否具有保持达标的生产能力。

3. **"公正、公平、公开"原则** 所谓公正,就是要把绿色食品标志管理纳入法制管理的轨道,使其一切措施遵循社会主义法制要求,符合法律管理的规律和特点。其中包括:

(1) 积极立法。在国家宪法和其他法律的基础上,通过法定的程序和手续,制定和颁布绿色食品管理法规、法则,以便使整个管理工作有法可依、有章可循。

(2) 严格执法。在日常的质量认证工作中,对企业申请的任何审核、裁定工作,都不能以个人的主观意愿和好恶为准,必须严格执行绿色食品有关标准和规章规定。严格执法还包括对那些绿色食品企业在使用绿色食品标志过程中违反规定的行为,以及非绿色食品企业冒用绿色食品标志的行为,进行依法打击。

4. **以人为本原则** 突出人的主动性和创造性,是以人为本原则的核心,也是现代管理科学的发展趋势。遵循以人为本原则,就是要求每个管理者必须从思想上明确人是生产力中最活跃的因素,是管理工作的支柱。人的主动性和创造性对整个生产力水平提高及现代科学技术发展所产生的深远影响,不仅在经济学研究者们的人力资源理论和新经济增长理论中得到了全面的揭示,而且第二次世界大战后西欧、日本等经济迅速崛起国家的经济发展实例都为人本理论的正确性提供了有力的依据。因此,有人说,不同企业失败的原因虽然多种多样,但成功的基础是共同的,即管理有素,而在管理过程中,人的因素又是基础之基础。

(五)绿色食品标志监督管理机构和人员

1. **中国绿色食品发展中心** 中国绿色食品发展中心是经中华人民共和国

人事部批准的，全权负责组织实施全国绿色食品工程的机构，绿色食品标志由中心注册。

2. **各省（市、区）绿色食品委托管理机构**　各省（市、区）绿色食品委托管理机构由中国绿色食品发展中心委托，负责本辖区内绿色食品商标标志的管理工作。

3. **定点的绿色食品环境监测及食品监测机构**　根据证明商标管理办法，受中心委托，定点的环境食品监测机构作为独立于中心之外处于第三方公正地位的权威技术机构，负责绿色食品的环境质量监测、评价工作和产品质量监测工作。

4. **绿色食品标志专职管理人员**　中心和绿色食品委托管理机构均配备绿色食品标志专职管理人员。中心对标志专职管理人员进行统一培训、考核，对符合条件者颁发标志专职管理人员资格证书。

二、绿色食品标志使用管理

（一）绿色食品标志管理内容

1. **绿色食品标志商标注册**　早在 1990 年，绿色食品工程启动之初，我们就借鉴国际羊毛局的经验，推出一个由太阳、植物叶片和花蕾组成的圆形标志来标志绿色食品与普通食品的不同，继而将此标志作为商标注册，奠定了标志本身的法律地位。1993 年，国家工商局发布《集体商标、证明商标注册管理办法》后，绿色食品标志又成为中国第一例质量证明商标。目前，绿色食品标志有 4 种形式：绿色食品的标志图形、中文"绿色食品"4 字、英文"Green-food"、中英文和标志图形，如图 6-1 所示。

图 6-1　绿色食品标志

绿色食品是市场经济的产物，它不仅要进入国内、国际两个市场，也要在市场的风雨里成长。随着市场国际化进程的加快，我国已成为全球竞争的主要市场，市场的竞争就是商品的竞争，而商品的竞争往往表现为品牌的竞争、商标的竞争。对消费者而言，商标（尤其是证明商标）是产品品质与价值的保证；对企业而言，商标是推销产品或服务、掌握市场的利器，是企业创造利润、实现可持续发展的动力；对国家而言，商标，特别是驰名商标的多少，在一定程度上反映出国家的经济实力和技术水平，体现出国家的综合国力。对绿色食品事业而言，绿色食品标志商标是管理和发展事业的法律基础。它成为连接中心与生产企业的纽带，成为绿色食品国际贸易的绿卡，成为绿色食品进入市场后与假冒伪劣食品斗争的法宝。

商标注册工作是绿色食品标志管理的一项长期性工作，其侧重点如下：

（1）加强商标理论研究，在实践中总结证明商标注册与管理中的经验，积极寻找以商标促进事业发展的切入点，不断增强绿色食品标志商标的驰名度。

（2）扩大绿色食品注册范围；尤其是配合全国绿色食品的出口贸易，借助《商标国际注册马德里协定》，积极延伸国际注册，保障绿色食品出口企业的利益。

（3）指导绿色食品企业增强商标意识，实施商标战略。

2. 注册商标标志的委托管理   以商标标志委托管理的方式，组织全国的绿色食品管理队伍，是绿色食品事业的一大创举。绿色食品是改革开放和市场经济的产物，必须按市场规律办事。从市场宏观形势看，绿色食品的国际市场比国内市场成熟，国内沿海开放地区的市场需求比中西部欠发达地区的需求大；从消费人群结构分析，绿色食品的消费者明显偏重于高收入阶层和高知识阶层；从生产地的生态环境条件和开发产品的迫切性而言，北方地区优于南方地区。绿色食品的管理形式，必须服从于其工作内容，如果不顾上述这些客观差异，而习惯地以一纸"红头命令"、"一刀切"地组建全国各地的管理机构，不仅收不到应有的工作效果，还会造成不必要的浪费。本着"谁有条件和积极性就委托谁"的原则，委托各地相应的机构来管理绿色食品标志，不仅体现了因地制宜、因人制宜、因时制宜的求实态度，而且对绿色食品事业长期稳定健康发展十分有利。绿色食品注册商标标志的委托管理优点如下：

（1）变行政管理为法律管理。实施标志委托管理，被委托机构获得相应管理职能的同时，即承担了维护标志法律地位的严肃义务。因为此时的标志管理，实际是一种证明商标的管理，此时的被委托机构，形同商标注册人在地域上的延伸，被委托机构和绿色食品企业的关系犹如商标注册人和被许可使用人的关系，一切管理措施必须以《中华人民共和国商标法》为依据。

（2）充分体现自愿原则。因为所有的委托都是在自愿的基础上进行的，所以被委托机构的积极性和主动性成为事业发展的先天优势。

（3）引入竞争机制。实施标志的委托管理，本身即意味着打破了"岗位终身制"。每一个被委托机构都可能因丧失了其工作条件或责任心而随时失去被委托的地位，每一个不在委托之列的机构都存在竞争获得委托的机会。

（4）体现绿色食品的社会化特点。实施标志的委托管理，打破了行业界限和部门垄断，符合绿色食品质量控制从"土地到餐桌"一条龙产业化特点，也体现了绿色食品的社会化特点，不仅有利于吸收各行业人士的关心和支持，而且有利于绿色食品在相关行业的发展。从质量认证的角度看，实施委托管理的方式，符合认证、检查、监督相分离的原则，更充分地体现了绿色食品认证的科学性和公正性。目前，中心已在全国委托了 42 家绿色食品标志管理机构，形成了一支网络化的管理队伍。这些委托管理机构形成了区域性的分中心，对区域绿色食品发展起到重要作用，同时，他们又是事业网络中必不可少的联结点，承担着宣传发动、检查指导、信息传递等重要任务。这支队伍具有鲜明的特色，事业心强，有活力，他们直接对委托人负责，对法律负责。

3. 绿色食品标志证明商标的使用许可　在绿色食品标志管理工作中，对标志商标实施使用许可的过程，即是依据绿色食品标准，对申请企业的产品进行质量认证的过程。对一般的质量认证而言，企业前来寻求的是认证，认证组织完成认证工作之后向企业颁发证书和标志，以证明该产品完成了某种标准的认证。而对绿色食品认证而言，企业前来寻求的是标志，因为该标志是质量证明商标，本身能够证明产品符合某特定标准，标志的持有人为了保证该产品的质量与标志所证明的内容相符，从而对企业的质量体系和产品质量水平实施认证，然后许可符合标准者使用标志。实质上，绿色食品标志作为证明商标注册是一种手段，实施绿色食品标志商标的使用许可也是一种手段，且后者对最终目标而言是更重要的手段。绿色食品标志商标的使用许可作为绿色食品标志管理的核心内容，正是依据《商标法》和《集体商标、证明商标注册管理办法》的规定，通过绿色食品标志的注册人中国绿色食品发展中心和申请使用标志并达到相应标准的食品生产企业共同完成的。通过许可人审查被许可人是否符合条件，中心规范了申请人的生产行为，使其达到绿色食品标准。通过许可人和被许可人签订商标使用许可合同，使中心和众多食品生产企业缔结一种责任关系，在法律的基础上共同促进绿色食品事业的发展。

4. 绿色食品标志使用的监督管理　绿色食品标志作为证明商标注册，使用许可实行"一品一证、一品一号"，目的是突出绿色食品标志的法律特点和监督管理作用。对绿色食品产品而言，主要监督其标志使用的正确与否，以及质量是否稳定，另外还要打击假冒绿色食品现象。

(二) 绿色食品标志使用管理和监督

1. 绿色食品商标性质　绿色食品商标标志中心在国家工商行政管理总局商标局注册的证明商标，用以证明遵循可持续发展原则，按照特定方式生产，经中心认证的无污染、安全、优质、营养类的食品。标志图形核定使用商品类别为第1、2、3、5、29、30、31、32、33共9类，中文文字商标、英文文字商标及中英文与标志图形组合商标仅注册了后8类，不包括第一类肥料商品。商标注册证号从第892107至892139号，共33件。商标注册人为中国绿色食品发展中心。

绿色食品商标作为证明商标具有以下特点：

(1) 绿色食品商标专用权：只有中心许可，企业才能在自己的产品上使用绿色食品商标标志。

(2) 绿色食品商标的限定性：只有绿色食品商标注册的4种商标形式受法律保护；只能在注册的9类商品上使用。

(3) 绿色食品商标的地域性：在中国、日本等已注册的国家和地区受到保护。

(4) 绿色食品商标的时效性：1996年11月7日至2006年11月6日。有效期满须申请续展注册。

(5) 绿色食品商标的注册人"中国绿色食品发展中心"，只有商标的许可权和转让权，没有商标使用权。

2. 与绿色食品商标相关的法律条文　为便于各级管理机构加强市场监督及打击假冒绿色食品商标标志现象，为经营者及消费者进一步提高对绿色食品标志商标的法律特点的认识，现将与绿色食品商标相关的法律条文摘引如下：

《中华人民共和国商标法》相关法律条文经商标局核准注册的商标为注册商标，商标注册人享有商标专用权，受法律保护。有下列行为之一的，均属侵犯注册商标专用权：

(1) 未经注册商标所有人的许可，在同一种商品或者类似商品上使用与其注册商标相同或者近似商标的。

(2) 销售明知是假冒注册商标的商品。国家工商行政管理局专门就"明知"或"应知"含义作如下解释：

①更改、换掉经销商品上的商标而被当场查获的。

②同一违法事实受到处罚后重犯的。

③事先已被警告，而不改正的。

④有意采取不正当进货渠道，且价格大大低于已知正品的。

⑤在发票、账目等会计凭证上弄虚作假的。

⑥专业公司大规模经销假冒注册商标商品或者商标侵权商品的。

⑦案发后转移、销毁物证，提供虚假证明、虚假情况的。

⑧其他可以认定当事人明知或应知的。

（3）伪造、擅自制造他人注册商标标志或者销售伪造、擅自制造的注册商标标志的。

（4）给他人的注册商标专用权造成其他损害的。假冒他人注册商标；构成犯罪的，除赔偿被侵权人的损失外，还要依法追究刑事责任。伪造、擅自制造他人注册商标标志或者销售伪造、擅自制造的注册商标标志，构成犯罪的，除赔偿被侵权人的损失外，依法追究刑事责任。销售明知是假冒注册商标的商品，构成犯罪的，除赔偿被侵权人的损失外，依法追究刑事责任。

1993年2月，第七届全国人大常委会做出了修改《中华人民共和国商标法》的决定。1993年7月，国务院批准修订《中华人民共和国商标法实施细则》，修订后的"细则"第六条明确规定："依照《商标法》第三条规定，经商标局核准注册的集体商标、证明商标，受法律保护"。

《集体商标、证明商标注册和管理办法》相关规定

集体商标、证明商标专用权被侵犯的，注册人可以根据《商标法》及《商标法实施细则》的有关规定，请求工商行政管理机关处理，或者直接向人民法院起诉，经公告的使用人可以作为利害关系人参与上述请求。

《中华人民共和国产品质量法》相关法律条文

禁止伪造或者冒用认证标志、名优标志等质量标志；禁止伪造产品的产地，伪造或者冒用他人的厂名、厂址；禁止在生产、销售的产品中掺杂、掺假，以假充真、以次充好。

《中华人民共和国反不正当竞争法》相关法律条文

经营者不得采用下列不正当手段从事市场交易，损害竞争对手：

（1）假冒他人注册商标。

（2）擅自使用知名商品特有的名称、包装、装潢，或者使用与知名商品近似的名称、包装、装潢，造成和他人的知名商品相混淆，使购买者误认为是该知名商品。

（3）擅自使用他人的企业名称或者姓名，被消费者误认为是他人的商品。

（4）在商品上假造或者冒用认证标志、名优标志等质量标志，伪造产地、对商品质量作引人误解的虚假表示。

《中华人民共和国消费者权益保护法》相关法律条文

经营者应当向消费者提供有关商品或者服务的真实信息，不得作引人误解的虚假宣传。经营者对消费者就其提供的商品或者服务的质量和使用方法等问题提出的询问，应当做出真实、明确的答复。经营者应当标明其真实名称和标记。

其他相关规定

（1）农业部关于印发《绿色食品标志管理办法》的通知。

（2）国家工商行政管理局、农业部《关于依法使用、保护"绿色食品"商标标志的通知》。

3. 绿色食品标志商标的使用

（1）时间限定：

①企业取得绿色食品标志使用权后，应尽快在产品包装上和宣传广告中使用绿色食品商标标志。

②绿色食品商标有效使用期为3年。按照《绿色食品标志管理办法》第十四条规定：绿色食品标志使用权自批准之日起3年有效。要求继续使用绿色食品标志的，须在有效期满前30d内提出申请。

③绿色食品商标在企业AA级绿色食品产品上有效使用期为一年（农作物为一个生长周期）。

④在绿色食品商标有效使用期内，如发生下列情况，企业须立即停止使用绿色食品标志商标。中心抽检产品的卫生安全指标不符合绿色食品标准，或者经国家质量监督检测，下述指标不符合标准：

a. 生产环境条件恶化，不符合绿色食品环境质量标准的；

b. 生产工艺条件不能保障绿色食品标准执行的；

c. 生产过程中使用国家禁止使用的物质或者违反绿色食品标准的；

d. 未经中心核准，擅自超过核准产量、核准产地使用标志的；

e. 未经中心书面同意，将标志转让或许可给第三者使用的；

f. 制造提供虚假情况通过认证、企业年检或产品抽检的；

g. 未经中心书面同意，逾期6个月未缴纳标志使用费的；

h. 无正当理由拒绝中心组织的产品质量抽检或企业年检的；

i. 由于不可抗拒丧失绿色食品生产条件，而未按照有关规定在一个月内向中心提出暂停使用标志申请的；

j. 因停业、解散、倒闭，或者失去原独立法人地位和独立承担民事责任能力的；

k. 因下列情况之一，中心提出限期整改要求，企业未按中心要求的标准和期限进行整改并接受中心监督检查的；经中心抽检，其产品的标签、感官及其他卫生安全指标未达到绿色食品标准，或者经国家质量监督检测，上述指标不符合标准的；未经中心书面同意，在换领新的《准用证》后，超过规定的期限继续使用附有原认证产品编号的包装和物料的。违反《绿色食品标志商标使用许可合同》或绿色食品标志管理的其他有关规定的。

（2）产品限定：

①未经中心许可，任何企业和个人无权使用绿色食品标志商标。

②绿色食品商标只能在经中心许可的产品上使用。

③取得绿色食品标志商标使用权的企业不得在下列情况中擅自扩大标志使用范围。

a. 未取得绿色食品标志商标使用权的产品；

b. 取得绿色食品标志商标使用权的产品的未取得绿色食品标志商标使用权的系列产品；

c. 合资或联营的企业生产的同类产品；

d. 兼并的未经中心认证的企业生产的同类产品；

e. 经销单位销售取得绿色食品标志使用权的产品，换用经销单位的名称，并在该产品上使用绿色食品标志商标。

f. 未经中心许可，将绿色食品商标转让他人使用。

（3）地域限制。绿色食品标志商标在中国、日本等已注册的国家和地区受相关法律保护。绿色食品生产企业在出口产品上使用绿色食品标志商标须经中国绿色食品发展中心同意。

（4）包装设计要求。绿色食品标志商标设计应遵循"一品一号"原则。企业使用绿色食品标志商标必须符合《中国绿色食品商标标志设计使用规范手册》的要求。绿色食品标志商标用于产品包装，必须同时附有认证产品编号及"经中国绿色食品发展中心许可使用绿色食品标志"字样。绿色食品的包装必须遵循《绿色食品包装通用准则》。

（5）防伪标签的使用管理。绿色食品统一的防伪标签是绿色食品形象的一部分，是绿色食品有效的防伪措施，也是绿色食品标志管理的重要手段。绿色食品防伪标签的使用，是中心对绿色食品标志商标专有权在企业产品上的体现。

根据《关于使用绿色食品标志防伪标签的通知》（1995）中绿字第 28 号。获得绿色食品标志使用权的企业都应使用绿色食品标志防伪标签。防伪标签的管理按照《绿色食品标志防伪标签管理暂行办法》执行。

绿色食品标志防伪标签采用以造币技术为核心的综合防伪技术。根据绿色食品"一品一号"的认证原则，绿色食品防伪标签印有与其认证产品相一致的绿色食品批准编号。为保证绿色食品标志防伪标签的合法使用，并降低企业成本，中心统一委托定点专业生产单位印制。企业在办理领证手续的同时，要填报《绿色食品防伪标签订单》，中心向防伪标签承印单位下达生产计划，并根据企业需求按时发货。防伪标签只能用于同一编号的绿色食品产品上，所贴位置应固定，应在标签、包装正面显著位置，并不得掩盖原有绿色食品标志及编号。

防伪标签的类型多样，主要有圆形和长方形两种，规格分别为：圆形为直径 15mm、20mm、25mm、30mm 或大于 15mm 的任意规格；长方形为52mm×126mm 或按比例变化的任意规格。

（6）产品标签要求。绿色食品产品标签除应符合《食品标签通用标准》（GB 7718）要求外，若为特殊营养食品，还应符合《特殊营养食品标签》（GB/T 13432）的要求。因此，绿色食品标签必须标注以下内容：

①食品名称。必须采用食品真实属性的专用名称。

②配料表。除单一配料的食品外，食品标签上必须标明配料表。

③净含量及固形物含量。

④制造者、经销者的名称和地址。

⑤日期标志和贮藏指南。

⑥质量（品质）等级。

⑦产品标准号。

⑧特殊标注内容。

（7）认真执行《绿色食品标志商标许可使用合同》，主要注意下列内容：

①中国绿色食品发展中心拥有对绿色食品生产企业的监督权，有权检查企业生产情况。

②标志使用费须按期足额缴纳。

③企业应定期向中心汇报标志使用情况并提交有关产销的统计表。

④出口产品使用标志须经中心许可。

4. 绿色食品标志商标使用企业的监督管理

（1）产品年度抽检。为保证绿色食品产品质量，加强对年度抽检工作的管理，提高年度抽检工作的科学性、公正性、权威性，依据《绿色食品标志管理办法》，中心于 2002 年 4 月，制定了《绿色食品年度抽检工作规范》。根据《绿色食品年度抽检规范》的要求，通过年度抽检，全面了解、掌握绿色食品的质量信息及各监测机构的工作状况；合理安排抽检任务，及时下达抽检计划及汇总、分析、报告抽检结果；准确处理抽检中暴露的问题；并通过这项工作起到对用标企业的监督、警示作用和对监测机构工作及认证检查工作的完善、改进作用。中心每年年初下达抽检计划，绿色食品委托定点产品监测机构派专人赴企业按规范随机抽样，并于每年 12 月底将检验报告与年度抽检总结报至中心。抽检合格者可以继续使用绿色食品标志。对于抽检不合格的企业，监测机构须立即通报中心，不得擅自通知企业重新送样检测。中心根据抽检结果做不同处理：

①对于倒闭、无故拒绝抽检或自行提出不再使用绿色食品标志商标的企业，中心取消该企业绿色食品标志商标使用权。

②因产品标签、感官指标或产品理化指标中的品质指标（如水分、脂肪、灰分、净含量等）不合格的企业，中心及时通知企业在三个月内整改。整改后，由监测机构对整改后产品再次抽检，抽检合格者可以继续使用绿色食品标志，否则中心取消该企业绿色食品标志商标使用权。

③因产品微生物指标或理化指标中的卫生指标（如药残、重金属、添加剂或黄曲霉毒素、亚硝酸盐等有害物质）不合格，中心取消该企业绿色食品标志商标使用权。对于取消绿色食品标志使用权的企业及产品，中心及时通报有关绿办，并在大众媒体公告。

④已被取消绿色食品标志使用权的企业，如需继续使用绿色食品标志使用权，则需在取消绿色食品标志使用权公告一年后重新申报，并由中心派人检查合格后方可获得绿色食品标志使用权。

（2）企业年度检查。为了加强绿色食品企业的监督管理，确保绿色食品产品质量，中心于2000年开展了绿色食品企业年度检查（以下简称"年检"）试点工作。通过对试点工作的总结，中心于2002年根据《绿色食品标志管理办法》制定了《绿色食品企业年度检查暂行管理办法》，根据该办法的要求，绿色食品年检工作由中心及其委托的省级绿色食品管理机构组织实施。年检结果以绿色食品证书上是否加盖年检合格章的形式体现。年检结果是判定绿色食品企业证书到期后是否有资格继续使用绿色食品标志商标的重要依据。该办法要求年检工作需在证书到期前一个月内完成。绿办应在作物生长期或产品生产期内对企业进行年检。所有使用绿色食品标志的企业必须接受年检。年检工作采用实地检查与发函检查相结合的方式。实地检查可由各级绿办执行，也可由各级绿办组织有关专家及其他相关企业的技术人员执行。

对蔬菜种植企业、畜、禽、淡水养殖企业和绿办掌握的其他食品质量安全风险较高的企业，以及大型食品加工企业，必须实地检查。对食品质量安全风险较小的野生产品、初级农产品（如玉米、大豆等），及单一成分加工产品的生产企业，可采用发函调查，企业自检方式。

年检工作主要内容有以下几方面：

①绿色食品种植、养殖基地及加工企业原料基地的产地环境是否发生变化，附近有无新增污染源。

②种植业企业或加工产品原料种植基地年检工作主要内容：

a. 农作物种植区域、面积及具体农户管理档案。该区域是否是申报时已在监测的区域。

b. 种植过程中病虫害情况及使用的肥料和农药的品种、用量、安全间隔期，有机肥用量、来源、无害化处理措施及采用的生物防治或其他农业措施，是否有原始记录或其他实据。

c. 企业与基地（农户）签订的收购合同及收购票据、收购数量。

d. 企业购入生产资料票据、销给农户的生产资料记录。

e. 企业监督、管理基地的办法及监督检查、培训等记录。

f. 贮运过程中防病、虫、鼠、潮等措施。

③畜、禽、水产等养殖企业年检工作主要内容：

a. 自有饲料、饲草等原料基地根据种植企业的年检工作进行检查，外购饲料、饲草检查购货合同、发票、数量等，核实是否是绿色食品原料、购买数量是否足够；

b. 饲料中添加剂种类、用量、来源，或配合饲料购买发票、用量，核实是否是绿色食品认定的推荐饲料及饲料添加剂类产品；

c. 养殖合同、饲养规模、实际产销量及档案记录；

d. 养殖中疫病发生及防治情况，用药品种、数量、来源及相应购入发票，田间驱虫、饲舍（鱼池）消毒方法、次数、使用药品名称、用量等档案记录；

e. 企业监督、管理、培训等计划及实施情况；

f. 贮运、保鲜、保存措施和方法。

④食品加工企业年检工作主要内容：

a. 自有农产品、畜禽产品、水产品基地根据种植企业和养殖业企业的年检工作进行检查。外购绿色食品原料检查购货合同、发票及实际数量等；

b. 原料购入、贮存、加工过程，以及包装、仓贮、运输等环节卫生条件。原料及产品防病、虫、鼠害或防潮、防水等办法。

c. 厂区环境、生产车间布局是否合理；

d. 加工过程中使用添加剂种类、用量、来源；

e. 有无重大技术改造项目；

f. 生产过程监督管理、成品检验等具体措施、培训办法及记录等，是否通过 ISO 质量管理体系、HACCP 质量控制体系等认证；

g. 三废治理情况。

⑤企业同时生产绿色食品与非绿色食品时，绿色食品原料及生产、加工、包装、贮运、销售等环节如何保证有效区分。

⑥企业绿色食品标志使用是否符合要求。

⑦企业是否按时履行绿色食品合同并足额缴纳绿色食品标志使用费。

⑧企业一年内受到国家、地方及行业抽检的结果及检验报告。

⑨企业使用绿色食品防伪标签、绿色食品生产资料及参加绿色食品活动情况。

绿办在对企业年检工作结束后，将填写的《绿色食品企业年度检查表》报中心备案，中心将结论意见反馈绿办。合格企业由绿办在企业证书上加盖年检合格章，不合格企业由中心发文取消标志使用权，并对取消标志使用权的企业进行公告。对须整改的企业，中心反馈绿办后，由绿办通知企业进行整改，并在三个月内将整改结果报绿办，绿办检查核实后向中心提出处理意见。

（3）国家行政管理部门监督。全国各级工商行政管理部门监督管理网络完善，又具有查处、打击假冒注册商标行为的职能，是保护绿色食品标志商标最重要的力量。各地绿办积极发动并配合工商部门净化绿色食品市场的行动。

（4）社会监督。绿色食品的社会监督来自于舆论和新闻媒体、消费者、经营者及绿色食品竞争对手。这些来自于社会各个层面的群体对绿色食品的声誉影响不可忽视。

第二节 绿色食品产品认证

一、产品质量认证的概念及特点

质量认证也叫合格评定，是国际上通行的管理产品质量的有效方法。按认证的对象，质量认证分为产品质量认证和质量体系认证两类；按认证的作用，可分为安全认证和合格认证。

产品质量认证是指依据产品标准和相应技术要求，经认证机构确认并通过颁发认证证书和认证标志来证明某一产品符合相应标准和相应技术要求的活动。就是说，产品质量认证的对象是特定产品，包括服务。认证的依据或者说获准认证的条件是产品（服务）质量要符合指定的标准要求，质量体系要满足指定质量保证标准要求，证明获准认证的方式是通过颁发产品认证证书和认证标志。其认证标志可用于获准认证的产品上。产品质量认证又有两种：一种是安全性产品认证，它通过法律、行政法规或规章规定强制执行认证；另一种是合格认证，它属自愿性认证，是否申请认证，由企业自行决定。

产品质量认证的特点概括如下：

（1）产品质量认证的对象是产品或服务。

（2）产品质量认证的依据是标准。

（3）认证机构属于第三方性质。

（4）质量认证的合格表示方式是颁发"认证证书"和"认证标志"，并予以注册登记。

二、绿色食品认证是质量认证

绿色食品认证就是质量认证。实际上质量认证由来已久，它是市场经济的产物。1903年，英国首创世界上第一个用于符合标准的认证标志，就是有名的BS标志或称"风筝标志"，并一直使用至今。由于质量认证是由独立于第一方（供应商）和第二方（采购商）之外的第三方中介机构，通过严格的检验和检查，为产品的符合要求出具权威证书的一种公正、科学的质量制度，符合市场经济的法则，能给贸易双方带来直接经济效益，所以很快被社会所接受。到20世纪50年代，基本上普及到所有工业发达国家，从70年代起，在发展中国家也得到推广。但是质量认证也带来负面作用，即一些国家利用质量认证作为技术壁垒，阻碍他国商品流入本国，实行贸易保护。为了消除这种贸易技术壁垒，国际组织不断协调，推动质量认证的国际互认。所以，有人称质量认证是商品进入国际市场的通行证。按照一定规范，有序开展的质量认证活动，可减少重复检验和评审，降低成本，促进国际贸易。有些经济学家预言：20世纪是生产率世纪，21世纪将是质量世纪。世界上已有不少国家把发展高科技、高质量产品作为争夺国际市场的战略措施来实施。我们党和国家领导人一贯重视产品质量工作，先后对质量工作作了重要的指示和题词，要求把质量兴国作为国民经济发展战略来实施。质量认证是创名牌，弘扬企业文化、质量文化的基础。名牌是靠长期生产持续稳定的高质量产品积淀的。要达到这点，必须既有"硬件"的基础，又有"软件"的保证。企业按照绿色食品有关标准建立质量管理和质量保证体系，并开展认证工作，就是完善"硬件"和"软件"的最好途径。只要每个环节都按质量体系进行生成、控制，就能保证产品质量的稳定提高，就能提高效益，如此企业才有发展。而名牌正是市场经济条件下，把高质量产品变成高效益产品最重要、最可靠的途径。反过来创名牌又成了完善质量体系，生产高质量产品最重要、最可靠的途径，二者相辅相成。企业经国家有关认证机构检查合格，被授予认证证书和产品认证标志，并予以公告，可以提高企业的知名度。企业获得认证证书和认证标志，是企业文化、质量文化的重要表现。

绿色食品质量认证是一种将技术手段、法律手段有机结合起来的生产监督行为，是针对食品安全生产的特征而采取的一种管理手段。其对象是全部的安全食品和生产单元，目的是要为绿色食品的流通创造一个良好的市场环境，维护绿色食品的生产、流通和消费秩序。绿色食品质量认证的目的是保证其应有的安全性，保障消费者的身体健康和生命安全，同时以法律的形式向消费者保证绿色食品具备无污染、安全、优质、营养等品质，引导消费行为。同时也有利于推动各个系列的安全食品的产业化进程，有利于企业树立品牌意识，和国际标准接轨。

第三节　绿色食品生产资料的认证申报

一、申报绿色食品生产资料的基本条件

(一) 申请人条件

"凡具备绿色食品生产资料生产条件的单位和个人均可作为绿色食品生产资料认定推荐申请人"，但是，随着绿色食品事业的发展，申请人的范围有所拓展，为进一步规范管理，做如下规定：

(1) 企业履约能力：申报企业要有一定规模，能建立稳定的质量保证体系，能承担起标志使用费。

(2) 企业合法性：申报企业必须是在国家工商管理部门正式注册的生产企业；并有相关部门颁发的生产许可证。

(二) 申报产品条件

(1) 合法性：申报产品必须是经国家有关部门检验登记，允许生产、销售的产品。

(2) 有效性：申报产品必须有利于保护或促进使用对象的生长，或有利于保护或提高产品的品质。

(3) 安全性：申报产品不可造成使用对象产生和积累有害物质，不影响人体健康。

(4) 可持续性：申报产品对生态环境无不良影响。

(三) 绿色食品生产资料认定推荐范围

(1) 涵盖的范围：包括农药、肥料、食品添加剂、饲料添加剂（或预混料)、饲料（指配合饲料)、兽药、包装材料及其他相关生产资料。

(2) 分级管理：绿色食品生产资料认定推荐分为 A 级与 AA 级两级，前者适用于 A 级绿色食品，后者可推荐用于所有绿色食品和有机食品。

（四）认证时限

（1）省绿办收到申报企业全部材料后，15 天内完成材料初审工作，并报送中心。

（2）中心收到申报材料后，15 天内完成材料审查工作。审查合格者，15 天内中心派人或委托绿办派人，按照《绿色食品生产资料企业核查表》对申请企业进行检查和抽样，并将样品寄送中心指定的监测机构检测。

（3）中心收到《绿色食品生产资料企业核查表》和产品质量检测报告后，一周内完成审核。合格者，由中心与其签订协议，颁发推荐证书，并发布公告。不合格者，在其不合格部分做出相应改进前，不再受理其申请。

二、绿色食品生产资料认证申报的程序

绿色食品推荐生产资料是绿色食品产品生产的基础保障，它可以确保绿色食品的产品质量。认定推荐绿色食品生产资料，可以确保生产绿色食品所用生产资料的有效性和安全性。企业如需在生产的生产资料上使用绿色食品标志，必须按以下程序提出申请：

（1）申请人向中心或所在省绿办提交正式的书面申请，填写《绿色食品生产资料认定推荐申请书》（一式两份）、《产品情况调查表》，并提交相关材料。

（2）各省绿办将依据企业的申请，对企业申报材料进行初审，并将初审合格的材料上报中心。

（3）中心收到申报材料后，组织专家审查，审查合格者，中心派人或委托绿办派人对申请企业进行检查和抽样，并将样品寄送中心指定的监测机构检测。

（4）中心对检查和检测结果进行审核。合格者，由中心与其签订协议，颁发推荐证书，并发布公告。不合格者，在其不合格部分做出相应改进前，不再受理其申请。

三、绿色食品生产资料的认证管理

（一）申报绿色食品所需材料

申报企业要准备一份完整的符合绿色食品推荐生产资料要求的申报材料，申报材料包括下面的几个部分。

1. 由企业填写《绿色食品生产资料认定推荐申请书》（一式两份）、《产品情况调查表》 内容包括：

（1）产品的名称、特点等。

（2）企业及生产情况调查表。

（3）产品情况调查表。

填写《绿色食品生产资料推荐申请书》要注意，绿色食品标志坚持"一品一证"的原则，产品名称力求准确，一份表格内只可填写一种产品，并限定产品适用范围。工艺流程不是生产顺序的排列，应详细、具体地说明原料、添加物的成分、用量，以利于审查。

2．附申报材料内容

（1）企业营业执照复印件。

（2）产品商标注册证复印件。

（3）由国家规定的单位颁发的生产许可证、登记证或卫生许可证。

（4）产品执行标准：国家标准、行业标准、地方标准或企业标准。

（5）产品工艺流程及加工规程。

（6）企业质量管理手册。

（7）由环保部门出具的环保合格证明及生产企业环境评价报告（"三废"处理情况）。

（8）由省级以上质量监测部门出具的一年之内的产品质量检测报告。

（9）产品标签及使用说明书。

（10）生产记录。

（11）其他材料：如 ISO 9000 家族证书、专利证书、成果鉴定证书等复印件。

（12）对于农药生产企业，还需提供以下材料：

①由取得农业部认证资格的农药登记药效试验单位出具的田间药效试验报告。

②必须具备由通过农业部认证的单位出具的急性毒性试验报告。

③已正式登记的农药产品，需提供省级以上单位出具的在我国两年、两地的残留试验及对生态环境影响报告。

（13）对于肥料生产企业，还需提供以下材料：

①田间肥效试验报告。我国两个以上自然条件不同的地区、两年以上的田间药效试验，并由县级（含县级）以上的农业科研、教学、技术推广单位的农艺师或同级职称以上技术人员签字、并加盖公章（红印章）的报告。

②毒性试验报告。有机肥及叶面肥应提供由省级以上药品、卫生检验机构出具的急性毒性试验报告；土壤调理剂应提供由省级以上药品、卫生检验机构出具的急性试验、Ames 试验、微核试验（或染色体试验）及致畸试验报告；

微生物肥料则应按菌种安全管理的规定，提供由农业部认可的检测单位出具和使用菌种相应的免检、毒理试验或非病原鉴定报告。

（14）对于饲料及饲料添加剂生产企业，还需提供以下材料：

①毒理学安全评价报告。

②效果验证试验报告。

③饲料原料的绿色食品证书和采购合同复印件。

（15）对于食品添加剂生产企业，还需提供以下材料：

①效果试验报告。

②根据《食品安全性毒理学评价程序》进行安全性毒理学评价的资料。

③生产复合食品添加剂的申请企业还须提供产品配方等资料。

（16）其他生产资料生产企业参照以上企业申报材料提交相关材料。

所报内容要根据实际情况填写，附报材料则根据申报企业的实际情况进行准备。

（二）申报表格

下面是一套完整的绿色食品生产资料认定推荐申请书，包括《绿色食品生产资料认定推荐申请书》、《产品情况调查表》，申请企业均需填写《绿色食品生产资料认定推荐申请书》。《产品情况调查表》要求企业根据自己产品类别，分别填写不同表格，产品类别主要有农药、肥料（微生物肥料单独填写）、添加剂及其他生产资料。

绿色食品生产资料认定推荐申请书

申请企业名称	中文			
	英文			
申请产品名称	中文		申请产品类别	
	英文			
申请产品包装形式			申请产品规格	
检验登记单位			检验登记编号	
注册商标名称			商标编号	
产品特点说明				

（续）

申请企业法人签名			申请企业盖章	
申请单位地址			邮政编码	
电话		传真	联系人	

	企业名称		法人代表	
企业情况	企业名称		法人代表	
	详细地址			
	联系电话		邮编	
	主管部门			
	领取营业执照时间		执照编号	
	职工人数		技术人员	
	固定资金		流动资金	
	生产经营范围			
	年生产总值		年利润	
申报产品情况	产品名称		商标	
	设计年产规模		实际年产规模	
	出厂价		销售价	
	国内销售量		年出口量	
	主要销售范围			
	专利获奖情况			
原料供应	原料名称			
	供应单位		年供应量	
	供应形式			
省（市）委托管理机构意见				
中国绿色食品发展中心审批结论				
推荐生产资料编号及推荐年限				
年 检 记 录				
备 注				

企业盖章　　　　　　　　　　　　　　　　　　　　　填表人

产 品 情 况

(添加剂及其他生资) 产品名称		英文	
通用名		英文	

有效成分名称和含量	

其他成分名称和含量	

毒理学					
毒性试验项目	给药途径	试验动物	致死量	结论	试验单位

与同类产品比较试验				
时间	地点	方法	效果	试验单位

生产试验				
时间	地点	方法	效果	试验单位

原 料 情 况

主要原料生产环境简介	

原料生产情况			
原料名称		生产面积	
年生产量		收获面积	
主要病虫害			

农药使用情况	农药名称	剂型	目的	使用方法	每次用量和浓度	全年使用次数	末次使用时间

肥料使用情况	肥料名称	类别	使用方法	使用时间	每次用量 kg/667m²	全年用量	末次使用时间

（续）

产品生产工艺流程					
原料组成和供应情况					
原料名称	产品中比例	供应单位	年供应量	经济性质	供应方式

原料生产单位负责人　　　　　　　　　　　　　　　　填表人

产 品 情 况 （微生物肥料）

	商 品 名		英 文	
	通 用 名		英 文	
微生物肥料	种 名			
	形态特征			
	安全检查			
	效力检验			
组成	有效成分名称及含量			
	重金属元素名称及含量			
	大肠杆菌及含量			
	蛔虫卵含量			
	其他成分名称及含量			
	原料名称及其比例			
理化性质	外 观			
	含水量			
	酸碱度（pH）			
	有机质含量（％）			
	活菌数			
	杂菌数			
	有效保存期			

产 品 情 况 （其他肥料）

商 品 名		英 文		
通 用 名		英 文		
化 学 名		英 文		

（续）

组成	有效成分名称及含量	
	重金属元素名称及含量	
	其他成分名称及含量	
	原料名称及其比例	

理化性质	外　观	
	可溶性	
	放射性	
	贮存稳定性	
	粒　度	
	硬　度	

产品工艺流程：

产品分析方法（摘要）：

原料供应情况：

原料名称	供应单位	经济性质	年供应量	供应方式

毒理学

毒性试验项目	给药途径	试验动物	致死量	试验单位

效果资料（两年以上的田间试验）

试验时间	试验单位和地点	供试作物	使用量	施用方法	施用效果

成果鉴定或申报专利情况（附材料或技术依托单位转让材料）

生产许可登记情况	国家	单位	登记日期及有效期	编号	登记作物或用途

（续）

标签样张	在其他国家登记标签样张 用"o"表示		
		已提供	未提供
	在中国用的标签样张 用"o"表示		
		已提供	未提供
		中文	英文

（三）证书管理

绿色食品生产资料的推荐期为 3 年，中心每年对推荐产品的质量及协议履行情况进行年审。年审内容包括：

（1）企业对《绿色食品生产资料认定推荐协议》的履行情况。

（2）委托有关检测单位对推荐产品进行质量抽检，并审查抽检结果。

（3）产品销售和售后服务情况。

年审时间为颁证周年日前 30 天内。

年审合格者，予以更换证书，继续保留其被推荐资格；年审不合格者，不予更换证书，其被推荐资格随之取消。

因各种原因，由国家规定的单位颁发的生产许可证、登记证或卫生许可证被取消者，被推荐资格也随之取消。

（四）认证费用

申请企业必须缴纳以下费用：

（1）申请费 500 元，用于印刷申请资料、制作证书、对企业的咨询服务。

（2）检验费按国家规定收费标准缴检测单位。

（3）审查许可费8 000元，用于聘请专家、对企业实地检查、审查材料。

（4）公告费1 000元，用于在报纸上发布颁证企业及产品名单。

（5）标志使用费按推荐产品销售额的 0.5％缴中心。

（6）年审费1 000元，用于对产品抽检和企业检查。

申请企业增报的产品，每个品种缴纳申请费 200 元，审查许可费2 000元，其他费用同上。申请费随申请材料缴纳，审查许可费领取证书时缴纳，公告费在发布公告一个月内缴纳，第一年的标志使用费领证时缴纳，第二、三年的标志使用费和年审费于每年年审时缴纳。

第四节 绿色食品产品的认证申报

一、申报绿色食品产品认证的基本条件

(一)申请人条件

"凡具备绿色食品生产条件的单位和个人均可作为绿色食品标志申请人",但是,随着绿色食品事业的发展,申请人的范围有所拓展,为进一步规范管理,中心对申请人有如下要求:

(1)申报企业要有一定规模,能建立稳定的质量保证体系,能承担起标志使用费。

(2)经营、服务类企业,要求有稳定生产基地,并建立切实可行的基地管理制度。

(3)加工企业须生产经营一年以上,待质量体系稳定后再申报。

(4)下列情况之一者,不能作为申请人:

①与中心或各级绿色食品管理机构有经济和其他利益关系的。

②可能引起消费者对产品来源产生误解或不信任的,如批发市场、粮库等。

③纯属商业经营的企业。

④政府和行政机构。

鉴于目前部分事业单位具有经营资格,可以作为申请人。

(二)申报产品条件

(1)按国家商标类别划分的第1、2、3、5、29、30、31、32、33类中的大多数产品均可申报:

①国家商标分类中第1类主要商品为:肥料。

②国家商标分类中第2类主要商品为:食品着色剂。

③国家商标分类中第3类主要商品为:香料。

④国家商标分类中第5类主要商品为:婴儿食品。

⑤国家商标分类中第29类主要商品为:肉,非活的家禽,野味,肉汁,水产品,罐头食品,腌制、干制蔬菜,蛋品,奶及乳制品,食用油脂,色拉,食用果胶,加工过的坚果,菌类干制品,食物蛋白。

⑥国家商标分类中第30类主要商品为:咖啡、咖啡代用品,可可,茶及

茶叶代用品，糖，糖果，蜂蜜，糖浆及非医用营养食品，面包，糕点，代乳制品，米，面粉（包括五谷杂粮），面条及米面制品，膨化食品，豆制品，食用淀粉及其制品，饮用水，冰制品，食盐，酱油，醋，芥末，味精，沙司，酱等调味品，酵母，食用香精，香料，奶油制剂，嫩肉剂。

⑦国家商标分类中第 31 类主要商品为：未加工的林业产品，未加工谷物及农产品（不包括蔬菜、种子），花卉，园艺产品，草木，活生物，未加工的水果及干果（鲜水果、鲜葡萄、新鲜板栗、椰子、松树果球、柠檬、甘蔗），新鲜蔬菜，种子，动物饲料（包括非医用饲料添加剂），麦芽，动物栖息用品。

⑧国家商标分类中第 32 类主要商品为：啤酒、矿泉水和汽水以及其他不含酒精的饮料，水果饮料及果汁，固体饮料，糖浆及其他供饮料用的制剂。

⑨国家商标分类中第 33 类主要商品为：含酒精的饮料（啤酒除外）。

（2）经卫生部公告既是药品也是食品名单中的产品均可申报，如紫苏、白果、金银花等。

（3）暂不受理产品中可能含有、加工过程中可能产生或添加有害物质的产品的申报，如蕨菜、方便面、火腿肠、叶菜类酱菜的申报。

（4）暂不受理对作用机理不清的产品，如减肥茶等。

（5）不受理药品、香烟的申报。

（6）鼓励、支持知名企业申报绿色食品。

（7）不鼓励风险系数大的产品申报绿色食品，如白酒等。

随着绿色食品事业的不断发展，绿色食品的开发领域逐渐拓宽，不仅会有更多的食品类产品被划入绿色食品标志的涵盖范围。同时，为体现绿色食品全程质量控制的思想，一些用于食品类的生产资料，如肥料、农药、食品添加剂，以及商店、餐厅也将划入绿色食品的专用范围，而被许可申请使用绿色食品标志。

二、绿色食品产品认证申报的程序

（一）申报所需材料

申报企业准备一份完整的符合绿色食品标志申报要求的申报材料是非常重要的，申报材料主要包括以下几个部分：

1. 由企业填写《绿色食品标志使用申请书》、《企业及生产情况调查表》
内容包括：

（1）产品的名称、特点等。

（2）企业及生产情况调查表。

（3）农药、化肥使用情况表。

（4）畜、禽、水产品饲养情况表（报农作物可不填）。

（5）加工产品生产情况表（只限加工类产品填写）。

2. 附申报材料内容

（1）企业营业执照复印件。

（2）商标注册证复印件。

（3）产品执行标准。

（4）保证执行绿色食品标准和规范的声明。

（5）当地土壤和水环境背景值数据（由当地县级以上环保部门出具）。

（6）产品或产品原料生产操作规程，包括种植规程、养殖规程和加工规程。

①种植规程：指农作物或加工产品原料的整地、播种、施肥、浇水、喷药及收获等生产环节中必须遵守的规定。

②养殖规程：指在畜禽及水产品选种、饲养、防治疾病等环节的具体操作规定。

③加工规程及生产工艺流程：指在食品加工过程食品添加剂的使用情况，生产用水、加工设备、包装材料使用情况，各生产环节中用到的主要技术手段在规程中要有具体体现和说明。

（7）质量控制体系文件：

①质量管理手册。原料供应合同或协议及原料购买发票复印件，合同或协议需签订3年，数量要满足绿色食品生产。

②生产记录。

③对于公司＋农户/基地的生产形式，还需提供以下文件：

a. 基地分布图：标明比例尺、村庄、公路等；

b. 公司与农户/基地签订的合同；

c. 农户/基地登记表：包括姓名/基地名、生产规模、产量等；

d. 农户/基地管理制度（生产资料供应情况、技术指导、监督等）。

（8）其他材料：根据不同产品的特性及生产要求，对不同企业要求提供一些相关材料，如矿泉水生产企业需提供采矿许可证、专家评审意见、卫生许可证复印件等；养殖企业还应提供饲料加工规程、疫病防治规程、预混料配方、产品标签、屠宰规程、屠宰许可证等；如企业通过 ISO 9000 等认证，也需提供相关证书。所有申报企业都需要填报《绿色食品标志使用申请书》、《企业及生产情况调查表》申报相关内容，附报材料则根据申报企业的实际情况进行准备。所报内容要根据实际情况填写。

（二）材料准备

1. 《绿色食品标志使用申请书》、《企业及生产情况调查表》的填写

（1）产品名称：绿色食品标志坚持"一品一证"的原则，填表时应使用商品名，如番茄、黄瓜、苹果、苦丁茶等，不可填写一类产品，如蔬菜、水果、茶叶等，对于类似于冰淇淋、系列大米等产品，由于成分基本一致，且加工工艺一样，可填写一份申请书，但要附报清单，包括名称、商标及产量等；一份表格内只可填写一种产品。

（2）生产企业概况中原料供应形式填写要求：填写申报企业与生产基地或原料供应单位间关系，大致包括以下几种形式：

①申报企业本身就是生产单位，如农场，果园等，填写"自给"。

②申报企业有固定基地，基地负责生产，填写"公司＋基地"或"协议供应形式"，并附协议书复印件。

③从企业购买原料，填写"合同供应形式"，附合同复印件、发票复印件。

（3）农药与肥料使用情况填写要求：

①填写单位应为种植部门或当地技术推广部门，并加盖公章。

②"主要病虫害"一栏填写当年发生的病、虫、草害。

③"农药、肥料使用情况"栏填写当年使用情况。

④每项必须填写，不得涂改（笔误要杠改，并加盖公章）。

⑤大田作物，农药"每次用量"单位为 g（mg）/667m² 或 L（mL）/667 m²，不得用稀释倍数；果树、茶叶类，可以用稀释倍数。

⑥一张表格只可填写一种产品。

（4）畜（禽、水）产品饲养（养殖）情况填写要求：

①填写单位应为养殖单位或当地畜牧局、水产局等单位，并加盖公章。

②"饲养规模"填写"头"、"尾"、"只"等单位。

③"饲料构成情况"中"饲料成分"应将全部成分列出，不得用"其他"含糊字样；"比例"填写百分数（％），"来源"详细填写，不可用"外购"、"来自基地"等术语。

④每项必须填写，不得涂改（笔误要杠改，并加盖公章）。

⑤"药剂使用情况"中"使用量"填写"mg（万单位）/kg"，如不使用，说明理由；非常规药剂附标签。

⑥一张表格只可填写一种产品。

（5）加工产品生产情况填写要求：

①填写单位应为加工生产部门，并加盖公章；

②执行标准，包括国家标准、行业标准、地方标准或企业标准等；

③"原料基本情况"中"名称"项全部列出。按用量大小，由大到小填写，"比例"用百分数（%）；"来源"不可填写"外购"等术语。

④"添加剂使用情况"中"名称"不可缩写，如 CMC，不可填写"甜味剂"、"色素"、"香精"等集合名称，"用途"填写"漂白"、"防腐"等术语；"用量"用千分数（‰），不可用"kg"等术语；非常规添加剂，需附产品说明。

2. 生产操作规程的制定

（1）种植规程：

①因地制宜，合理安排耕作制度，体现科学性、可操作性，充分合理利用土地及其相关资源，改善生态环境。

②体现绿色食品的特点。绿色食品生产所采取的植保措施出发点必须是避免和减少污染。病虫害防治应以生物、物理和机械防治方法为主，施肥以有机肥为主，执行节水灌溉为原则。

③内容包括土地条件，品种和茬口（是否轮作倒茬），育苗与移栽，种植密度，田间管理（施肥与浇水），病虫草鼠害防治，收获等。

④农药包括名称、剂型、目的、方法、使用次数、安全间隔期等。

⑤正式打印稿，并加盖公章。

（2）养殖规程：

①因地制宜，合理制定养殖规程，体现科学性、可操作性。

②体现绿色食品生产特点。以改善饲养环境、善待动物、加强饲养管理为主，采取各种措施以减少应激，增强动物自身的抗病力。

③内容包括品种选择，种畜（禽）繁殖，饲养或养殖管理，防疫制度、屠宰规程等，必要时，防疫制度与屠宰规程要单独制定。

④畜（禽、水产）用药包括名称、剂型、目的、方法、使用次数、休药期（奶弃期）等。

⑤正式打印稿，并加盖公章。

（3）加工规程：

①简述生产工艺。原、辅料来源、验收、贮存和预处理等；

②生产工艺，各工段温度、浓度、杀菌方法，添加剂使用。

③主要设备使用情况及清洗。

④成品检验方法、项目及指标。

⑤贮藏方法。

⑥正式打印稿，并加盖公章。

3. 其他要求

（1）基地分布图要求标明需监测的地块，并标明水源及电力设备，方便环境监测部门布点及仪器供电。

（2）关于啤酒原料问题：要求对进口大麦实行绿色食品认证；进口大麦必须是绿色食品产品。

4. 续（增）报产品所需材料

（1）可以省略质量管理手册、营业执照、商标注册复印件；

（2）环境监测材料依据情况而定，如产地环境没有变化，可省略环境监测，如产地面积扩大或有其他变化，进行环境调查后决定是否补测环境。

（三）申报表格

绿色食品产品认定推荐申请书

申请单位全称			
英 文 名 称			
详 细 地 址			
产 品 名 称		英 文 名 称	
包 装 方 式		包 装 规 格	
注册商标名称		注册商标编号	
产品特点简介			
原料生产环境简介			
省级绿色食品办意见		年 月 日	
中国绿色食品发展中心审批结论		年 月 日	
绿色食品证书编号及使用期限			
年度抽检记录			
备注			

表一 企业生产概况

填表日期： 年 月 日（盖章）

企业情况	企业全称		法人代表	
	邮政编码		联系电话	
	省内主管部门		经济性质	
	领取营业执照时间		执照编号	
	职工人数		技术人员数	
	流动资金		固定资产	
	经营范围	主营		
		兼营		
	年生产总值		年利润	
申请使用标志产品情况	产品名称		商标	
	设计年生产规模		实际年生产规模	
	平均批发价		当地零售价	
	年销售量		年出口量	
	主要销售范围			
	获奖情况			
单位情况 原料供应单位情况	单位名称		生产规模	
	经济性质		年供应量	
	原料供应形式			

填表人：

表二 农药、肥料使用情况

填表日期： 年 月 日（盖章）

作物（饲料名称）			种植面积			
年生产量			收获时间			
主要病虫害						
农药使用情况	农药名称	剂型规格	目的	使用方法	每次用量（或浓度）	全年使用次数	末次使用时间

（续）

肥料使用情况（kg/·667m²）	肥料名称	类别	使用方法	使用时间	每次用量	全年用量	末次使用时间

附报：作物种值规程，对主要病虫害及其他公害控制技术及措施

填表人：　　　　　　　种植单位负责人：

表三　畜（禽、水）产品饲养（养殖）情况表

填表日期：　年　月　日（盖章）

畜（禽、水）产品			饲养（养殖）规模		
饲料构成情况					
成分名称	比　例		年用量	来　源	
药剂（含激素）使用情况					
药剂名称	用　途	使用时间	使用方法	使用量	备　注

附报：畜（禽、水）产品主要病害的防疫措施　　　　　　填表人：

表四　加工产品生产情况

填表日期：　年　月　日（盖章）

产品名称		执行标准	
设计年产量		实际年产量	
原料基本情况			
名　称	比　例	年用量	来　源
添加剂、防腐剂使用情况			
名　称	用　途	用　量	备　注
加工工艺基本情况			
工艺流程简图			
主要设备名称、型号及制造单位：			

填表人：

（四）申报材料审核

标志管理人员审查申请企业申请材料的过程，是以标准为尺度衡量企业的条件是否满足绿色食品生产要求的过程。审核工作体现出绿色食品认定的权威性、公正性和科学性。

1. **检查报告**　检查员检查申报企业之后书写的报告，是深入企业调查的最直接资料的总结，对远离企业的中心审核人员及评审委员具有十分重要的价值。检查报告总的要求：

（1）真实。所谓真，就是要反映企业的实际情况，检查人员要靠自己的眼睛发现问题，而不能以听汇报、看录像等其他方式代替现场实地检查；所谓实，是指检查人员要从企业实际生产情况中了解企业的管理现状，从而较为客观地反映出企业的实际质量管理水平。

（2）客观。所谓客观，是指检查人员在检查企业及书写报告时，实事求是，真实地反映企业的实际情况。检查人员必须两人或两人以上共同前往企业；与被检查企业有特殊关系的主动回避；检查人员单独书写检查报告，并签字对检查报告负责。

（3）详细。所谓详细，并非指检查人员如录像机般滴水不漏地记录其耳闻目睹，而是要突出重点，深究细看可能影响绿色食品质量的关键环节。如调查一个农业生产企业使用化肥、农药等生产资料的情况时，不仅要亲临生产资料库房查验，而且要检查其购进生产资料的台账及出入库记录，甚至要了解近三年之内的生产资料使用情况。

（4）有针对性。检查报告应根据企业不同条件、不同生产特点分别突出各自的特色。

2. **环境监测与评价**　目前，环境监测与评价是绿色食品申报的一个关键步骤。今后，将根据中心的相关要求，简化环境监测与评价，仅在必要时，进行环境监测与评价。这是专业技术较强的一部分工作，须由专门机构的技术人员完成。

对于审核而言，一要看其监测布点是否合理，尽管中心颁布的《评价纲要》中对布点的基本要求有大概的量化，但由于实际情况相当复杂，对不同的作物、不同的环境单元而言，完全机械地追求点数是不客观的。对一些较特殊的原料环境而言，也许布点太少，体现不出整个面积的情况；布点多了，既无必要又增加企业负担。因此，须在坚持基本要求的基础上，具体问题具体分析。二要看监测季节是否合适。显然，只有选择在作物生长季节执行监测才最有意义。三是看每个数据是否超标，对于某个项目在某一点位超标显著时应追踪分析其原因。四要看选取参与评价的标准值是否准确。五要看结论是否完整。对这五条审核的原则归纳为一点，即突出被监测环境的代表性，又要能真正地代表被监测环境的实际情况。

3. 生产操作规程 生产操作规程是规范生产行为的技术文件，它反映了产品生产的全部内容，包括生产方法、生产方法的技术含量、保证产品具备某种特定品质的特定工艺，以及质量管理的全部细节。因此，绿色食品生产规程是保证绿色食品质量的关键。也就是说，是否符合绿色食品标准，很大程度上取决于生产操作规程、生产过程的质量控制是否过关。就终产品检验而言，是对已经完成产品全部生产之后的成品进行优劣判定的方式，不仅存在抽取被检样品上的偶然性，而且对既定事实本身无补救意义。

4. 食品监测 尽管前面强调了过程管理的重要性，以及以终产品检验来判定产品质量有局限性，但对绿色食品工程的系统建设而言，食品检验是不可缺少的重要环节，这也是我们针对中国的具体国情所采取的措施。食品监测不仅是一种技术性的监督手段，也是对实施质量控制过程的后果进行验证的手段；更重要的是，从管理体系角度讲，它是反馈的起始点，即问题溯源的开端，也是实施调节的依据，只有具备了反馈和调节，质量保证体系才得以存在，质量管理活动才能持续进行下去。食品监测的依据是标准。就现状而言，绿色食品的标准体系正处在建设和完善的过程中。中心在向食品监测机构下达抽检任务时，结合企业生产规程、基层绿色食品管理机构的检查报告以及环境监测等资料，要求食品监测机构在现有的绿色食品基本标准的基础上，检测该产品执行标准之外的项目，客观全面地反映出该产品的真实结果。面对丰富的检验内容，要求检测单位有步骤、依程序、合理地引用相关的国际标准和国家标准。

（五）绿色食品标志使用许可合同

申报企业的申请材料符合绿色食品要求，且通过中心认证处审核，由评审委员会做出终审结论为"认证合格"的申请企业可与绿色食品标志商标注册人——中国绿色食品发展中心签订《绿色食品标志商标使用许可合同》。《商标使用许可合同》是商标注册人和被许可人借以商谈和签署的技术文本，包括了双方当事人需要明确和强调的重要内容。许可合同虽然不可能面面俱到，但一方面作为合同本身所必备的法律要素需齐备，如双方当事人的名称、事由、责任与权利、合同期限与终止、争议仲裁、双方法人代表签字以及签署的时间、地点等。作为标志商标许可的专业要素不能少，如商标的所有权、使用方对使用标志商标产品质量所承担的责任和享有的权利、使用标志商标的产品的产量及产地、标志商标使用形式及使用规范、《绿色食品标志商标准用证》的核发、对使用标志商标产品的监督管理办法、使用标志的商标的产品出现质量问题的处理方式等。另外，双方须明确或强调的重大问题应阐述清楚。就目前使用的文本而言，核心内容有：

(1) 标志商标的所有人以及商标的注册号。

(2) 标志商标的被许可使用人以及被许可使用的产品、产量及产地。

(3) 标志商标使用形式。

(4) 标志商标许可使用缴费要求。

(5)《绿色食品标志商标准用证》的核发。

(6) 许可人对被许可人产品质量的监督管理。

(7) 许可人的权利。

(8) 许可期限和终止形式。

(9) 许可人通过媒体公布的内容。

(10) 附则。

合同是缔结当事人双方契约关系的法律见证，也是缔约双方必须遵照执行的契约蓝本，所以作为当事人，任何一方都应在签署合同之前认真研究有关条款，及时补充需要强调和声明的有关内容，合同一经签订，即具法律效力，双方均须无条件地执行，一切事后强调客观原因而推诿不执行合同的行为，都是不符合法律规定的，都要受到法律的惩罚。

三、绿色食品认证申报程序

绿色食品标志申报工作是绿色食品标志管理工作的第一步，也是至关重要的一步。企业如需在生产的产品上使用绿色食品标志，必须按以下程序提出申请：

1. 认证申请

(1) 申请人向中心及其所在省（自治区、直辖市）绿色食品管理办公室领取《绿色食品标志使用申请书》及《企业生产情况调查表》及有关资料，或从中心网站（网址：www.greenfood.org.cn）下载获取。

(2) 申请人填写并向所在省绿办递交《绿色食品标志使用申请书》、《企业生产情况调查表》及相关资料。

2. 受理及文审

省绿办收到上述申请材料后，进行登记、编号。省绿办在规定的时间内完成对申报材料的审查工作后，向申请人发出《文审意见通知单》，同时抄送中心。

(1) 申报材料不齐全的，要求申请人收到《文审意见通知单》后提交补充材料。

（2）申报材料不合格的，通知申请人本生产周期不再受理其申请。

（3）申报材料合格的，执行以下的程序。

3. 现场检查、产品抽样

（1）对于作物（动物）处于生长期的申请人，省绿办在《文审意见通知单》中明确现场检查计划。在计划得到申请人确认后，派两名或两名以上检查员进行现场检查。对于作物（动物）未处于生产期的申请人，省绿办在《文审意见通知单》中明确现场检查时间。

（2）对于作物（动物）未处于生产期的申请人，省绿办在《文审意见通知单》中明确现场检查时间。

（3）检查员根据《检查员工作手册》和现场检查计划要求，按现场检查表中检查项目逐项进行检查。每位检查员单独填写现场检查表和现场检查意见，并在规定的时间内向省绿办递交检查报告。

（4）现场检查合格后，产品处于生产期的，检查员依据《绿色食品抽样规范》进行产品抽样，并填写《绿色食品产品检测通知单》，同时将通知单发送中心认证处备案。特殊产品另行规定。

（5）现场检查合格后，产品未处于生产期的，省绿办在产品开始生产后10个工作日内安排检查员进行产品抽样，产品抽样的要求同上。

（6）现场检查不合格的，书面通知申请人认证结论按不通过处理，本生产周期不再受理其申请。

（7）申请人将检样、产品执行标准、《绿色食品产品检测通知单》、检测费寄送到定点产品检测机构。

4. 环境监测

（1）检查员依据《绿色食品产地环境质量现状调查规范》对申请人产地环境质量进行现场检查确认，如果产地环境质量符合免测的有关条件，产地土壤（水）环境背景值符合绿色食品产地环境质量标准的要求，免做环境监测。

（2）经现场检查确认，必须进行环境监测的；省绿办自收到检查报告后以书面形式通知定点环境监测机构进行环境监测，同时将通知单报送中心认证处备案。

（3）定点环境监测机构收到通知后，在规定的时间内出具环境监测报告和环境质量现状评价报告，并按要求填写《绿色食品环境监测情况表》，报送中心认证处。

5. 产品检测　检测机构自收到检样、产品执行标准、《绿色食品产品检测通知单》、检测费后，在规定的时间内完成检测工作，出具产品检测报告，并按要求填写《绿色食品产品检测情况表》，报送中心认证处。

6. 认证审核

（1）省绿办收到检查员检查报告后签署审查意见，并将认证申请材料、《检查员检查报告》及《省绿办绿色食品认证情况表》报中心认证处。

（2）中心认证处收到省绿办报送材料、产地环境监测及环境质量现状评价报告、产品检测报告后，进行登记、编号，在收到最后一份材料后2个工作日下发受理通知书，书面通知申请人，并抄送省绿办。

（3）中心认证处组织审查人员及有关专家对上述材料进行审核，做出审核结论。

（4）审核结论为"合格"或"不合格"的，中心认证处将认证材料、认证审核意见报送绿色食品评审委员会。

（5）审核结论为"有疑问，需现场检查"的，中心认证处完成现场检查计划，以书面通知申请人，并抄送省绿办。得到申请人确认后，中心在规定时间内派检查员再次进行现场检查。

（6）审核结论为"材料不完整或需要补充说明"的，中心认证处向申请人发出《绿色食品认证审核通知单》，同时抄送省绿办。申请人在规定时间内报送中心认证处，并抄报省绿办。

7. 认证评审

（1）绿色食品评审委员会收到认证材料、认证处审核意见等，在规定的时间内进行全面评审，并做出认证终审结论。

（2）认证终审结论分为两种情况："认证合格"和"认证不合格"。

（3）结论为"认证不合格"，评审委员会秘书处在做出终审结论两个工作日内，将《认证结论通知单》发送申请人，并抄送省绿办。本生产周期不再受理其申请。

（4）结论为"认证合格"，执行以下程序。

8. 颁证

（1）评审委员会秘书处在两个工作日内书面通知"认证合格"申请单位办理证书，并抄送省绿办。申请单位在规定时间内与中心签订《绿色食品标志商标使用合同》。

（2）中心主任签发认证证书。

由于绿色食品认证需要时间，所以季节性较强的产品应至少提前半年时间申报。对于续展产品，至少应提前三个月提出续展申请。

绿色食品是涉及多学科的系统工程，为保证企业全面了解绿色食品的标准及有关规定，提高企业的申报效率和质量管理水平，推荐实行"先培训，后申报"的认证制度。

第五节　绿色食品生产基地的认证申报

一、申报绿色食品生产基地的基本条件

根据特定标准认定具有一定生产规模、生产设施条件和技术保证措施的食品生产企业或生产区域为绿色食品基地。绿色食品生产基地可分为以下 3 类：绿色食品初级产品生产基地；绿色食品加工产品生产基地；绿色食品综合生产基地。

（一）申报绿色食品初级农产品生产基地的基本条件

（1）产品必须是绿色食品，并为该单位的主导产品。

（2）产品达到以下规模：

产品类别	生产规模（至少要达到规模）
粮食、大豆类	年产 1 万 t，或 1 300 hm² 以上
蔬菜	大田 67 hm² 以上，或保护地 13 hm² 以上
水果	年产 3 000t 以上，或 333 hm² 以上
茶叶	年产干毛茶 300 t 以上，或 333 hm² 以上
杂粮	年产 250 万 t 以上，或 333 hm² 以上
蛋鸡	年存栏 15 万只
蛋鸭	年存栏 5 万只
肉鸡	年屠宰加工 150 万只
肉鸭	年屠宰加工 50 万只
奶牛	成奶牛存栏数 400 头
肉牛	年出栏 2 000 头
猪	年出栏 5 000 头
羊	年出栏 5 000 头
水产养殖	养殖面积 3 333 hm² 以上，或精养鱼塘 33 hm² 以上

（3）应设专管机构和生产服务体系。

（4）技术措施和规章制度：

①技术措施。种植单位应有作物生产计划、生资使用计划、轮作计划、仓库卫生措施等。

②严格的档案制度：生产情况、生资的购买情况、病虫草害发生处置情况等。

③检查制度。

（5）绿色食品知识培训。对从事绿色食品生产技术推广人员及直接从事绿

色食品生产的人员进行绿色食品知识培训。

（6）环境保护措施。

（7）较完善的生产设施。

（二）申报绿色食品加工产品生产基地的基本条件

（1）加工产品必须为绿色食品，并为该单位的主导产品，其产量或产值占该单位总产量或总产值的 60％ 以上。

（2）企业达到大中型企业规模（按国家统一标准）。

（3）专管机构：原料供应、加工生产规程、销售等。

（4）技术措施和保障制度。

（5）绿色食品知识培训。

（6）环保措施。

（三）申报绿色食品综合生产基地的基本条件

同时具备（一）、（二）条件。

二、申报绿色食品基地的程序

（1）申请人：符合基地标准，绿色食品生产单位。

（2）申请程序：

①申请人填写《绿色食品基地申请书》，报绿办。

②持证上岗。组织本单位直接从事绿色食品管理、生产人员参加培训。

③省绿办实地考察，并写出考察报告。

④省绿办初审，报中心审核。

⑤中心组织专家审核，如合格，派专人进行实地考察。

⑥中心与符合标准申请人签订《绿色食品基地协议书》，颁发"绿色食品基地建设通知书"。

⑦申请单位实施一年后，由中心和省绿办监督员进行评估和确认。颁发正式的绿色食品基地证书和铭牌，并予以公告。

三、申报材料

（1）《绿色食品基地申请书》。

（2）省绿办考察报告。

（3）绿色食品证书文本复印件。

（4）绿色食品生产操作规程。

（5）基地示意图（图中应明确绿色食品地块与非绿色食品地块）。

（6）专管机构及人员组成名单。

（7）技术人员名单及合格证书复印件。

（8）各种档案制度样本（田间生产管理档案、收购记录、贮藏记录、销售记录、生资购买及使用登记记录等）。

（9）检查制度等。

四、绿色食品基地管理

（1）绿色食品标志只能使用在被认定的生产地块、按绿色食品生产操作规程生产出的产品上，未认定的地块、按其他方式生产的产品，不得使用绿色食品标志。

（2）绿色食品标志还可使用在以下方面：建筑物内外挂贴性装潢，广告、宣传栏、办公用品、运输工具、小礼物等。

（3）绿色食品基地自批准之日起六年有效。到期要求继续作为绿色食品基地的，须在有效期满半年内提出续报。否则，视为自动放弃。

（4）基地生产者在绿色食品地块要设置展板，记载如下事项：

①绿色食品××××基地生产地块。

②作物名称。

③产地编号。

④种植面积。

⑤负责人。

⑥时间。

（5）基地生产者田间档案记录在收获后，由专门机构统一保存6年。

（6）基地必须使用经中心推荐的绿色食品肥料、农药、添加剂等生产资料。

复习思考题

1. 简述绿色食品生产的意义。

2. 怎样对绿色食品标志进行管理？

3. 结合当地实际情况写出绿色食品申报认证的程序。

实 习 实 训

实习实训一　绿色食品生产基地参观访问

【实训目标】

通过参观访问使学生了解绿色食品生产现状、生产要求、发展趋势，以及存在的主要问题等。

【实训场所】

校内或校外种植业生产基地；农村或农场。

【实训要求】

1. 网络查询绿色食品生产现状。

2. 调查绿色食品生产在当地的主要种类、生产规模。

3. 实地走访绿色食品生产基地，调查了解生产基本情况，总结存在问题、发展趋势。

【实训考核】

撰写实习报告。

实习实训二　农药使用现状及污染状况调查

【实训目标】

能够根据绿色食品农药使用准则，分析和选择符合标准的农药的种类及用量。

【实训场所】

校内或校外种植业生产基地。农村或农场。

【实训要求】

1. 网络查询国家标准。

2. 走访农药经销公司、农民，调查询问当前生产中农药使用的种类及用量。

3. 根据绿色食品农药使用准则，分析和选择符合标准的农药的种类及用量。

【实训考核】

采用百分制，以专题报告的形式进行。

实习实训三　肥料使用现状及污染状况调查

【实训目标】

能够根据绿色食品肥料使用准则，分析和选择符合标准的肥料的种类及用量。

【实训场所】

校内或校外种植业生产基地。农村或农场。

【实训要求】

1. 网络查询国家标准。

2. 走访农资经销公司、农民，调查询问当前生产中肥料使用的种类及用量。

3. 根据绿色食品肥料使用准则，分析和选择符合标准的肥料的种类及用量。

【实训考核】

采用百分制，以专题报告的形式进行。

实习实训四　绿色食品生产现状调查

【实训目标】

能够根据绿色食品各项准则，分析和选择符合标准的操作技术规程。

【实训场所】

校内或校外绿色食品生产基地。

【实训要求】

1. 网络查询国家标准、相关技术规程。

2. 走访绿色食品企业，调查了解当地绿色食品生产现状。

3. 根据绿色食品生产技术标准，分析、总结绿色食品生产企业的生产过程。

4. 分析汇总资料，撰写绿色食品生产技术报告。

【实训考核】

采用百分制，以专题报告的形式进行。

实习实训五　作物绿色食品生产技术

【实训目标】

通过参与生产实践，进一步熟悉生产技术规程，掌握绿色食品生产对产地环境条件的要求和生产过程管理技能。

【实训场所】

校内或校外绿色食品生产基地。

【实训要求】

结合当地生产，全程参加某一作物的绿色食品生产。

1. 结合生产实际，按照作物绿色食品生产技术要点和本作物的绿色食品生产技术规程严格进行生产管理。

2. 根据已掌握的资料，一边参加生产实践，一边总结经验，写出实际生产技术规程。

3. 按正规格式写作，要求用词简练，各项措施的数字要具体、实用、可操作性强。在多种措施中只选用当地最实用的一种。

4. 分别介绍自己制定的操作规程，其他学生提出修改意见。指导老师总结，提出共性的问题。然后学生再次分别修改自己制定的操作规程。

【实训考核】

结合实际，每人交一份技术操作规程，作为技能考核成绩。

实习实训六　畜禽绿色食品生产技术

【实训目标】

通过参与生产实践，进一步熟悉生产技术规程，掌握畜禽类绿色食品生产对环境条件的要求、对饲料及饲料添加剂的要求、绿色食品生产疾病控制方法等技能。

【实训场所】

校内或校外绿色食品生基地。

【实训要求】

结合当地生产，全程参加某一畜禽的绿色食品生产管理。

1. 结合生产实际，按照畜禽类绿色食品生产技术要点和本动物的绿色食品生产技术规程严格进行生产管理。

2. 根据已掌握的资料，一边参加生产实践，一边总结经验，写出实际生产操作规程。

3. 按正规格式写作，要求用词简练，各项措施的数字要具体、实用、可操作性强。在多种措施中只选用当地最实用的一种。

4. 分别介绍自己制定的操作规程，其他学生提出修改意见。指导老师总结，提出共性的问题。然后学生再次分别修改自己制定的操作规程。

【实训考核】

结合实际，每人交一份技术操作规程，作为技能考核成绩。

实习实训七　果蔬绿色食品加工技术

【实训目标】

通过参与生产加工，进一步熟悉生产技术规程，掌握绿色食品加工过程中原料的选择和生产加工工艺。

【实训场所】

校内或校外绿色食品生产基地。

【实训要求】

结合当地生产，全程参加某一果蔬产品的绿色食品加工。

1. 结合生产实际，按照绿色食品加工技术要点和本产品绿色食品加工技术操作规程严格选料和执行加工工艺。

2. 根据已掌握的资料，一边参加生产加工，一边总结经验，写出实际绿色食品加工技术操作规程。

3. 按正规格式写作，要求用词简练，各项措施的数字要具体、实用、可操作性强。在多种措施中只选用当地最实用的一种。

4. 分别介绍自己制定的操作规程，其他学生提出修改意见。指导老师总结，提出共性的问题。然后学生再次分别修改自己制定的操作规程。

【实训考核】

结合实际，每人交一份技术操作规程，作为技能考核成绩。

实习实训八　离子色谱法测定绿色啤酒中硝酸根含量

【实训目标】

通过测定绿色啤酒中硝酸根的含量，掌握食品定性和定量分析的方法。

【实训场所】

校内实习实训基地。

【实训内容】

1. **原理** 试样注入碳酸盐－碳酸氢盐溶液并经过一系列的离子交换树脂后，待测阴离子对低容量强碱性阴离子树脂（分离柱）的相对亲和力不同而彼此分开。被分离的阴离子，在流经强酸性阳离子树脂（抑制柱）时，被转换为高电导的酸型，碳酸盐-碳酸氢盐则转变成弱电导的碳酸（清除背景电导）。用电导检测器测量被转变为相应酸型的阴离子，与标准进行比较，根据保留时间定性，峰高或峰面积定量。

2. **试剂** 实验用水均为电导率小于 $0.5\ \mu s/cm$ 的二次去离子水。并经 $0.45\ \mu m$ 的微孔滤膜过滤。所用试剂均为优级纯试剂。

(1) 淋洗贮备液：分别称取 25.44 g 碳酸钠和 26.04 g 碳酸氢钠（均已在 105℃烘干 2 h，于干燥器中放冷），溶于水后，移入 1 000 ml 容量瓶中，摇匀定容。贮存于聚乙烯瓶中并在冰箱中保存。

(2) 淋洗使用液：取 20.00 g 淋洗贮备液置于 2 000 ml 容量瓶中，摇匀定容。

(3) 硝酸根标准贮备液：称取 1.370 3 g（干燥器中干燥 24h），溶于水后移入 1 000 ml 容量瓶中，加入 10.00 ml 淋洗贮备液，用水稀释定容。贮于聚乙烯瓶中，置于冰箱。

(4) 再生液：取硫酸 1.39 ml 于 2 000 ml 容量瓶中（瓶中装有少量水），用水稀释定容。

3. **仪器**

(1) 离子色谱仪 Dionex—2010（具分离柱、抑制柱）。

(2) 检测器（抑制型电导），记录仪。

(3) 微量进样器。

(4) 淋洗器及再生液贮罐。

4. **操作方法** 仪器操作按仪器的使用说明书进行。

(1) 样品保存及前处理：采集后的样品经 $0.45\ \mu m$ 微孔滤膜过滤后，保存于聚乙烯瓶中，置于冰箱中。使用前将样品和淋洗贮备液按 99＋1 体积混合，以除去负峰干扰。

(2) 校准曲线：分别取 2.00、5.00、10.00、50.00 ml 混合标准溶液置于 100 ml 容量瓶中，再分别加 1.00 ml 淋洗贮备液，摇匀定容。用测定样品相同的条件进行测定，并绘制校准曲线。

(3) 样品测定：色谱条件，淋洗液流速为 20 ml/min，进样量为 100 μl，柱为 HPIC—AS$_3$ 型，电导检测器灵敏度，根据仪器情况选择。

5. **结果与分析**

（1）定性分析：根据各离子的出峰保留时间确定离子种类。

（2）定量分析：测定未知样的峰高，从校准曲线查得其浓度。

【实训考核】

按规定参加实习实训全过程，撰写出实习实训报告。

主 要 参 考 文 献

[1] 卞有生．生态农业技术．北京：中国环境科学出版社，1992

[2] 迟建福．黑龙江省绿色食品开发与实践．哈尔滨：东北农业大学出版社，2001

[3] 东北网—绿色频道．http://www.northeast.com.cn/

[4] 高祥照等．肥料实用手册．北京：中国农业出版社，2002

[5] 高翔．特种经济动物养殖实用新技术．北京：中国农业出版社，2004

[6] 广东绿色食品网．http://www.gd-greenfood.org

[7] 郭忠广．绿色食品生产技术手册．济南：山东科学技术出版社，2003

[8] 韩应堂．无公害农产品规范化管理与生产标准实施手册．长春：吉林摄影出版社，2003

[9] 何志德．农民日报．2004-1-20 第8版

[10] 贺普霄，贺克勇．饲料与绿色食品．北京：中国轻工业出版社，2004

[11] 黑龙江北大荒绿色有机食品网．http://www.Greenfood.Hl.cn/zrzy.htm

[12] 黑龙江绿色食品网．http://www.hljgreen.net/

[13] 黑龙江绿色有机食品网．http://www.greenfood.hl.cn/

[14] 黑龙江省绿色食品开发领导小组办公室，黑龙江省绿色食品发展中心．黑龙江省绿色食品管理手册（1～5）

[15] 江苏绿色食品网．http://www.Greenfood.Jsagri.gov.cn

[16] 鞠剑峰，赵凤艳．绿色食品基础．哈尔滨：黑龙江科技出版社，2005

[17] 凌熙和．淡水健康养殖技术手册．北京：中国农业出版社，2003

[18] 刘连馥．绿色食品导论．北京：企业管理出版社，1998

[19] 路明．现代生态农业．北京：中国农业出版社，2002

[20] 孟凡乔，乔玉辉，李花粉．绿色食品．北京：中国农业大学出版社，2003

[21] 内蒙古绿色食品信息网．http://www.nmgreenfood.org.cn/

[22] 欧阳喜辉．食品安全认证指南．北京：中国轻工业出版社，2004

[23] 孙广玉，李春英．农业推广学．哈尔滨：东北林业大学出版社，2003

[24] 万宝瑞．农产品加工业的发展与政策．北京：中国农业出版社，1998

[25] 王庆镐．家畜环境卫生学．北京：中国农业出版社，1999

[26] 王喜萍．食品分析．北京：中国农业出版社，2006

[27] 张希良，王志国，马加林．绿色食品管理与生产技术．哈尔滨：黑龙江科学技术出版社，2003

[28] 赵清爽，张希良，朱佳宁．绿色食品发展战略研究开发与市场营销．北京：中国致公出版社，2002

[29] 中国标准出版社第一编辑室编．绿色食品标准汇编．北京：中国标准出版社，2003

[30] 中国绿色食品发展中心．http://www.greenfood.org/lssp jg/

[31] 中国绿色食品发展中心．绿色食品管理人员培训参考资料

[32] 中国绿色食品网．http://www.greenfood.org.cn/

［33］中国绿色食品信息网. http://www.chinagreenfoods.com.cn/

［34］中国农业质量标准网. http://caqs.gov.cn

［35］中国食品产业网. http://www.foodps.com/

［36］中华人民共和国农业部发布. 农业行业标准. 北京：中华人民共和国农业部，2002

[33] 中国检验检疫信息网. http://www.ciqinfo.com.cn/
[34] 中国水产网. http://www.cngs.gov.cn
[35] 中国食品产业网. http://www.foods.com
[36] 中华人民共和国农业部. 农业行业标准. 北京: 中国农业出版社, 2002